THE LAZARUS HEIST

FROM HOLLYWOOD TO HIGH FINANCE: INSIDE NORTH KOREA'S GLOBAL CYBER WAR

ジェフ・ホワイト
GEOFF WHITE
秋山勝［訳］

ラザルス

世界最強の北朝鮮ハッカー・グループ

草思社

THE LAZARUS HEIST
From Hollywood to High Finance:
Inside North Korea's Global Cyber War
by
Geoff White

First published as THE LAZARUS HEIST in 2022 by Penguin Business, an imprint of Penguin General.
Penguin General is part of the Penguin Random House group of companies.

By arrangement with the BBC

This book is based on the BBC News World Service podcast, The Lazarus Heist

Japanese translation rights arranged with Penguin Books Limited through Japan UNI Agency, Inc., Tokyo

ラザルス——世界最強の北朝鮮ハッカー・グループ◉目次

プロローグ　ラザルスグループ

「北朝鮮って、あの北朝鮮のこと?」

北朝鮮のハッカーについて調べていると話すと、そんな言葉がよく返ってくる。

アジアのこの小国について、大方の人が抱いているイメージ――イメージなどあればの話だが――は、世界から孤立したエキセントリックな国で、ただでさえ乏しい技術力をもっぱらミサイルの打ち上げと核実験に費やしているぐらいだろう。そんな国がハッカー集団を擁し、しかもその集団は世界でもっとも危険な組織という話は突拍子もないものに聞こえるらしい。

だが、サイバー犯罪の調査報道を行っているジャーナリストとして、私はまったく別の見方をしている。この十年間、私はセキュリティ研究者が〈ラザルスグループ〉(Lazarus Group)と命名した北朝鮮のサイバー戦士が手がける犯罪が、規模や凶暴性、さらに能力の点でますます力をつけてきたのを目の当たりにしてきた。コンピューター・ハッキングは現在、北朝鮮にとってはなくてはならない兵器となり、こうしているいまも世界の安全保障と安寧に重大な脅威を与えている。

ラザルスグループの攻撃は、始めのうちこそ侵入したウェブサイトの改竄程度だったが、恐ろしいほどの短期間でレベルを向上させていき、現在でははるかに巨大な対象をターゲットにしている。映画スタジオやテレビ局に攻撃をしかけ、国立銀行から何千万ドルもの資金を盗み出し、医療機関を襲撃して業務を中断させてきた。ハッカーが緊急治療室を機能停止に追い込むなど、かつてはハリウッド映画のなかでしか見られない筋書きだった。しかし、いまではそれが現実になっている。

しかし、これらの事件は単なるコンピューター・ハッキングの話などではない。グループが関与しているとされる事件をさらに掘り下げて調査していくと、彼らの活動に便宜を図っている世界的な犯罪ネットワークが浮かび上がってくる。そのネットワークは、抜け目ないフィリピンの銀行員やスリランカの不運続きの慈善家、マカオのギャンブラー、日本の中古車販売業者、ドバイで暮らすインスタグラムの大富豪たちを呑み込んできた闇の王国だ。それは悪党やフィクサーがとてつもなく巨大な力を操り、莫大な資金を扱っている広大な裏社会であり、王国の住民のほとんどは、警察や法の執行機関の手がおよばないところで暗躍している。

しかし、中心にいるのは、非常に野心的なハッカーたちからなる小集団で、彼らは正体を隠したままターゲットに侵入できる。その隠密性は不気味なほど徹底している。本書に登場する被害者のほとんどは、手遅れになるまで自分たちが攻撃されている事実にさえ気づけなかった。気がついたときには、金はすでに消え去り、データは流出して、コンピューターは破壊されている。

北朝鮮が関係するとされるサイバー攻撃を知ることは、現代の犯罪世界を理解することでもある。攻撃は呆然とするほど素早く、彼らが国境をやすやすと越えていけるのは、共犯者たちの影のネットワークのおかげだ。拡大を続ける私たちのオンライン生活に対して、このようなデジタル攻撃はおそらくこれ以上ない最強の脅威と言えるかもしれない。イギリスでは現在、サイバー犯罪はもっとも一般的な犯罪となり、ニュースの見出しを占める比率は、窃盗や殺人をとっくに追い越している。[1]

北朝鮮のサイバー攻撃は、ハッカーの脅威が日増しに悪質になっていく事実をまざまざと示している。世界がオンライン化すればするほど、私たちの誰もがラザルスグループの策略に対して隙だらけになっていくのだ。そして、新しいテクノロジーに依存すればするほど、こうしたデジタル技術を使った攻撃者や似たような犯罪者から身代金（場合によっては文字通りの「身代金」）を要求される可能性は高まっていく。

私たちは現在、新たな脅威から身を守るため、途方もない挑戦に直面している。目下のところ、ラザルスグループのような組織に対抗しているのは技術者の集団で、彼らは襲撃者の攻撃を回避し、みずからの安全を守るため、あらゆるタイプのツールや対処法を開発しようと日々を費やしている。彼らの姿は政府や法の執行機関だけでなく、おそらく自分の会社のＩＴ部門でも目にできるだろう。しかし、本書を読めばわかるように、どれほど優れた防御手段を用いても、ハッカーの襲撃を毎回阻止できるわけではない。それを阻止するのはテクノロジーを日々使っている私たちしだいなのである。

ありがたいことにこうしたサイバー攻撃から身を守るには、高価な装置や高度な技術がかならずしも必要とはされない。ハッカーの手口には、恐ろしいほど狡猾なものもあるとはいえ、たいていの場合、使われているのは試行錯誤のすえに編み出された手口で、相手の狙いがわかれば打ち破るのは容易だ。つまり、ハッカーから身を守るとは、怪しげなメールが送られてきたら、《デリートキー》を押すだけでいい。

自分の身を守るための主力兵器は知識であり、本書ではこれ以降のページで数多くの知識を得ることができるだろう。

第1章　ジャックポット

キャッシュカードの束を持つ男たち

男たちはインドのさまざまな町からやってきていた。ムンバイのタクシー運転手、プネーの薬剤師、ナーンデードの仕出し屋、ビラールの監査人など、何十人もの男たちがモンスーン特有の湿度の高い土砂降りのなかを、何時間もの時間をかけてやってきていた。車に乗ってきた者がいれば、緻密に張りめぐらされたこの国の鉄道を使ってきていた者もいる。最終的に全員がある町へと向かっていった。西インドのマハーラーシュトラ州にある人口五〇万人強のコールハープルである。

二〇一八年八月の週末、彼らをこの町に引き寄せていたのは宗教行事や祭典ではなく、ましてコンサートでもない。特別に採用された秘密の仕事をやり遂げるため、彼らはここにやってきていた(1)。自分がかかわっていた犯罪の全容について、彼らはほぼまちがいなく気づいてはいなかった。なぜなら、まさにその瞬間、世界中で何百人もの人間が同じような役目を負い、同じような旅に出ていたからである。彼らはいずれも、サイバー犯罪では精鋭とされる組織の命令にしたがって動いていた。その組織は共犯者の国際的なネットワークを使い、何千マイルも離れた場所から彼らをコントロールしていた。

ハッカー集団がたくらんでいたのは、それまで彼らが手がけてきた犯罪のなかでももっとも大胆で手の込んだ計画だった。彼らの活動を追ってきたアメリカ連邦捜査局（ＦＢＩ）によると、それは数千万ドルを稼ぎ出す違法行為で、数年にわたる彼らのハッキング活動の集大成だったという。組織は時間をかけてスキルを磨くとともに、ネットワークを築き上げ、世界でもっとも予測不可能で手ごわいサイバー攻撃を実施する部隊のひとつになっていた。

集まってきた男たちにとって重要だったのは、コールハープルの町に到着するタイミングだった。到着したら、わずか数時間内で命じられた仕事をやり遂げ、人目につかないまま人ごみのなかに消えていく――少なくとも、それが彼らの交わしていた約束だった。

男たちは当たり障りのない格好をしていた。服装はカジュアルで、大半が二十代後半もしくは三十代前半。秘密のくわだてをほのめかすものといえば、唯一それぞれが携えていたキャッシュカードの束ぐらいだった。命じられた仕事は難しいものではない。そのカードを使ってできるだけ多くのＡＴＭから現金を引き出し、せしめた金をポケットに入れて移動を続ける。あとはその金を手配師に渡して分け前をもらうだけである。

八月十一日土曜日午後三時、男たちはいっせいに動き出した[2]。単独で動く者がいれば、二～三人で動きまわる者たちもいた。コールハープルの通りに設置された何十台ものＡＴＭに彼らは急襲をかけた。ＡＴＭがどこの銀行のものなのかは問題ではない。カードを挿入して暗証番号を打ち込み、できるだけ多くの現金を引き出すだけでよかった。

のちに、彼らのうちの二人が自供した話が新聞に掲載された。二人は街中を何マイルも歩いて目にとまったＡＴＭから次々と現金を引き出していったという[3]。

請け負った仕事は午後十時までには終了、男たちは現金を手配師に渡し、自分の分け前を手に入れていた。報道によると、彼らには五〇〇ドルの報酬が支払われていたという。年間平均所得が二〇〇〇ドルに満たないこの国では大金である。(4) しかし、いわゆる「マネー・ミュール」*訳註のネットワークを支配する者には、それだけの報酬を払っても充分な見返りがあった。さまざまな場所で、数多くのミュールを動かすことによって、わずか数時間のATMの大量引き出しで三五万ドル以上の現金を手にしていた。(5) インドのATMにはこの国の高額紙幣である五〇〇ルピー札も置かれているものもあるので、窃盗団のボスは積み上げられた五万枚以上の紙幣を目にしていたかもしれない。

インドの事件は氷山の一角にすぎなかった。この国で繰り広げられていた七時間におよぶATM襲撃は、世界各地で同時に行われていた何十もの襲撃のひとつでしかなかった。アメリカ、カナダ、イギリス、トルコ、ポーランド、ロシアでもキャッシュカードを使って現金が引き出されていた。結局、二九カ国で同様の犯罪が行われていたのだ。(6) 八月のこの日一日で盗まれた現金の総額は、インドの事件とは比べものにならない。二時間十三分のあいだに一万二〇〇〇回の取引が世界中で行われ、一一〇〇万ドル以上の現金が引き出されていた。(7)

それは国際的な銀行システムに対する緊密な連携による襲撃で、息を呑むような手際のよさで行われていた。

犯行のお膳立てをした者は、世界中のATMから現金を思いのままに引き出す技術だけでなく、世界中にいる〝運び屋〟のネットワークを駆使して、盗んだ現金を首謀者のもとに還流できる手腕も備えていた。

収奪事件を担当した大半の捜査官にとって、これだけのことをやってのけられる犯罪組織はひとつしかなかった。その組織は、〈スターダスト・チョンリマ〉(Stardust Chollima)、〈ジンク〉(Zinc)、

〈ヒドゥン・コブラ〉（Hidden Cobra）、〈ニッケル・アカデミー〉（Nickel Academy）などさまざまな謎めいた名称を持っていたが、たいていの場合、彼らは〈ラザルスグループ〉と呼ばれていた。オンライン上で短期間に次々に犯罪を《クライム・スプリー》重ねる組織を追ってきた司法当局者の話では、彼らは金目当ての単なる犯罪者集団ではなく、北朝鮮政府のために活動しているという。潤沢な資金と高い志気を備えたハッカー集団で、厳しく管理された北朝鮮の軍事組織のもとで任務を遂行しているのだ。組織の主要目的はただひとつ、政権のために資金を稼ぎ出すことだった。

「隠者の国」の隠された一面

北朝鮮——正式名称は朝鮮民主主義人民共和国（DPRK）——は、現代の世界から切り離された後進国であり、何をしでかすかわからない指導者金《キム》一族の束縛のもとにとらわれていると私をはじめ多くがそのように認識している。たしかに、この国の社会の大半はそのような状態にあるが、西側の司法機関や安全保障の研究者たちは、いわゆるこの「隠者の国」**訳註にはまったく別の一面があると考えている。

*訳註：マネー・ミュールとは不正資金や犯罪収益の送金など、犯罪とは知らずに代行したり、加担したりする者、もしくはその方法をいう。ミュールは雄ロバと雌馬の雑種「ラバ」で、文字通り「金を運ぶラバ」、つまり「運び屋」を意味する。

**訳註：隠者の国とはみずからの国を意図的に世界から隔絶させている国や組織、社会のこと。北朝鮮は隠者の国の代表例とされ、この国そのものを示唆する言葉としても使われている。名称は一八八二年にアメリカ人牧師ウィリアム・グリフィスが書いた『隠者の国・朝鮮』に由来する。

ここ数年、捜査関係者は、北朝鮮の政府系ハッカーが巧妙さと危うさの点で世界有数の脅威に成長してきたと口にするようになった。ただし、北朝鮮がサイバースペースを戦場とする部隊を擁している事実そのものは驚くようなことではない。イギリスやアメリカをはじめ現在、多くの国がこのようなサイバー部門を擁しており、まして、高度に武装化された北朝鮮では、この種の部隊が戦力として配置されているのは当然と言えば当然だろう。ただ、北朝鮮の活動を追ってきた研究者は、北朝鮮のハッキング行動に非常に異質な点を認めている。大半の国のサイバーチームが戦略的優位のために情報を盗み出すことに重点を置いているのに対し、北朝鮮のサイバー作戦は、経済的な生き残りを賭けた戦いの一部となっている。

北朝鮮は財政的な死のスパイラルにおちいっている。そのスパイラルは一連の命取りとなる出来事によって引き起こされ、建国から日の浅いこの国の歴史とともに広がり、過去三十年で急激に加速した。国家財政は一時期、深刻な資金不足におちいり、国民に対するもっとも基本的な義務さえ果たせなかった。経済政策の失敗と教条的なイデオロギーへのこだわりのせいで、数百万の国民が餓死したと考えられている。同時に、核兵器開発への執着の結果、国際的な経済制裁が科せられた。これらについては、以降の章で詳しく説明するが、世界の最貧国のひとつであるこの国は、合法的に外貨を得られる機会がついに皆無となる。(8) 研究者たちの話では、北朝鮮は国際的な犯罪に手を染めるようになり、過去には紙幣の偽造をはじめ、密輸や覚醒剤の製造さえ手がけたが、やがてそれらよりはるかに確実で、大きな利益が得られる手口を編み出す。それがコンピューター・ハッキングだった。

研究者は、この国のサイバー戦士がますます巧妙になっていく事実を不安気に観察している。当初はウェブサイトの改竄や破壊を目的にした初歩的な攻撃だったが、世界の主要機関や金融機関を標的にした複雑を極めたサイバー攻撃へと変わっていった。

少なくとも二〇一五年以降は銀行をターゲットに定め、難解な国際送金の世界に精通し、数億ドルもの資金を盗み取ってきた。北朝鮮が制裁に違反するのを監視する国連安全保障理事会（UNSC）の研究者は、二十一の銀行で発生した襲撃について北朝鮮が関与していると結論づけている。UNSCの二〇一九年報告書では、攻撃を受けた金融機関がリストアップされ、送金方法やどのように資金洗浄されたのかが詳述されている。報告書で明らかにされているのは、ハッカーたちの目もくらむような実態であり、彼らのオンライン活動は、いともたやすく地球を一周していく印象を与えている。南アフリカの銀行に侵入して口座情報を盗み出すと、その情報をもとに日本で使用するキャッシュカードを偽造。チリの銀行に潜入すると、香港の銀行口座に資金を移動させ、その間、何千台ものコンピューターをクラッシュさせて行員たちの注意をそらしていた。マルタ島の銀行から資金を動かすと、数時間後にはその資金を引き出し、イギリスでロレックスやスポーツカーを購入する。[9]

犯罪としては、まさに時代の最先端を行く手口だ。無国籍であるばかりか犯行は瞬時に完了、犯人逮捕の可能性は皆無に等しいとさえ思えてくる。そして、二〇一八年、犯罪のグローバル化の波に乗るこの組織は、無名ではあるが、きわめて資金量の豊かなインドの銀行に目をつけた。

標的はATMのシステム・プログラム

コスモス協同組合銀行はインドで二番目に大きく、そして、一九〇六年に設立されたこの国で二番目に古い銀行だ。[10] このような協同組合銀行は、地元経済を支える目的で世紀の節目ごろに設立され、営利を第一にしていないところが少なくない。欧米では信用組合と称されてきた。協同組合銀行のなかには、時代を経て、近代的で複雑な金融機関に変貌を遂げたところもある。ただ、おしむらくはインドではITセキュリティが追いついておらず、デジタル攻撃に対しては致命的な脆弱性を抱えている銀行もいくつかあったと、この国のテクノロジー事情に詳しい者たちは言っている。

現在、コスモス協同組合銀行はインドの七つの州で事業を展開し、預金残高は二〇億ドル[11]。本社のコスモス・タワーは銀色のパネルとガラスに輝く十二階建てのビルで、ムンバイから約一〇〇マイル(約一六〇キロ)離れたプネーにある。建物の周囲は重量感のある高いフェンスに囲まれており、入り口には護衛警官が配置されている。しかし、このようなセキュリティ対策はハッカーたちには問題ではない。内部に侵入する彼らのルートは、こうしたフェンスをやすやすと迂回していく。

この国の金融業界筋の話では、二〇一七年九月から各支店に勤務する行員の受信トレイに、念入りに細工されたフィッシングメールが届くようになったという。メールの正確な内容は公表されていないが、おそらく、相手の気を引いてメールを開かせようと、緊急の金融情報、あるいは仕事のオファーに見せかけていたのだろう。手口としては使い古された方法だ。このようなメールを開かせるように仕向けるには、たいていの場合、数が勝負となる。充分な数のメールを送れば、遅かれ早かれ誰かがエサに食いつき、添付されたリンクをクリックしたり、あるいは添付ファイルを開いたりして、気づかないままハッカーがアクセスできるウイルスをインストールしてしまうのだ。コスモス協同組合銀行の場合も、数カ月後にハッカーのたくらみは実を結んでいる。

コンピューター・システムに侵入した襲撃者は、ターゲットのネットワークをひそかに調べ始めた。その多くは、彼らにはおなじみのシステムだったのかもしれない。UNSCの報告書によると、北朝鮮のハッカーはこの時点で、過去二年にわたって少なくとも十四の銀行を襲撃しており、金融機関で使用されているシステムやソフトウェアのタイプに熟知していたはずである。

だが、コスモス協同組合銀行の襲撃では、ハッカーはそれまでとは違うことを試みていた。ＡＴＭの現金引き出しを制御するプログラムに狙いを定めていたのだ。ＡＴＭという装置は実に便利なもので、たいていの人はこともなげに使っている。しかし、世界中の銀行や目抜き通りに設置されているＡＴＭの裏側には、電子化された緻密なチェック機能と制御機能を支える複雑なシステムが組み込まれている。利用者がカードを入れてから現金を手にしてその場を離れるまでのあいだ、何十ものメッセージが断続的に世界中を行き交い、正しい人物が、正しい額の現金を受け取っていることを確認している。コスモス協同組合銀行を狙っていたハッカーにとって、このデータの流れは、数百万ドルの大金をせしめる鍵になるものだった。

ポケットにあるキャッシュカードをあらためて見てほしい。たいていのカードには、銀行名のほかに「ビザ」や「マスターカード」などの大手金融会社のロゴがどこかに入っているはずだ。ロゴは単なるブランディングではない。カードにはこうした企業の詳細がコード化されており、カードを国外のＡＴＭに挿入すると、装置が最初にチェックするのは、カードがどの決済会社に登録されているかだ。そして、暗証番号を入力すると、その番号はスクランブル化されたうえで、「ビザ」や「マスターカード」などに送られ、どの銀行に番号が登録されているかが特定される。

決済会社は銀行ＩＤを確認したうえで、暗号化した暗証番号を銀行に送信、受け取った銀行側のソフトウェアは暗号を解読し、その番号が正しいかどうかを確認すると、引き出し金額をチェックしてから口座に充分な残高があるかどうかを確かめる。残高があれば、決済会社を介してＡＴＭに現金支払いの許可が与えられる。

こうしたシステムが備わっているからこそ、世界中のどのようなATMでもキャッシュカードを挿入すれば、現金が受け取れるのだ。口座を持つ銀行が運営していないATMでも差し支えない。ビザやマスターカードのような決済会社は、何十億回と繰り返される取引の中心にいて、取引の承認を得るため、ATMと銀行間の情報のやり取りを仲介している。また、一定の間隔で、口座がある銀行とATMとのあいだで決済作業が行われており、たとえばATMで一〇〇ドルの引き出しがあれば、それに相当する金額が口座を持つ銀行から返済される。

無効にされた暗証番号

インターネットというテクノロジーのおかげで、こうした手続きはいずれも瞬く間に行われている。ほとんどの人たちは何が起きているのかつゆほど気づいていないが、大半の取引にとって、このシステムは安全かつ万全に保護されている。なぜなら、たいていの場合、犯罪者はこのシステムを動かすソフトウェアにはアクセスできないからである。しかし、二〇一八年七月のこの日、コスモス協同組合銀行の内部では、ハッカーが認証システムをつかさどるソフトウェアに正確にたどり着いていた。その時点で彼らは、コスモス協同組合銀行のシステムがあらゆる現金引き出しにどう対処しているかを掌握し、さらにシステムそのものを乗っ取り、数百万ドルを盗むために微妙な変更を加える準備を進めていた。

ハッカーには、打ち込んだ暗証番号が正しいかどうか、そのカード所有者の口座に充分な残高があるかどうかを確認せず、要求された取引を残らず承認するようにソフトウェアを調整することもできた。だが、それではすぐに疑われてしまう。世界中のコスモス協同組合銀行の顧客が突然、正しい暗証番号を入力せず、好きなだけ現金が引き出せてしまえば、ただちに行内の誰かに気づかれてしまう。

そこでハッカーたちは範囲を絞り、ハッキングで恩恵を得られるのは、自分たちにかわって現金を引き出すマネー・ミュールだけにした。まず、四五〇の口座が選ばれる（どのようにしてこれらの口座が選ばれたのかは依然として不明。正規の顧客から無作為に選んだという報告がある一方で、彼らの共犯者がわざわざ事前に開設したという報告もある）[12]。次に銀行のコンピューターに対し、これらの口座から大金を引き出すことを確実に承認させなくてはならない。だが、ここで問題が生じる。コンピューター・システムにはアクセスできたにもかかわらず、彼らには四五〇の口座にどれだけの残高が実際にあるのかがわからなかった。その口座に充分な預金がなければ、あとで現金を引き出そうとしても無駄に終わる。ハッカーは巧妙な回避策を思いついた。コスモス協同組合銀行会長のミリント・カーレイの話では、システムにアクセスしたハッカーは、ＡＴＭのソフトウェアをだまし、実際の残高の多寡にかかわらず、各口座に一万ドル程度の預金があると思わせたのだ。この金額は、多くのＡＴＭから一回の取引で引き出せる上限額をはるかに超えている。このような変更の結果、どれほどの引き出しを要求されても銀行のシステムはもはや「イエス」と答えるしかない。

四五〇の口座が用意でき、大金を引き出す準備を整えたら、次にそれぞれの口座に応じたキャッシュカードを作らなくてはならない。だが、この作業は世間で思われているほど難しいものではない。多くの人たちは、カード表面に浮き出たエンボス加工の数字が重要で、カードをＡＴＭに差し込んだとき、機械はこの数字を確かめていると考えている。したがって、キャッシュカードの偽造には、エンボス加工の刻印技術がともなうと考えているかもしれない。しかし、それは正しくない（カード会社によっては、エンボスレスのフラットで滑らかなカードが発行されている）。もっとも機密性の高い情報は、実際には裏面の黒い磁気ストライプに保持されているのだ。

ＡＴＭにキャッシュカードを挿入すると、この磁気ストライプがスキャンされる。磁気ストライプにはカードを発行した銀行の固有番号のほかに、カード番号、有効期限、顧客名が記録されている。ＡＴＭで読み取り可能なキャッシュカードを作るために必要なのは、裏面に磁気ストライプがある白紙のカード、磁気ストライプに必要な情報を電子的に書き込む装置だけである。白紙のカードの入手も容易だ。いまや日常的に使うギフトカードにも磁気ストライプはついており、そこに書き込まれた情報にほかのデータを上書きするのも簡単だ。カードに記号を書き込む装置はオンラインで購入でき、二〇〇ドルもしない。ということは、誰かがあなたのキャッシュカードのカード番号、有効期限、名前などの情報を知っていれば、あなたの銀行カードを複製して、あなたの口座から現金を引き出せるということなのだろうか？　本当にそれほど簡単にできてしまえるものなのか？

もちろんそんなことはない。なぜなら、こんな方法でカードを偽造する者は決定的な点を見逃しているからだ。暗証番号である。たしかに偽造犯はあなたの情報が入ったカードは作れるだろう。だが、そのカードをＡＴＭに挿入して現金を引き出そうとしても、暗証番号の提示が求められるので、番号を知らなければ詐欺師は現金を手にすることはできない。口座のロックは暗証番号によって解除されるのだ。

それだけに、コスモス協同組合銀行を襲撃したハッカーにとって、銀行システムのなかでも暗証番号を管理するシステムを完全にコントロールできたのはこれ以上ないほど都合がよかった。彼らは銀行のソフトウェアに変更を加え、用意した四五〇の口座の引き出し依頼を受け入れ、暗証番号を確認せずにそれを承認するようプログラムした。続いて口座の残高が確認されるが、こちらもすでにしかけが用意されている。このしかけのおかげで、どうやら一万ドルの残高があると見なされ、ATMに対して、要求された現金の支払いを承認するメッセージが送られていく。

ハッキングの世界では、こうした一連の手口は「ジャックポット」と呼ばれている。

FBIが銀行に発した極秘の警告

こうして犯罪計画の準備は万全に整ったが、次に必要なのは現金を引き出す共犯者たちだった。ハッカーにすれば、できるだけいろいろな地域で実行できる人間を使いたい。犯行範囲が広ければ、それだけ法執行機関の追跡は困難になり、事件の背後にいる人間を突き止めるのが難しくなる。インドの捜査関係者から聞いた話では、共犯者はダークウェブ——暗号化された秘密のウェブサイトで、犯罪関連のウェブページが数多く存在する——を通じてリクルートされていたらしい。このようなデジタルの裏社会では、「カーディング」と呼ばれるクレジットカード詐欺がさかんに行われ、儲かる商売になっている。ATMをジャックポットする計画に加担できるスキルと経験、意志のある者を見つけるのは難しくはなかった。

ハッカーたちは、カード詐欺を手がける者がひしめく裏社会で築いた人脈を使い、不正に操作された四五〇〇の銀行口座に関する情報を世界中の共犯者に送った。共犯者はその情報を白紙のカードに書き込んでいった。エンコードされたカードは、彼ら共犯者の手から、実際にそのカードを使うマネー・ミュールたちへと渡されていった。

「一連の流れには国際的なギャングや手配師が関与していた。（盗まれたデータを）買った共犯者全員に対してカードが有効になり、ATMから現金が引き出せる八月十一日の時間帯が割り当てられていた」と捜査関係者は話している。

しかし、現金強奪の日が近づくにつれ、ＦＢＩは何かが起ころうとしている気配を察知していたようである。マネー・ミュールが標的のＡＴＭに向かって出発する前日、ＦＢＩは銀行に極秘の警告を発していたとアメリカのあるセキュリティ・ジャーナリストは報告している。警告のなかでＦＢＩは、当局は「ある未確認情報を入手した。それによると、今後数日内に、サイバー犯罪者がＡＴＭから現金を不法に引き出す計画を世界中で実行することが示唆されている（略）。計画は俗に『無制限作戦』と呼ばれている」[13]と伝えていた。

犯罪者がどのような手口で事におよぶのか、ＦＢＩはその点も把握していたようだ。「サイバー犯罪者は通常、盗んだカードのデータを共犯者に送り、正規のカードの不正コピーを作成している。共犯者は、ギフトカードのような再利用可能な磁気ストライプのカードを購入、そのデータをカードに書き込んでこうした不正コピーを作成している」

ＦＢＩの読みは的を射ていた。しかし悲しいかな、この緊急警報はコスモス協同組合銀行にまで伝わるほどには広がらなかったようである。土曜日が近づき、行員たちが週末に帰宅するころ、現金引き出しをたくらむギャングたちが、ジャックポットの準備をしているとは誰も考えもしていなかった。

インドでは、少なくとも二十三人のマネー・ミュールに不正なキャッシュカードが渡されていた。地元メディアの報道によると、ドバイのギャングがムンバイの同業者に口座情報を伝え、そこで一〇九枚のカードが複製されていたという[14]。

マネー・ミュールの容疑者の大半は八月十一日、襲撃のためにコールハープルに到着すると、偽のキャッシュカードの束を持ってＡＴＭから次のＡＴＭへと移動していった。二人組で動いていたある容疑者は、三十一の銀行が所有する五十二カ所のＡＴＭを標的に、わずか数時間で一二万一〇〇〇ドルを引き出していたといわれている。

同様の引き出しが世界各地で行われていた。銀行の報告書によると、四時間足らずのうちに合計一〇〇万ドルもの現金が引き出されていたという[15]。

引き出しが終わるたびに、マネー・ミュールは人ごみのなかに消えていく。そうしているあいだも静かに札束は積み上がっていき、彼らを仕切る者たちのもとへと渡されていった。

逮捕されたのはただの「運び屋」

同じころ、コスモス協同組合銀行のコンピューター・システムにも問題が生じ始めていた。入念な準備にもかかわらず、ハッカーによるＡＴＭシステムのコントロールがうまくいかなくなったのだ。利用客から、「ＡＴＭの取引が拒否された」という苦情が銀行に寄せられ始めたという。まったく逆のトラブルに見舞われていた客もいた。残高がないにもかかわらず、現金が引き出せてしまう。客のなかにはまんまと札束を引き出したものの、結局良心の呵責に耐えかねてあとで返した者もいた[16]。

何か大変なことが起きていると疑い出した行員は、思い切った行動に出た。二日間にわたってオンラインバンキングをシャットダウンし、ＡＴＭからの引き出しをいっさい停止させたのだ。取引ができなくなった一般の預金者は、現金が引き出せず大混乱におちいった。インドのような国でとくに問題が大きくなったのは、この国では銀行取引を利用できる者がかぎられており、社会階層の低い労働者の場合、現金のやりとりに基づいた生活を送っているからである[17]。前出の同行会長のミリント・カーレイはその後、ユーチューブを通じて声明を発表、顧客と投資家の不安を鎮めようと試みている。

「現在の状況はきわめて安定している。当行の銀行システムは非常に強固で、このような状況に直面しても対処できる」と述べていた(18)。

だが、ハッカーたちは容赦なかった。コスモス協同組合銀行が必死になって問題に対処しているあいだも、新たな金庫破りの準備を進めていたのだ。

襲撃に先立って銀行の内部システムを調べていた際、ハッカーはSWIFT《スイフト》と呼ばれるシステムにもアクセスしていた。SWIFTとは国際銀行間通信協会の略称で、この組織が提供する決済ネットワークシステムのことをいう。名称からもわかるように、世界の銀行がたがいにメッセージを送り合う手段をSWIFTは提供している。そして、世界中の金融機関はSWIFTの通信を使って、何十億ドルもの資金の決済メッセージをやり取りしている。

銀行はなぜSWIFTのメッセージだけで、これほど巨額の資金を進んで送ろうとするのだろう。それは、SWIFTの通信こそ唯一正当だと銀行が考えているからである（当然ながら、ほとんどの銀行がそのように信じ込んでいる）。たしかに、私たちのような個々の一般人がSWIFTの通信フォーマットを自分のパソコンにインストールして、世界中の銀行から金を要求することができるわけではない。

とはいえ、言うまでもないことだが、ハッカーが銀行に侵入し、SWIFTシステムを好き勝手に操作できれば、こうした論理はまったく成り立たなくなってしまう。そして、コスモス協同組合銀行で起ころうとしていたのがまさにそれだった。

ATM攻撃の二日後、銀行が被害の規模と襲撃の実行方法を解明するために奔走しているころ、ハッカーたちはふたたび攻撃をしかけ、SWIFTのメッセージを使って二〇〇万ドルを香港のとある会社の口座に振り込ませた[19]。このときは銀行も迅速に対応し、わずか十五分で支払いを追跡できたと主張している。支払い金の一部が金融システム内に残っていたため、銀行はそれを回収し、収奪された金の半分を取り戻すことができた。

だが、ATMから引き出された現金はとっくに消え失せていた。およそ一一〇〇万ドルの現金を奪われただけでなく、ATMから現金を引き出す際、通常支払われるはずの手数料五〇万ドルも銀行は失っていた[20]。損失分がどのように補塡されたかは不明だ。銀行は保険に入っていたが、このハッキングについて会見する際、保険について銀行側は言及していない。最終的に手数料の引き上げなどという間接的なかたちで、損失分は預金者に負わされるかもしれない[21]。

一方、コールハープルでへとへとになるまで歩いて稼いだマネー・ミュールたちだったが、手にした報酬をじっくり楽しむことはできなかった。事件から数週間後、警察が彼らの逮捕に乗り出していた。ATMに設置されていた監視カメラの映像を分析して、何名かの容疑者の身元が特定されていた。その際、逮捕されたうちの何名かは、今回がはじめての犯行ではなかったことが容疑者を割り出す際に助けとなった。容疑者のうち四人は前年、チェンナイにあるシティ・ユニオンという別の銀行で現金を不正に引き出しており、その様子がやはり監視カメラに撮影されていたのだ[22]。

捜査の網は徐々に広がっていき、ムンバイやその近郊に住むマネー・ミュールと疑われる者が逮捕されたが、本書の原稿を書いている時点で起訴された者はいない。おそらく、それ以上に重要なのは、インドでの逮捕が〝運び屋〟レベルで行き詰まっている点だ。犯行を組織した指揮系統の上位にいる者は、中東に住む人物だと警察も非公式には特定しているようだが、それ以上の進展を図ることに四苦八苦している。

銀行襲撃の背後にいる者たち

事件が起きたマハーラーシュトラ州の警察のサイバー部隊は、インドでも屈指の実力を備えた部隊といわれている（同州に本拠地を置く金融機関が多いことも理由のひとつ）。その点では、被害に遭ったコスモス協同組合銀行には不幸中の幸いだった。しかし、経験豊富な捜査官も、今回の襲撃のまごつくようなグローバルな広がりにはばまれていた。被害を受けた国は二十数カ国に及び、事件の背後にいる人物の解明に必要な情報を得るには、膨大な量の書類を提出しなければならない。コスモス協同組合銀行を襲撃したハッカーは、こうなることを当初からほぼまちがいなく知っていたからこそ、意図してATMの不正引き出しをたくらむ強盗団を世界各国に配置しておいたはずだ。もちろん、追跡の手をはばむためである。

最初に銀行をハッキングし、一連の強奪を始めたのが誰か（そして、盗まれた現金の大部分を受け取ることになっていたのは誰なのか）、その人物を特定しようとしたものの、マハーラーシュトラ州の警察はまたもや苦戦を強いられる。「何がやっかいかと言えば、彼らは痕跡という痕跡を一掃し、なにひとつ証拠を残していなかった点だ。練りに練られた計画だった」と州警察の監察官で、特別捜査チームを率いるブリジィシュ・シンは言う[23]。これはハッカーの常套手段だ。仕事が終わると、利用した悪意のあるソフトウェアとともに、いつ何が起きたのか示す被害者のデジタルレコードを彼らは入念に削除する。

インドの警察は、コスモス協同組合銀行襲撃の背後にいる人物を突き止めようと四苦八苦していたようだが、このときもアメリカの司法機関は事前に警告を発しており、今回はその情報のおかげで一歩前に進むことができた。二〇一八年十月、合衆国国土安全保障省の下部組織サイバーセキュリティ・インフラセキュリティ庁（ＣＩＳＡ）は、同庁が〈ファストキャッシュ〉（FastCash）と命名した攻撃作戦に関する警告を発した。アメリカのサイバーコップ流の乾いた言葉で言えば、ファストキャッシュは、「銀行内の小売決済システムのインフラをターゲットにしており、ここに攻撃を加えることでＡＴＭによる国境を越えた不正な現金引き出しが可能になる」というものだった。つまり、この攻撃作戦は世界中のＡＴＭを標的にしていた(24)。

ＣＩＳＡは、ファストキャッシュを用いている犯罪集団は、アジアやアフリカの銀行を襲撃して数千万ドルもの現金を盗み出し、そのなかには世界二十数か国のＡＴＭから同時に現金が引き出されたインドの「二〇一八年の事件」も含まれると発表した。大方のセキュリティ研究者にとって、コスモス協同組合銀行の事件の背後にいるのは、ファストキャッシュを使ったハッカー集団だとアメリカ政府が名指ししているのは明らかだった。

「二〇一八年の事件」は〈ヒドゥン・コブラ〉の仕業だとＣＩＳＡは考えていた。〈ヒドゥン・コブラ〉は、アメリカの捜査関係者が北朝鮮政府のハッカーにつけたコードネームだ。だが、セキュリティ研究者は、彼らに対してさらに謎めいた名称を授けている。そのように名づけたのは、襲撃先のコンピューター・ネットワーク内で生き残り続ける、彼らの能力の高さのせいである。そして、その名前こそ〈ラザルスグループ〉にほかならない。インドの銀行にこっそり侵入し、ＡＴＭのソフトを細工して何千件もの不正引き出しを許可したばかりか、さらにＳＷＩＦＴを使い、香港に何百万ドルもの金を送金した組織こそラザルスグループであると大勢の研究者が主張している。

しかし、アメリカ政府が疑っているように、北朝鮮がコスモス協同組合銀行襲撃の背後にいるとしたら、大きな疑問がいくつか残る。世界から孤立したこの政権が、どうやって国境を越えて何十人ものマネー・ミュールを配置し、ごくかぎられた時間内にATMに送り込むことができたのだろうか。そして、ひとたび作戦を終えたあと、ATMから吐き出された何百万ドルもの現金をどうやって手にしていたのだろうか。

北朝鮮の近年の歴史を追ってきた者は、自分はその答えを知っていると考えている。彼らはきっとこう言うだろう。北朝鮮政府は何十年もかけて裏社会との関係を深めてきた。ひとつには、一九九〇年代以降、この国に降りかかった一連の破滅的な事件のせいである。その結果、財政に窮した北朝鮮は、サイバー戦闘への道をエスカレートさせてきた。

そして、このようなオンラインと現実世界の双方で裏社会との関係を深めてきた結果、北朝鮮の工作員は、コスモス協同組合銀行のハッキングで使われていたようなマネー・ミュールのネットワークを構築するには、それぞれの国で誰にアプローチすればいいのかを正確に把握するようになっていったのだろう。ATMを実際に襲撃する組織のボスに現金の一部を渡し、残りは北朝鮮政府の取り分という約束が交わされていたはずである。

だが、ラザルスグループの攻撃は金融機関だけにはとどまらなかった。捜査当局の話では、コスモス協同組合銀行のような金融機関への攻撃を繰り返してきた結果、ハッキング能力が高まっていくにしたがい、北朝鮮のサイバー部隊はますます大胆になり、主要な基幹サービスを提供している敵国の拠点を標的にするようになった。最終的には医療部門やコロナウイルスのワクチン製造会社さえ、グループのサイバー攻撃に巻き込まれるようになる。緊急を要する手術も影響を受け、救急救命センターは活動停止に追い込まれてしまう。北朝鮮のハッキングは文字通り人の生死を分ける問題になってしまったのだ。

なぜ、こんなことになってしまったのか。東アジアの小国が、なぜこれほど執拗で有害なサイバー犯罪の攻撃キャンペーンを展開し、非難されるようになったのだろう。その疑問に答えるには、北朝鮮が国家として誕生した時代にまでさかのぼり、この国を崩壊寸前まで追い込んだ一連の悲劇的な誤算をつなぎ合わせなくてはならないだろう。

第2章　破産国家

終わっていない戦争

朴志賢《パクジヒョン》が語る子供のころの夏の思い出は、多くの人たちが胸に大切にしまってきた、輝く陽の光に彩られた回想のようにも聞こえる。中国との国境に近い北朝鮮の主要都市清津《チョンジン》で朴志賢は育った。一方に山があり、もう一方には海が広がっている。

学校から帰ってくると、友だちといっしょに近くの農地を流れる川へと向かい、そこでトンボをよく捕ったものだという。「北朝鮮では夏になると、毎年たくさんのトンボが飛んできます。どれだけ捕まえたか、よく競争したものです。羽を指ではさんで、一匹、二匹と数えていました」

のどかに聞こえる話だが、しかし、朴志賢の河原への遠出は、世界を知りたいと胸躍らせる少女の無邪気な自然観察ではなかった。彼女たちをトンボ捕りに駆り立てていたのは、子供たちには決して経験させてはならない、胸が張り裂ける思いにさせるような事情だった。

「捕まえたトンボの頭をちぎると、それから食べていました。私たちにとってトンボは食べ物でした。それほどお腹を空かせていたんですよ」

話を聞いて呆然とした私は、思わずどんな味がしたのかと聞いていた。「覚えていません。ただただ、ひもじかった(1)」

朴志賢が知りようもなかったこと——北朝鮮ではほぼすべての国民が知るのを許されていなかったこと——それは、彼女や彼女の友だちが清津の野原や川で口に入れられるものならなんでも探しまわっていた、絶えずうずき続ける飢餓をもたらした本当の理由だ。北朝鮮のインフラはことごとく崩壊しつつあった。国民が生命を維持するために必要な食糧を供給するという、もっとも基本的な役割さえこの国の政府は果たせずにいた。だが、子供だった朴志賢には、どうしてこんなことになってしまったのか、その理由さえ知りようはない。彼女を含め、この時代を耐えたすべての国民の記憶に焼きついている悲惨な時代だった。その悲惨さは、北朝鮮を犯罪の道へと導いただけでなく、その後、世界に対して何十年にもわたる影響をおよぼすことになる。

北朝鮮は、現存する世界でもっとも古い社会主義国家だ。ソビエト連邦は一九一七年に起きた革命を契機に誕生したが、二十世紀末、同じイデオロギーを奉じていた多くの国とともに崩壊した。中国は一九四九年にようやく共産党が政権を握っている。北朝鮮は一九四八年に建国され、かつて存在していた数十もの社会主義国よりも命脈を保ってきた。

朝鮮半島は一九一〇年の韓国併合から日本の統治下に置かれてきたが、第二次世界大戦の敗北で日本が朝鮮半島から退くと、半島の南は資本主義のアメリカ、北は社会主義のソ連によって管轄される。朝鮮半島は、二大超大国の最初の代理戦争の戦場になる運命に置かれていたのだ。

南北境界線は北緯38度線と定められた。この緯線はギリシャのアテネ、アメリカのバージニア州中央部のシャーロッツビルを通過して地球を一周している。アメリカによって任意に選ばれた境界線だが、半島をほぼ二分にしているのがこの緯線だ。(2) ほんの数年前まではひとつの民族だった半島の人びとは、ほぼ一夜にして競合する陣営のもとで分断されてしまった。両陣営を分かつ境界線周辺は日ごとに要塞化されていったが、性急に交わされた領土分割の合意が長くは続かなかったのは、必然と言えば必然だったのかもしれない。

一九五〇年六月、ついに戦争が勃発する。相反する二つの政治体制は、半島全体の支配をめぐって争ったが、戦力の増強に応じてそのたびに戦線は半島を南北に動いた。

三年におよんだ苛酷な戦いで、韓国人二〇〇万人超、一〇〇万の中国人、さらに国連派遣軍にも何千名もの戦死者が出たと推定されているが、これだけの死者を出して戦いながら、結局、境界線は当初とほぼ同じ位置に戻ってしまったのだからなんともやりきれない。このとき定まった境界線は、それから何十年ものあいだその位置にとどまり続け、どう見ても変えようがないまま、軍事境界線（DMZ）として半島を分断している。それは幅二マイル（約三キロ強）の無人地帯で、地球上においてもっとも要塞化された境界線として広く知られている。

南北朝鮮は境界線をはさんでそれぞれの領土で落ち着いたように見えるが、両国の衝突は決して終わってはいない。たしかに休戦は宣言されている。だが公式には、北朝鮮はいまだに韓国とその同盟国と交戦状態にあるのだ。未来永劫に続くかもしれない対立のせいで、国として北朝鮮のあり方は、想像しうるかぎりもっとも完璧なかたちで定められてきた。そして、人口約二五〇〇万人のこの小さな国の日常生活は、すべてこの対立のもとに成り立っている。

粉飾されていた「北の楽園」

北朝鮮に停滞をもたらした一連のラチェット機構*訳註は、朝鮮戦争と北朝鮮がそれにどう応じたかでその第一段階が生み出され、現在のような袋小路にこの国を追い込んできた。このまま引き下がれるとは北朝鮮の指導者たちも考えてはいない。だが、いまも続く戦争に勝利するのは現実的には無理だとはいえ、何十年にもわたって心から憎み、絶縁してきた敵の手で現政権が蹂躙されるのを恐れるあまり、敗北を認めることもできないのである。

この不幸なシナリオの大筋は、北朝鮮の建国者金日成《キムイルソン》によって描かれた。

金日成がどのような生涯を送ってきたのかを知るのは決して容易ではない。スターリン型の独裁者として、国民生活をあらゆる面で支配しつづけてきた約半世紀のあいだ、金日成本人と彼の側近のプロパガンダによって作り上げられた何層にも積み重ねられた神話と偽りの情報のせいで、彼の生涯の全貌を知るのは計り知れないほど難しい。ただ、若いころについては話はほぼ一致している。誕生は一九一二年、抗日パルチザンの一員となり、その後、中国でゲリラ戦を戦ってきた。当時、ともに戦っていた仲間によれば、金はかなりの苦難に耐え、その過程で社会主義への熱意を高めてきたという。

だが、話が北朝鮮でどうやって権力を獲得したのかになると、話はとたんに曖昧になる。金日成お抱えの歴史家なら、日本の軍隊を国から追い払い、果敢に突撃して国土を取り返したのは、ほぼ金日成一人の力によると断言するだろう。別の説では（おそらく、こちらのほうが正確なはずだ）、金日成はソ連船でモスクワに運ばれ、ソ連政府によって政権を委ねられたといわれている。ソ連の共産主義者は、国境の南で接する国には、自国に友好的な指導者が現れるのを切望していた。[3] 北朝鮮の北側の国

＊訳註：ラチェット機構とは一方向の回転だけを伝え、反対方向には回転を伝えない機構。歯車と歯止め（爪）でできている。自転車やラチェットレンチ、ジャッキなどきわめて広い分野で利用されている。

境は大部分を中国と接しているが、東側でもごく一部ながらソ連と国境を接しており、首都平壌《ピョンヤン》と北京までの距離と、平壌とウラジオストックまでの距離はほぼ同じだ。金日成という人物について、ソ連は社会主義という目的のために戦ったたしかな経歴を持ちながら、しかも御しやすく、脅威にはならない人物と見なしていた。

一九四六年、わずか三十四歳で北朝鮮の実権を握った事実については議論の余地はない。

だが、その後に起きた朝鮮戦争で金日成が果たした役割も、誰が物語るかによってさまざまに異なる。実際には、金日成は韓国との衝突を望んでおり、ソ連に対して自分の軍事計画を支援するように働きかけていた。北朝鮮の意のままに朝鮮半島を統一することを金日成は望んでいたのだ(これは現在でも北朝鮮の指導者たちによって共有されている目的である)。だが、金日成お抱えの歴史家はまたもやこう言うだろう。「この戦争はアメリカに先導された韓国が、朝鮮半島全体を支配するために始まったのだ」

朝鮮戦争に関するこの起源説はきわめて重い意味を持つ。というのも、これこそ北朝鮮の国民を終わりない緊張状態に追い込む決定的な理由となっているからだ。終わりなき戦争は、韓国とアメリカの同盟国が北朝鮮に負わせてきたつきることのない不当行為であり、敵は一九五〇年代から今日にいたるまで一貫してこの国を侵略しようとしてきたと北朝鮮の指導者は国民に説いてきた。日本統治という過去の背景のもとで、いやしがたい負け犬の物語がこの国で生み出されていた。北朝鮮は、反撃しなければならない犠牲者で、反撃の過程で課されたどのような困難も受け入れなければならないのだ(国民に苦難を強いる全体主義国家の支配者にとって、これほど好都合な物語はないだろう)。

一九五三年の休戦協定にともない、金日成は長年の戦争で破壊された国の再建に乗り出した。それから数年は集団農場、工場、鉱山、高速道路、集合住宅、保育施設、博物館などの公共施設の視察に精力的に取り組み、訪問した現場は一三〇〇カ所以上という信じがたい数にのぼったといわれる。(4) さらに、看板から作物栽培にいたるまで、あらゆる助言を国民に授けていた。こうした話をもとに、今度はプロパガンダの担当者がさまざまな物語を編み出し、慈愛に満ちた主席が国民の日々のありふれた仕事についてまで助言し、新しい社会主義の理想郷で人民の苦役に終止符を打つと約束するのを、人びとは畏敬の念を込めて見つめているというエピソードが宣伝された。

北朝鮮の国民にとって悲劇だったのは、金日成のありきたりなアドバイスのいくつかが、もっとも壊滅的な結果をもたらし、みずから支配する国を永遠と言っていいほどに破壊しつづけていた事実だった。もっとも、その影響が現れるのはそれから数十年後のことである。

とはいえ、一九五〇年代後半から六〇年代にかけて、金日成の改革と再建(非常に低い水準からのスタートだったとはいえ)はうまくいき、この国を発展途上国における改良主義的社会主義の模範国だと見なす者も現れるようになった。

ただ、金日成が権力の座にあった初期の輝かしい回想は、割り引いて聞かなくてはならない理由がある。たとえば、女性の平等と地位向上に金日成が尽力したことはよく知られているが、このような政策の背景には、軍備拡張の結果、農場や工場で働く労働者が不足してしまい、その穴埋めを女性に強いる必要に駆られたからとも考えられてきた。さらに、〝平等〟の現実はそれまでの家事労働や育児という大きな負担に加え、伝統的に男性が担ってきた役割を女性が手がけることになるのをしばしば意味していた。(5)

北朝鮮の成功を示唆していた統計についても、懐疑的に見なくてはならない理由がある。よく引き合いに出されたのは、一九五三年の時点で北朝鮮と韓国の一人当たり国内総生産（GDP）は拮抗していたが、一九六〇年までに北朝鮮のGDPが四倍に拡大していたという点である。数字の出所はアメリカの中央情報局（CIA）の査定に基づいたもののようだが、CIAがこの数字をどこから得たのかは不明だと指摘する報告書も存在する。[6] GDPに関する統計数値が北朝鮮自身によって作成されていたなら、この国の政権に巣くっているプロパガンダ癖を踏まえると、数値の扱いには充分注意しなければならない。

しかし、朝鮮戦争後の北朝鮮の急激な成長について疑ってかかる決定的な理由は、この成長は金日成の支持者が描きたいような祖国の成功物語ではなく、一九六〇年代に明らかになったように、成長の大半がソ連の資金援助によるものと思われるからだ。金日成はそれまで、ソ連と中国という大きな後ろ盾をたがいに競わせることで、双方の国から支援を得ていた。だが、国際共産主義運動をめぐる理論対立でソ連と中国は決裂する。

中ソ対立の狭間で北朝鮮はどちらかの国を選ばざるを得なくなってしまう。そして、朝鮮戦争で中国の助けを得ていたことを理由に金日成は北京を選んだ。ソ連は明らかに不機嫌になり、北朝鮮への援助を打ち切ってしまう。その結果、北朝鮮に急激な経済成長をもたらしていた「第一次七カ年計画」は三年延びて十カ年計画になってしまった。[7] 最終的にソ連は北朝鮮支援へとふたたび舵を切るが、北朝鮮の経済成長がモスクワの慈悲という鎖でつながれていた事実は、このエピソードからもはっきりうかがえるだろう。

過激な孤立主義が破滅へと導く

かつて、ソ連と北朝鮮との関係を、「ウォルト・ディズニーとドナルド・ダック」とたとえたアメリカの政治家がいた(8)。金日成のような高慢で偏執的な指導者には、これほど不愉快なたとえはなかったはずだ。北朝鮮の成功がソ連の庇護のもとで築かれたという考えは、きわめて問題視された。金日成が唱えるイデオロギーの支柱を損なっているからである。その支柱が「チュチェ思想」であり、通常「主体思想」と訳される指導理念である。金日成が唱えた独自の社会主義では、北朝鮮はあらゆるものを自給できる、自立した国家でなければならなかった。そうすれば、国民は誇りを取り戻し、ソ連や中国の傀儡《かいらい》国家になるのを避けられると金日成は信じていた。社会主義思想に独自の理解を加えたチュチェ思想について、金日成がはじめて言及したのは一九五五年のことである。この理念は金日成が意思決定する際の指針となり、政策全般から国民の日常生活の些細な点にいたるまで、あらゆるものを支配するようになる(9)。

その結果、奇妙なことがいくつも起きた。一九五〇年代後半のある時期、北朝鮮はトラクターを自国で製造することを決定する。モスクワはこの考えにあまり乗り気ではなかった。設計図を渡して相手に作らせるより、ソ連製の農機具を売りたいと考えていたのだ。そこで北朝鮮の技術者たちは、ソ連製のトラクターを分解して、そっくり同じものを作ろうと考えた。複製は見事に成功したが、ひとつだけ問題があった。そのトラクターはバックギヤでしか動かなかったのである。社会主義の理想郷の建設に向け、右往左往する北朝鮮を象徴する出来事はないかと粗探ししていた者には、これほどおあつらえ向きな話はなかった。もっとも、技術者たちも最後には前進のギアの存在に気がつき、自国の工場を設立して、トラクターの生産に成功している(10)。

主体思想ではなかなか乗り切れないやっかいな分野もあった。それもこれも、アメリカ人が恣意的に引いた境界線によって、意図せず生み出されていた北と南の地勢の違いのせいだった。南には放牧や耕作に適した土地はあったが、北朝鮮の国土は八〇パーセントが山間部である。(11) この事実は、完全な自主と自立を目ざす国家に切実な問題を突きつけた。羊毛を生産するためのヒツジと綿花を栽培する耕地が決定的に不足していれば、国民はいったい何を着ればいいのだろう。

政府は、戦後、日本が所有していた資産として引き継いだ炭鉱の闇の底に思いもよらない答えを見つけた。

無煙炭と石灰石を工業的に処理すると、紡《つむ》いで布にできる繊維が作れる。第二次世界大戦前に全羅南道出身の化学者と日本の化学者が共同で開発した技術で、合成素材は「ビニロン」または「ビナロン」と名づけられた。(12) この不思議な素材の手触りがどのようなものか知りたければ、スウェーデンのバッグメーカー、フェールラーベン社製のバックパック「カンケン」を探してみるといい。このバックにもビニロンFが使われている。バックパックに使われている点から想像がつくように、生地としてのビニロンは粗くてじょうぶだ。しかし、北朝鮮は衣料品供給の問題を解決するためにこの素材に着目した。石炭は北朝鮮の主要な鉱物資源。そして今度はその資源で人民に服を着せることもできる。もちろん、ゴワゴワしているうえにチクチクしており、染織も簡単ではない。しかし、そうした服を着ることも耐えるべき崇高な苦役として、政府は国民に売り込むことができた。資本主義国の業者から快適でカラフルな服を買うなど、そんな選択は端《はな》から思いもしなかった。

苦心のすえに自国産業を生み出そうとするこの国の努力は、異様に思えるかもしれない。だが、その根底に横たわる力学は実際にきわめて深刻だった。なぜなら、世紀が進むにつれてチュチェ思想そのものがラチェット機構となって作用し、後戻りできないままこの国を破滅に等しい状態に導く軌道に追い込んでいくからである。

一九六〇年代末ごろまで、チュチェ思想は北朝鮮の必要に応えられるだけの力はあった。だが、ソ連の援助が怪しくなり、戦後間もないころの勝利もおぼつかなくなると、北朝鮮は苦境に立たされ始める。そんな状況を人民に知られてはならない。金日成のプライドや国家首席としての名声と成果を傷つけるわけにはいかないのだ。国外に対して、北朝鮮が徐々に門戸を閉ざしていく様子が報道されるようになったのはこのころからである。西側からの訪問はごくまれな場合を除いて全面的に禁止される。親交がある共産主義国からの訪問者でも、金日成の博物館を含むかぎられた主要部しか見ることができなかった。[13] このような状況がその後数十年にわたって続き、やがて現在のような「隠者の国」と呼ばれるようになっていく。

過激な孤立主義の結果、またしても新たなラチェット機構が生み出されていた。世界のほかの国が北朝鮮を引き離して先に行けば行くほど、この国の権威主義政権はますますかたくなに国民の目を外界から閉ざし、国民は自分たちがどれほど世界から後れをとっているか垣間見ることさえできなくなった。外界を遮断しようとする衝動は、それ自体がひとつの情熱と化している。北朝鮮に輸入されるラジオは、受信ダイヤルを政府認定の局から動かせないように念入りにハンダ付けされている。[14] ある脱北者の証言では、北朝鮮の放送局はチームが勝ったときだけサッカーの対外試合の結果を伝えるという。[15] この国の人民は、地球上どこにもない情報の泡のなかに隔絶されたまま生きている。[16]

一方、国内では、金日成の「建国の父」としての役割は、ますます強力で邪悪なものに変わっていき、この国そのものが厳格に管理・統制された階級制度の国家として変貌していく。階級制度の頂点に立つ金日成は、ほとんど神のような存在になりつつあった。そして、絶対的な権力は、必然的にその乱用を招くことになるのは避けようがなかった。

「出身成分」という階級制度

金日成がこの国の人民の私生活を統制するうえでもっとも意外な点のひとつとして、比較的容易にそれを達成していた事実があげられるだろう。もちろん、反対勢力は存在していたが、中国の文化大革命のときのような収集のつかない混乱に比べれば、社会を全面的に再構築するうえで抵抗らしい抵抗には直面しなかったようである。国民を統制する際に用いられたのが「出身成分」という階級制度だった。出身成分は、この国の社会にもともとあった規範とはほど遠いもので、金日成や人民の出身階級に基づいて、人為的に構築された揺るぎない身分制度だった。

北朝鮮の国民はいまも、「核心階層」「動揺階層」「敵対階層」の三階層に分類されている。これらの言葉は本章の冒頭で紹介した朴志賢──幼いころ、故郷の清津市の近郊で食べ物を探しまわっていたあの女性が私に説明する際に使っていた言葉だ。しかし、さらにグロテスクなユーモアを帯びた言葉で説明する者もいる。「トマト」「リンゴ」「(緑色の)ブドウ」の三語である。なかまで赤い「トマト」は立派な共産主義者、表面は赤いがなかは赤くない「リンゴ」は思想的な改善が必要とされ、「ブドウ」にいたってはもはや話にならないほど絶望的だ[17]。

もちろん、朴志賢の家族もこの制度にしたがって分類されていた。彼女の父親は工業製品を作る会社で掘削機の操縦士をしていた。西側の国なら、経済的に恵まれた、社会的には高い地位とは言いがたい職業かもしれない。だが、北朝鮮では、彼女の父親はまぎれもないエリート階級に属していた。

世界の大半の国でブルーカラーと呼ばれる仕事に携わる者が、北朝鮮社会では上位一〇〜一五パーセントを占める核心的なエリート階級に分類されている事実に驚かれるかもしれない。ほかの多くの制度同様、北朝鮮の階級制度もまた地球上のどの国の制度とも似ても似つかないのだ。この身分制度における国民の地位は、抗日パルチザン時代、あるいは建国時代における金日成と人民の先祖の関係に直接関係している場合が少なくない。

たとえば、朴志賢の祖父は一九三〇年代に金日成の叔父といっしょに働いていた。微妙なつながりとはいえ、朴志賢一家とのこの歴史的なつながりが、祖父の子孫である彼女の家族が今後もずっとエリートの地位にとどまり続けるために必要だった。この国でエリートであることは、一般によりよい住居、よりよい仕事が得られる機会や、あるいは海外赴任を命じられるかもしれない機会が授けられ、トラブルに際しては、当局も手心を加えてくれる可能性を意味している。

だが、朴志賢の一家が置かれた状況は、母方の祖父が朝鮮戦争中の一九五〇年代に韓国を離れて越北していたため、複雑なものになっていた。越北は裏切り行為だと糾弾されており、母方の家族は「敵対階層」に追いやられていた。

出身成分という北朝鮮の階層制度は、官僚主義的な熱意によって監視され、強化されてきた。その熱意はさまざまな指針に頑迷にこだわる一党独裁政権にしばしば見受けられるものだった。朝鮮労働党（与党の政治組織で、実際には権力を行使する唯一の政党）は、国民の経歴や家系を調べ上げ、北朝鮮の国民の制度上の位置づけを詳細に記録しつづけている(18)。

朴志賢の話では、彼女が六歳のときまで、父親の「核心階層」という経歴にしたがって判断され、一家の子供たちが大きな影響を被ることはなかったという。しかし、就職する年齢を迎えると当局の監視の目が厳しくなり、母方の家系の影がつきまとうようになる。妹は優秀なコンピュータープログラマーだったが、有力な職への応募に失敗した。兄は陸軍の名門機関を志願したがやはり弾かれてしまう。母親の「敵対階層」という分類が家族の足を引っ張っていた。

就職をめぐる挫折はいずこの国でも同じだが、北朝鮮の場合、この種の挫折が持つ意味はまったく異なる。北朝鮮社会では、このような失敗は食糧の配給が減り、住居は劣悪となって、疑り深い役人による嫌がらせが続くなど、悲惨な生活がのちのちまで続くことを意味している。一家にとって、子供たちのキャリアは、家族がよりよい人生を勝ち取る唯一のチャンスだった。だが、そのチャンスが失われてしまったのだ。

「このときは本当に母親を憎みました。私たちの未来がなくなってしまったのですから」と朴志賢は振り返る。

金日成は国民に対して、縁故主義を制度として、どちらかと言えば容易に強要することができた。その理由について、朝鮮半島に残る儒教の歴史を指摘する者がいる。儒教という思想は個人を一連の階層的な人間関係のなかに位置づける思想であるからだ（そのせいで北朝鮮の国民には、出身成分という階層制度のもとに置かれた自分の運命を受け入れる、心情的な基盤がすでに整っていた）。また、王朝時代の朝鮮で長く続いた封建制度の歴史を指摘する者もいる（何世紀にもわたり、両班《ヤンバン》という貴族階級と奴婢《ノビ》と呼ばれる農奴階級が存在していた）。また、多少なりとはいえ、半島の住民に権威主義的な官僚主義を受け入れさせた日本統治の遺産だと考える者もいる[19]。

真偽はともかく、いずれにしても金日成は太陽としてこの国に君臨し、この国の社会はその太陽を中心にして回ってきた。太陽に近ければ近いほど、いよいよその光を浴びることができる。今日においてさえ、金日成との関係で「核心階層」という選良の地位を得た家系はそれを子や孫に引き継いできた。しかし、近づきすぎるとあまりにも危険であることに気づく者もいたようである。

あまりにも極端な家父長制が定着していく一方で、北朝鮮は世界から切り離されていった。出身成分という制度によって裏づけられた金日成の指導に国民がますます服従していくにつれ、やがてこの国の首席は半神的な存在へとのぼりつめていった。首都平壌の地下鉄で金日成が座った席は何人たりとも座れないよう、モニュメントとしてロープで囲われ、また何度も行われた学校や工場の視察では、訪問の際に金日成が触れたものは聖なるもののように布で被われ、手の届かないところに祀り上げられていった。[20]

金日成が犯した二つの誤算

北朝鮮国内で金日成の偶像化が図られていく一方、一九七〇年代後半になると、世界の多くの国で、北朝鮮の国家首席は社会主義の偉大なる指導者などではない事実が明らかにされていく。朝鮮戦争後の一時期、金日成は真の指導者だと信じる者はほかの国にもいなくはなかった。だが、このころから主席自身が説いてきた路線からの逸脱が始まり、その事実を隠すことはますます難しくなっていった。資本主義国家の欧米諸国や日本との交易が始まり、一九七〇年代半ばの貿易総額の四〇パーセントはこうした非共産圏との交易によるものだった。[21]交易上、優勢な立場にあったからではない。切羽つまったあげくのはてだった。この時点で対外債務は推定約二〇億ドル、振り出す小切手は不渡りになり始めていたと報告されている。一九八〇年代になると、中国とソ連は資金援助や援助物資の供給を停止、[22]すでに危険レベルにまで減少していた食糧配給量はますます減っていった。

体制はすでにぐらつき始めていたにもかかわらず、さらに金日成は二つの誤算を犯している。しかも決定的な誤算だった。

一九八四年、韓国は記録的な大洪水に見舞われる。このとき救いの手を差し伸べ、韓国よりも北朝鮮が優れていると思わせることができれば、プロパガンダ戦で手っとり早い勝利が得られると考え、北朝鮮政府は救援物資の提供を申し出た。そのなかには、食料庫がほとんど空っぽに等しかったにもかかわらず、七二〇〇トンの米も含まれていた。[23]金日成の政策顧問は、韓国は前例にならい、この申し出を原則的に拒否すると確信していた。だが、韓国の返答は「イエス」、北朝鮮は一転して窮地に追い込まれる。このときのことについて、のちに脱北者たちはインタビューに応じている。わずかとはいえのどから手が出るほど必要な配給の米が、宿敵と教えられてきた国のために吸い上げられていくのを見て、どうしようもないほどうろたえたと答えている。

もうひとつの誤算は、一九八九年の第十三回世界青年学生祭典の開催地として、北朝鮮が名乗りをあげ、平壌に招致したことだった。おそらく、その前年に韓国の首都ソウルで開催された華やかなオリンピックを見て、金日成は宿敵の成功に対する怒りを晴らそうと考えたのだろう。[24]

ホスト役を申し出た北朝鮮は四五億ドルを散財したといわれるが、費用はほぼまちがいなく他国から借り入れたものだった。[25]こうした金の使い方は返済が滞っている債権国の怒りを買うおそれがあったばかりか、外の世界から国民を周到に隔離してきた政策が、祭典の開催でその一部が破綻することを意味していた。それは金日成と政権幹部が何十年にもわたって築き上げてきた外の世界との壁だった。この祭典にかかわった多くの国民は、なんの前触れもなく、着心地のよさそうな服を着て、真新しい道具を携えてやってくる外国人を目の当たりにし、外の世界の話に耳を傾けていた。その話は、朴志賢のような北朝鮮の国民がそれまで聞かされ続けてきた、資本主義の危険で貧しい地獄の光景とはまったく違っていた。

世界青年学生祭典は、主席がもくろんだ世界的な宣伝戦の勝利からはほど遠い結果ばかりか、国民の生活水準をさらに押し下げ、賄賂の横行や闇取引への関心をあおる結果に終わったともいわれている。国民は外国製品や外貨をますますありがたがるようになり、減る一方の国内の物資を埋め合わせるため、国外から密輸を始める者も出てきた(26)。

世界そのものが変わりつつあった。金日成はイングランド王クヌート一世*訳註のやり方にならったが、海水は膝まで届き、さらに上へとあがっていった。一九九〇年代初頭、中国と韓国との貿易高が北朝鮮を上回るようになる(27)。だが、本当の打撃はこれからだった。一九九一年、ソ連が崩壊すると、北朝鮮はたちまち大混乱におちいる。金王朝の最大の後ろ盾が打倒されたのだ。もちろん、北朝鮮では国民の大半はこの事実を知らされていない。朴志賢や彼女の同胞が見ていたのは、減る一方の米の配給量だけだった。「いつも『天候のせいだ』『アメリカのせいだ』と聞かされているばかり。責任は決まって別の何かに押しつけ、社会主義の問題とは絶対にされませんでした」

---

*訳註：クヌート一世。九九五～一〇三五年。イングランド王でデンマークとノルウェーの国王を兼ねた。信心または謙遜に関する逸話として「クヌートと波の説話」で知られる。海岸に玉座を置き、潮に向かい自分の足と衣を濡らさないよう命じた。その真意は世辞を述べる臣下に対して自然の力は意のままにならないことを諭すことにあったが、現代ではこの逸話は「潮を止めようとするクヌートの傲慢さ」という点から言及されている。

性に執着した国家主席

そうした一方で、金日成は家父長的指導者から性的搾取者へと化していった。若い女性や女子学生を選抜し、ホステスと性奴隷の軍団としか言いようのない組織に彼女たちを送り込んでいた[28]。国のいたるところにある自身の邸宅に女性や少女を住まわせていたが、こんなやり方でおのれの欲望にふけった独裁者は決して金日成がはじめてではない。だが、不幸なことに、この国の最高指導者の場合はその規模が違った。推定では毎年二〇〇〇人もの女性や少女がこのシステムに呑み込まれていったという[29]。

集められた女性があまりにも多かったので、彼女たちは三つの部隊に振り分けられていた。パーティーで要人のかたわらにはべる女性、寝室で相手をするだけの女性もいた。家事を担当する女性もいたが、もちろん、性的な便宜を図ることも当然ながらともなっていた。幹部は学校を視察しては新しい候補者を探し回っていた。脱北者のなかには、少女たちが金日成の厳しい基準にふさわしいかどうか視察官によって確認されてから、連れ去られていくその場にいたという者がいる。判定に「見事合格した」少女の家族には、娘は政権に仕える一流の職業につくのだと告げていた。連れていかれる娘のなかにはわずか十二歳の少女もいた[30]。

思春期前の少女にこのような過酷な仕打ちが行われていた背景には、余命に対する金日成自身の脅えもある程度かかわっていたのかもしれない。国民は、主席は無敵に等しい存在だと教えられていたが、本人と側近は余命が残り少ないことを知っており、健康維持に多大な努力を払っていた。元側近らの証言によると、少女に向けられた金日成の関心は性的な暴行にとどまらず、若い娘と交わることでなんとか死を払いのけられると本人は信じていたのではないかと言う[31]。だが、その願いはかなわなかった。一九九四年、多くのアメリカ大統領よりも長生きはしたものの、金日成は八十二歳で死去している。

当時、もともと数学の才能に恵まれていた朴志賢は、高校の数学の教師として働いていた（驚くことに、金日成のイデオロギーは数学という抽象世界にも入り込んでいた。「五名のアメリカ兵と韓国兵三名を殺したら、何名殺したことになるのか？」という典型的な算数の問題を彼女から教えてもらった）。「正午に緊急会議があると言われました。昼間に緊急会議があるなんて、普段ではありえません」。どんな重大発表があるのかと彼女は考えていた。「『どうしよう。南北統一の発表にちがいない』という考えが浮かびました」と振り返る。

集まった教員、そして同じように集まってきた国中の者たちの前に置かれたテレビに現れたのは二人のアナウンサーだった。厳粛な面持ちでアナウンサーが告げたのは、南北の統一ではなく、この国の国民の多くが神に等しい存在と考えてきた男の、まったく予期しなかった突然の死だった。

みな押し黙ったまま、沈黙はまるまる五分間続いたことを朴志賢は覚えている。「誰も息さえしませんでした」。だが、一度泣き声があがると、その後、彼女たちは何日にもわたって泣き続けた。こみあげる悲しみは嘘ではなかったが、一方で国民は政府の役人に厳しく監視され、彼らは喪に服する国民の態度が心からのものかどうか様子をうかがっていた。「政府は私たちにこう命じました。笑ってはいけない、お酒を飲んではいけない、大声を出してはいけない。命令にそむいてしまえば、家族全員が罰せられるのです」

冷静に考えれば、北朝鮮の人びともいつかこの日が訪れるのはわかっていただろう。しかし、何十年にもわたって繰り返し教え込まれてきたせいで、そうした考えそのものを心の奥に封じ込めてきた。

朴志賢が言うには、「金日成が死ぬと考えたこともなかったのは、金日成は神だと教えられていたからで、死ぬなんて口にしたこともありません。一九三〇年代に日本の兵隊が銃で撃ってきても、金日成には当たらなかったと歴史の授業で習いました」。

次に控えていたのは、金日成の息子金正日《キムジョンイル》だった。何十年ものあいだ、金正日は後継者として育てられ、父親の死に臨んで、ついに自分の番がやってきたのだ。しかし、父親の時代に組み込まれたラチェット機構に加え、息子の金正日も自分の政権下で独自のラチェット機構をこの国にもたらすことになる。その結果、北朝鮮という国はついに崖っぷちに追い込まれてしまう。

二代目国家主席のジレンマ

北朝鮮でプロパガンダを担当する者たちは、金正日が政権を握る数十年も前から彼の評判を確固たるものにするため取り組んできた。それだけに、評判の出来映えは父親をうわまわっているのはほぼまちがいないだろう。担当者たちにすれば、父親に比べて白紙に近い状態で仕事が始められる点が好都合だった。そこで彼らは、そもそもの始まり、つまり金正日の生誕地を偽装することから始めた。

金日成はロシアで生まれた。父親はソ連軍の支援を受けて戦い、日本の統治から朝鮮半島を奪い返そうとしていた。だが、ロシアで生まれたという事実は、祖国の英雄として生まれた英雄には明らかにふさわしいものではない。御用学者たちはこの歴史を変えてしまう。

白頭山《ペクトゥサン》は北朝鮮でもっとも神聖な場所のひとつだ。息を呑むような美しさをたたえた標高約一万フィート（三〇〇〇メートル）の死火山で、山頂には水をたたえた天池《ティエンチー》というカルデラ湖があり、空の色を映して青く輝いている。生誕地にするならこの地しか考えられなかった。ジャーナリストのブラッドリー・マーティンを相手に、高名な脱北者が語った話によると、金日成は抗日パルチザン時代の同志たちの力を借り、息子の生誕物語を作り直すことにしたという。

金日成はパルチザン闘争に参加した者たちに召集をかけ、金正日が生まれた白頭山の秘密の野営地の跡を探すように命じた。もちろん、ありもしないものを見つけることはできない。そこで金日成は、これは自分でやらなくてはならないだろうと言った。周囲を見回って景色のよい場所を選び出すと、ここが秘密の野営地があった場所だと言い張った。そして、金正日はこの野営地で生まれた。ここに建っていた兵舎で、ゲリラが撃つ銃声を聞きながら、金正日は育ったと言われるようになった。(32)

父親が支配する国を継承させるため、金正日に対する教育が早く始められたのにはそれなりの理由があった。北朝鮮の政治家は、ソ連のスターリンや中国の毛沢東の死後に何が起きたのかを見ており、政治的なプロセスにしたがった権力継承ではなく、おそらく世襲制のほうがはるかに混乱を抑えられると判断したのだろう。一九七二年には北朝鮮の『政治用語辞典』から世襲制を批判した文言が削除されている。(33) また、朝鮮半島で長く続いてきた封建的な歴史と儒教の〈父－子〉関係を重んじる教えも、世襲を円滑に進めるうえで役に立っていたという見方もある。

それでもなお、金正日の権力継承の瞬間は、新たな指導者にとって、最大の危機の瞬間だったはずだ。どれほど下準備を整えていたにせよ、息子が権力を継承する必然性に対して、異を唱える者が現れる可能性があったのだ。勢力を持つ何者かが金王朝の存続を転覆させ、王位を簒奪する機会をねらっているかもしれなかった。

そのうえ、金正日が受け継いだ国は危機的な状況に置かれていた。惜しみなく支援の手を差し伸べてくれたソ連という共産主義の盟友は破綻国家に転落し、いまや原油の代金は現金で支払うように求めていた。中国もまた世界貿易の利益を優先し、市場価格での売買を要求するようになっていた（おそらくその結果だと思われるが、中国からの石炭輸入は一九八八年の一五〇万トンから一九九六年にはわずか一〇万トンにまで減少している）[34]。北朝鮮にはどうしても抜本的な改革が必要だった。だが、改革を行おうにも金正日には手を出すことはできなかった。またしてもラチェット機構のせいだった。そしてそのラチェット機構は、不覚にも金正日自身が何十年にもわたり、それと知らないまま強化してきたものだった。

金正日の権力継承は決して容易ではなかった。息子は継承を確実なものにしようと躍起で、もっぱら父親に関する個人崇拝を強化することで目的を果たそうと懸命に努力した。学生時代には同級生を相手に、父親の著作を一〇回、二〇回と何度となく読み返させてその深い意味を理解するように命じるかたわら、父親の胸像を作らせては各学校に配って目立つ場所に飾らせていた[35]。また、「金日成主義」という指導理念を表す言葉を作り、北朝鮮の政治思想のルーツとそれを生み出した人物とを揺るぎなく結びつけていた。

しかし、このような熱烈な個人崇拝の喧伝はある弊害をもたらしていた（公平を期して言っておくなら、このような弊害は王朝の継承につねにともなうリスクだ）。あまりにも手放しで父親の功績をたたえ、国家ぐるみでけしかけてきた結果、金正日が権力を握ったとき、国を破滅から救うために必要な、前政権を否定する一連の改革にただちに取り組めなくなっていたのだ。そんな改革に手を出せば、いまは神格化されている父親の業績の内実があばかれてしまう。国民同様、金正日もまた窮地に追い込まれていたのだ。北朝鮮は破滅の瀬戸際に立っていた。最後のひと押しがあれば、この国はそれでもう終わりだった。

強制収容所のおぞましい日々

つねに空腹にさらされていると、やがて食べ物に関するあらゆることは強迫観念になってしまう。脱北から十七年が経過したいまでも、朴志賢は母親が配給所で食糧を受け取れた月に二度の日にちをすぐに思い出すことができる。「四日と十九日です」。公式には、労働者には一日七〇〇〜九〇〇グラム、学生は四〇〇グラム、主婦には三〇〇グラムの穀物が配給されることになっており、そのうちの約三〇パーセントが米で、残りは栄養価の低いトウモロコシだった。しかし実際には、年とともにその量は減っていき、ついには食糧配給カードに記載された数字とは似ても似つかないものになっていた。野菜売り場はもっとひどかった。「運ばれてくると、われ先にと殺到です。戦争でした。大声があがり、野菜を奪い合ってケンカです。いつも量が足りませんでしたから」

北朝鮮のような耕作に不向きな土地で作物を育てるには、大量の肥料とともに、電動ポンプを備えた灌漑システムがどうしても欠かせない場合が多い。実際には、自然の恵みを人工的な化学物質と機械で補うので、土地にもかなりの負担をかけてしまう。こうした難題を踏まえると、そもそも北朝鮮が食糧自給国になること自体、かなわない夢にほかならなかった。しかし、それで立ち止まる金正日ではない。チュチェ思想に忠実だった二代目の国家主席は、丘陵地で農業を営むことを国民に勧めた。丘それは、金正日ならではの素朴な現場主義の知恵ではあったが、その結果は惨憺たるものだった。丘陵地は伐採されて農地にされたものの、棚田にはされておらず、傾斜地という危険な状態のままで置かれていた。

一九九五年夏、この国を豪雨が襲う。作物も土壌も山肌から流されていった。それ以上に始末が悪かったのは、土砂が川に流れ込み、水かさを増していく川をせき止めてしまったことだった。その結果、川は氾濫してさらに多くの作物が濁流に呑み込まれたばかりか、水は炭鉱にまで流れ込み、重要なエネルギー源を台なしにしていた。燃やすものがなくなり、人びとは薪にするため、ますます木々を伐採していった。森林破壊、土地の浸食と沈泥、そして洪水と農作物の破壊という悪循環が加速されていくばかりか、ロシアから供給されていた支援の石油と化学肥料が途絶えたことで、問題はさらに深刻さを増していった[36]。

北朝鮮の指導者がもたらした、国をしばるさまざまなラチェット機構が、容赦ない必然性となってきしみ出し、ほとんど限界点にまで達していた。もともと不安定だった食糧の供給だったが、いまや完全に底を突き始めていた。

「核心階層」という背景を持つ朴志賢の一家もその影響を免れなかった。食糧をめぐって争いが絶えなくなり、子供たちは飢えをしのぐために食べ物を盗んだ。

そして死体だ。やせ衰えた死体が現れ始めたのだ。

朴志賢は最初に見た死体がいまでも忘れられない。「受け持っていた生徒の一人でした。本当に優しくて、熱心に勉強に励んでいた子でした。医者になるのが夢だった生徒です」。亡くなった生徒はまだ十三歳だった。「彼の亡骸を見たとき、私は心の底から怖くなり、ただその場から離れるしかありませんでした」

北朝鮮で彼女が目にする死体はこれが最後ではない。敬愛する彼女の叔父の病状が重くなったという報せを受ける。「『飢え』という言葉は口にしていませんでした。みんな『病気になった』と言うだけ」。一家はなんとかして叔父を家に引き取ったが、かぎられた配給で叔父を養うのは容易ではなかった。七日後、彼女は叔父を看取る。遺体は骨と皮だけとなり、シラミがたかっていた。亡骸を収める棺を作ろうにも材料となる木がなくなり、一家はシーツに包んだ遺体を清津の町を見下ろす山に埋葬した。

翌年、朴志賢は国外に逃亡する。彼女の兄は軍から追い出され、政府に追われていたという。父親は彼女にも脱出するように勧めた。北朝鮮から逃げ出した大勢の人と同じように、彼女も北を目ざして中国へと向かったが、脱北を仲介したブローカーにだまされ、中国人の男性に奴隷として売られ、その男性とのあいだに息子が生まれる。結局、中国の刑務所に収監され、そこから北朝鮮に送還されて労働キャンプに収容される。こうした強制収容所は北朝鮮の全域に点在しており、支配体制を維持するためには「不可欠な施設」であるといわれている。脱北した元収容者たちが語る収容所内部の様子はおぞましい。拷問や飢餓は日常茶飯事、囚人は奴隷のように扱われ、生命はかろうじて保たれているにすぎない。

北朝鮮から脱出しようと試みた者はとりわけ過酷な扱いを受けている(37)。朴志賢は素手で土を掘っていたという。ほかの囚人同様、食べ物はほとんど与えられず、動物の糞に交じっていた種子を食べていた。飢えを何とかしのいでいた別の叔父(核心階層として依然強いコネを持っていた)によってなんとか救い出されると、ふたたび中国に向かって脱北、途中で息子と再会することができた。その後、彼女はイギリスに渡った。常ならざる紆余曲折を経て、イングランド北部にあるベリーの地方議会で保守党の候補者として立候補している。落選したものの、あまり例のない展開である（なぜ保守党から立候補したのかと聞くと、次のように説明してくれた。「北朝鮮のような国は個人や家族を大切にしていませんが、イギリスの保守党はそのような問題を大切にしています。だから私はこの党に入りました」）。

北朝鮮から逃れてきた者として、彼女は自分の物語を積極的に話して聞かせている。彼女はもう一人ではない。飢饉が始まると、欠乏が苛酷になる一方の祖国からますます多くの人間が国を逃れてくるようになり、北朝鮮政府の懸命な阻止にもかかわらず、その流れをはばむことはできない。こうして逃れてきた人たちの目撃談が、彼らに先立って脱北した人たちの証言（彼らが語る北朝鮮での生活はそれまで半信半疑で受け止められていた）を裏づけるばかりか、この孤立した国の危機の深刻さを世界に知らしめた。

どこから資金を調達しているのか？

一九九八年、国連世界食糧計画（ＷＦＰ）のスタッフが北朝鮮に入った。そして、北朝鮮の国民もこの国の子供が栄養不良の状態に置かれ、食糧供給システムが崩壊の危機にある事実については気づいていることを知った(38)。

死亡者数の見積もりは一見すると驚くほどさまざまだ。最低二四万人という推定がある一方で、最大三〇〇万人と示唆するものもある。実際、飢えで死亡した総数の集計は容易ではない。第一に、北朝鮮が予測通りの数値を出したがらないこと。第二に、何十年も続いてきた栄養失調と平均寿命の低下という、いわば〝背景雑音〟があるため、どの死亡が飢餓に関連したものかを分類するのが困難なのだ。では、飢餓がいつ始まったのか正確に特定することはできないのだろうか。朴志賢やほかの脱北者に聞いても、一九九五年夏の集中豪雨のはるか以前から飢餓はすでに始まっていたと答えるだろう。

飢餓と国民の大量脱出に対する金正日の対応は、有無を言わせないものだった。強制収容所を設立し、確保した脱北者をそこに叩き込んだのである（その実態は、朴志賢が入れられていた理不尽な強制労働を科す刑務所である）。さらに一九九五年、数十万人が死亡する大飢饉のさなか、金正日は「先軍思想」――すべてにおいて軍事を優先する政治思想――を指導理念として正式に打ち出している。[39] これ以降、北朝鮮社会において最優先されるべき地位は、人口一人当たりですでに世界最大級の規模を誇るこの国の軍隊に授けられる。国民が飢える一方で、金正日は軍に対しては惜しみなく資源を与えてきた。

北朝鮮ウォッチャーたちは、この国が直面している苦境とそれに対する金正日の対応に恐怖を覚えていたが、同時に混乱もしていた。経済崩壊は避けられないと思われるにもかかわらず、この国はどうやって持ちこたえているのか。

平壌から数千キロ離れたワシントンDCのオフィスにいたデイビッド・アッシャーもそうした疑問を抱いていた一人だった。当時、アッシャーは国務省の北朝鮮作業部会の上級顧問として北朝鮮経済の実態を調べていたが、金正日政権の財政的な回復力についてますます困惑を深めていた。「北朝鮮経済は基本的に崖っぷちすれすれに追い込まれていた――つまり、完全な破産に近い状態だった」とアッシャーは言う。「にもかかわらず、インフレが起きていない。いったいどうやってインフレを回避しているのか？ そんな疑問が当然わいてくる。貿易赤字も巨大で、十年以上にわたって膨らんできた。それにもかかわらず深刻なインフレの兆候はうかがえず、それどころか、まったくと言っていいほどインフレが起きていない。つまり、彼らはどこかで資金を調達していたことになる」

見事な問い立てだ。そして二〇〇〇年代、アッシャーたちはその疑問をさらに掘り下げ、ついに答えを発見する。だが、彼らはその答えに目を疑った。自縄自縛におちいり、絶望的な財政難にあった北朝鮮は、なんとも異様な方法で資金不足を解決していた。チュチェ思想という自立を説く原則に、なんとも奇妙な曲解を加えることで、無限の可能性を秘めた不正な資金源をたくみに作り出していたのだ。北朝鮮は事実上、紙幣を印刷するライセンスをみずからに与えていた。もちろん、通貨発行権はあらゆる国家が有している。しかし、北朝鮮が違っていたのは、自国通貨だけでなく、他国の通貨も発行していた点だった。

第3章　スーパーノート

偽一〇〇ドル札の精度

豪華な結婚式になるのはまちがいなかった。海外から招かれた多くのゲストがニュージャージー州にすでに到着しており、式の前日をアトランティックシティーのギャンブルのメッカで大騒ぎして過ごしていた。

幸せなカップル――メリッサ・アンダーソンとジョン・カヴァリッチ――は、惜しみなく金を使っていた。式前のリハーサルで、二人は夜通しドンペリニヨンのシャンパンをゲストたちに振る舞い、新婦は大きな婚約指輪を見せびらかしていた。ゲストたちも新郎と新婦に好印象を与えようと、なかには結婚祝いとしてロレックスの腕時計を買ってきた者もいた。(1)

招待されたゲストの大半は中国人で、この日のためにわざわざ渡米し、「トランプ・タージマハル・ホテル」に集まってきていた。結婚式に向かうリムジンが到着すると、二日酔いをこらえながら、彼らは結婚式場へと向かった。挙式はニュージャージー州の最南端にある美しいビーチリゾート、ケープメイに係留されている「ロイヤル・チャーム」というヨットで執り行われる予定だった。

夏の日差しのもと、気温は華氏八〇度（摂氏二七度）をすでに超えていたが、タキシード姿の運転手の車が到着すると、ゲストは車に乗り込み、一時間ほどかけて岬へと向かった。しかし、誰一人として式場に到着できた者はいなかった。それどころか結婚式も、誓いの言葉も、豪華なパーティーも行われることはなかった。なぜなら、タキシードを着た男たちは運転手ではなくFBIの捜査官だったからである。そして、式場に向かうかわりに、FBIのほかの捜査官たちが待ち受ける場所に一行を運び込むと、ただちに全員を逮捕した。

ゲストたちは信じられないほど入念に計画されたおとり捜査によって誘い出されていたのだ。この逮捕劇は、アメリカの法執行機関が、自国社会の根幹を揺るがす脅威と見なした事態を取り締まるため、十五年にわたって進められてきた大規模な捜査活動の頂点を意味していた。何者かが偽のドル札を世界中にばらまき、アメリカの金融システムを根底から蝕もうとしていた。アメリカの捜査当局によれば、その何者かこそ北朝鮮にほかならなかった。

事の始まりは一九八九年だった。フィリピンの中央銀行の現金処理係が、一枚の一〇〇ドル札に何か違和感を覚えた(2)。紙幣の手触りか、それとも印刷の様子からうかがえる違和感だったのかもしれない。何千枚もの紙幣に手を触れてきた経験があれば、怪しい紙幣を見分ける第六感が働くようになると言う専門家もいる。

問題の紙幣はアメリカに送られ、政府の検査官によって調べられた。その結果に検査官は震え上がった。

偽ドル札を根絶やしにすることはできない。ドルという紙幣に価値があるかぎり、それを偽造しようとする不心得者が現れる。アメリカ政府は例年、数千万ドル相当の偽札を世界中で押収している。一九八九年にフィリピンで発見された偽の一〇〇ドル札がアメリカに送られ、顕微鏡で精査された一件もそうした大海の一滴にすぎなかった。

だが、警鐘が鳴らされたのは、その一〇〇ドル札のクオリティーの高さに対してだった。紙もインクも印刷機も正確に同じものが使われていたのだ。捜査官は激しく動揺していた。これほどのレベルの偽札なら、すでに何年にもわたり、法の網の目をかいくぐって出回り、あらゆる場所で使われてきたかもしれない。捜査官の一人は、「どの程度まで偽造したのか判別できないほど高精度の偽札だった[3]」と語っている。

本物よりシャープな印刷

アメリカ社会には偽造紙幣に対する恐怖が深く刻み込まれており、その歴史は近代アメリカの起源にまでさかのぼる。南北戦争時［一八六一〜一八六五年］、この国で流通する通貨の三分の一から半分が偽造通貨だったと推定されている[4]。偽札の横行に対処することを目的に創設された組織こそシークレットサービスで、本来は通貨犯罪の取り締まりを任務としていた（のちに大統領の警護も担当するようになる）。米ドルが世界金融の頂点に立って以来、ドルの安全性を守るアメリカの仕事は、それに応じてより煩わしいものになっていった。

任務に対するシークレットサービスの取り組みは徹底しており、発見された偽造紙幣という偽造紙幣に識別番号がつけられているのは、新たな偽札が出現した場合、その出所をたどり、ほかの偽札と比較できるようにするためだ。フィリピンで見つかった偽札は〈C－14342〉として登録された。その後、同じ超精密印刷機と同じ資材を使った〈C－14342〉との関連性が疑われる紙幣が出回り始める。一〇〇ドル札だけではなく、五〇ドル札も見つかり、シークレットサービスはすべて同一人物もしくは同一の組織の仕業だと考えていた。最初の偽一〇〇ドル札から関連する偽札のファミリーが分類され、〈PN－14342〉と総称されるようになる[5]（PNはParent Noteの略）。最終的に〈C－14342〉は「スーパーノート」という、さらに刺激的な名称で呼ばれるようになった。

それから数年で、高品質の偽一〇〇ドル札は世界各地で次々に出回るようになった。一九九三年には日本でも見つかり、日本の警察は年間数百枚の偽札を押収している[6]。中東でも発見され、とりわけイランで多く見つかっていた。イランとの軋轢を踏まえ、アメリカの政治家のなかには、偽札はこの国で製造されていると断言する者もいた[7]。

だが、一九九四年、ある事件をきっかけに、捜査当局は北朝鮮に目を向けるようになる。伝えられるところでは、その年の六月、ニューヨークのリパブリック・ナショナルという銀行がバンコ・デルタ・アジアから二八万ドル相当の一〇〇ドル札を購入している[8]。バンコ・デルタ・アジアは、ポルトガルの旧植民地で、現在は中国が統治しているマカオを拠点とする銀行である。

リパブリック・ナショナルが買い入れたドル札を調べると、紙幣は偽造されたもので、さらに調べていくとスーパーノートであることが判明する。バンコ・デルタ・アジアに紙幣の出所を照会すると、「朝光貿易」という会社に行き着いた。マカオの住宅街にあるなんの変哲もないビルの五階に入っている小さな会社である。のちにこの会社を訪れたジャーナリストが呼び鈴を押すと、フランスの童謡「フレール・ジャック」が流れ、そこにあったのはごく普通のオフィスだった。だが、壁に飾られた絵だけが異彩を放っていた。そこには、北朝鮮の指導者金正日とその父親金日成の肖像画が飾られていたのである[9]。

朝光貿易を追うジャーナリストたちは、この会社を北朝鮮政府のダミー企業と呼ぶことがある。しかし、それはいささか正確さに欠けているだろう。北朝鮮のように厳重に管理されている社会主義経済のもとでは、まずまちがいなく対外貿易の業務は政府によって監督されているからである。この事件では、朝光貿易が事実上、北朝鮮の国家機関であることが真相の究明に努める捜査当局にとって大きな足かせになっていた。捜査の結果、四名の社員が逮捕されたにもかかわらず、いずれも北朝鮮の外交旅券を所持していたため、のちに全員が釈放されることになった。[10] そして、これがいつものパターンとして繰り返され、スーパーノートの出所を北朝鮮にたどる試みは、その後何度も挫折を余儀なくされる。

一方、高品質の偽札が大量に出現したことに危機を覚えたアメリカ政府は、一九九六年に一〇〇ドル札のデザインを一新し、新たに八つのセキュリティ機能を新紙幣に取り込んだ。そうした機能のなかには肖像画の透かし、偽造不可能なほど微細に印刷されたマイクロプリントの図柄、右下隅に印刷された数字の「100」――この「100」は札を傾けると光の加減で緑から黒に変化する特殊な変色インクで刷られている。紙幣中央にベンジャミン・フランクリンの肖像が大きく描かれていることから、新札は「ビッグヘッド」として知られるようになった。[11]

だが、こうした措置にもかかわらず、偽札作りをはばむことはできなかった。二〜三年もしないうちに、改良型紙幣に搭載されたセキュリティ機能の多くを取り入れ、アップグレードした新たな偽札が出現したのだ。アメリカの専門家は、技術力でスーパーノートを凌駕《りょうが》できなかっただけではなく、品質の点でもほぼまちがいなくビッグヘッドよりも優れていることを知って愕然とした。財務省のある当局者は、『ニューヨーク・タイムズ』の取材に応じて、拡大鏡で見たところ、裏面に描かれている独立記念館中央の時計塔の針が本物の一〇〇ドル札の針よりシャープだったと語っている。[12] アメリカのほかの当局者同様、取材に応じたこの当局者も北朝鮮の関与を確信していた。その年、北朝鮮関与説を裏付けるような驚くべき話が飛び込んでくる。

捕まった元赤軍派・田中義三

一九九五年一月、タイのビーチリゾート、パタヤにある写真館に男たちが入ってきた。店主の男は闇で両替商を営んでいると噂される人物で、男たちは一〇〇ドル札九〇〇〇枚を売りたがっていた。交換には応じたが、両替商の不審は深まっていくばかりだった。案の定、渡された紙幣はスーパーノートであることがその後判明する。アメリカのシークレットサービスもこの事件にかかわり、タイの警察といっしょに紙幣の行方を追った。行き着いた先はパタヤから東に四〇〇マイル（約六四〇キロ）にあるカンボジアの首都プノンペンと、「ハヤシ・カズノリ」と名乗る男だった。(13) ハヤシはプノンペンにある北朝鮮大使館に出入りを繰り返していた。

捜査陣は容疑者をさらに詳しく調べた。そして、その男は「ハヤシ」とは似ても似つかない名前である事実が判明する。実は「ハヤシ」は、田中義三《よしみ》という最重要指名手配犯として世界中に知られたテロリストだった。

話は一九七〇年にさかのぼる。当時、田中は「赤軍派」と呼ばれる日本の極左集団に所属していた。世界的に有名な「ドイツ赤軍」同様、日本の赤軍派も資本主義体制に終止符を打つためには、暴力的な手段も辞さなかった。そのころ世界各国にはこのような組織が数多く存在していた。田中たちは資本主義打倒の大義を喜々として掲げ、この年の三月、仲間八名とともに、乗員乗客一二九名を乗せた日本航空機をハイジャックする。(14) 人質を韓国で解放したあと、飛行機を平壌に向かわせた田中らは、この国で英雄的な歓迎を受け、その後快適な生活を送ったといわれる。のちに田中は、ジャーナリストの取材に答えて、自分と仲間のハイジャック犯に対しては、彼らは身のまわりを世話して、「ベンツを修理してくれる」[15]補佐チームが手配されていると語っていた。

事件後、田中は身を隠し、以来その消息は途絶えていた。そして、一九九六年三月、スーパーノートのおかげで、捜査当局は田中がカンボジアの北朝鮮大使館に潜伏している事実を突き止める。このあとの展開はまさに映画を地で行くようだった。報道によると、北朝鮮大使館から窓ガラスに黒いフィルムを貼ったベンツのセダンが出てきたという。ナンバープレートを確かめると、外交官ナンバーがついた北朝鮮の公用車だった。大使館を出たベンツはベトナムとの国境に向かって走っていく。[16]カンボジアの警察がそのあとを追ったが、タイヤがパンクして少し遅れる。追いついたのはベトナム国境だった。ベンツに乗っていた者たちは、国境警備官に一万ドルの賄賂を渡して国境を通過しようとしていたが、結局うまくいかなかった。車は向きを変えてプノンペンに戻り、市内でようやく警察に停められる。車内には、三名の北朝鮮の外交官と田中義三が乗っていた。

田中の身柄はタイに移送され、偽ドル偽造の罪で起訴されたものの、証拠不充分で一九九九年に無罪が確定。[17]だが、過去に犯した罪はついてまわり、ついに田中自身がその罪に問われる。それから一年とたたないうちに日本に送還され、ハイジャック事件の罪状で懲役十二年の刑が確定する。だが、服役中に病を得て二〇〇七年に田中は死去している。[18]

田中は偽ドル偽造の罪では無罪となったが、一九九〇年代になると、アメリカの当局者は、北朝鮮は単にスーパーノートを流通させているだけではなく、実際に偽造しているという確信をいよいよ深めていった。

本物の印刷機・用紙・インク

そう確信した根拠はこうである。脱北者の証言によると、一九七〇年代以降、金正日は低迷する北朝鮮経済を強化するため、海外に駐在する政府関係者に外貨獲得を命じてきた。北朝鮮では政府の各部門がそれぞれ貿易商社を管理しており、外貨獲得が重要な目標に設定されていた[19]。だが、外貨獲得にますます追い込まれていく一方で、飢餓との戦いと孤立を強いられてきた結果、この国はついに自前で外貨を供給するため、一〇〇ドル札を印刷するようになった。北朝鮮は徐々に偽札の品質を高めていき、ついにスーパーノートを生み出す。これがアメリカの言い分だった。

だが、ほぼ完璧に等しい紙幣のレプリカは作成できるのだろうか？　まず、印刷機が必要になる。ありきたりな印刷機ではない。ドル紙幣を複製するには、実際にドルを刷っている「ケーバウ＝ジオライド・ラ・ルー・インタリオ・カラー8」のようなとてつもなく高性能な印刷機でなくてはならない[20]。北朝鮮にとって好都合だったのは、まさにそのような印刷機がこの国にはあったのだ。この事実は、衝撃的なニュースとしてメディアでも何度か報道されてきた。

たとえば、英国放送協会（BBC）のある報道では、「一九八〇年代後半、アメリカの諜報機関は北朝鮮政府がインタリオ［凹版カラー印刷機］として知られる高度に洗練された印刷機を入手した事実を突き止めた[21]」と報じているので、実際、北朝鮮がこの種の印刷機を持っていても不思議ではない。この種の印刷機は主にイタリアのジノリ社（現在はドイツの大手印刷会社ケーニッヒ＆バウアー社の傘下）が製造したもので[22]、同社のウェブサイトによると、「世界のほとんどの国の紙幣は当社の印刷機によって刷られている[23]」という。世界のあらゆる国がそうであるように、北朝鮮も自前の紙幣を発行しており、インタリオ印刷機をもちろんとがめられることなく購入できる（ケーニッヒ&バウアー社は、顧客の機密保持を理由に、北朝鮮にジノリ社の印刷機を販売した事実確認を拒否している）。

偽札作りには適切な用紙も必要である。一〇〇ドル札は特別な用紙で刷られている。七五パーセントのコットンと二五パーセントのリネンを混ぜた用紙で、当局が認定した製造業者からしか調達できない。[24] 用紙におかまいなく手っ取り早くドル紙幣を作ろうとしても、本物がどんなものかを正確に知っている当局者に即座に見破られる危険がある。ではどうやって、北朝鮮は正しい用紙を手に入れたのだろう。用紙についても脱北者は話している。一ドル紙幣を入手し、それを漂白したうえで一〇〇ドル札として印刷するように指示されていたという。[25]

では、見る角度によって色が変わる特殊インクのようなセキュリティ機能にはどのように対応していたのだろう。このインク（通常「ＯＶＩ」と呼ばれる光学可変インク）の主な供給元はスイスのＳＩＣＰという企業である。一〇〇ドル紙幣の印刷に使われている緑と黒の混色について、ＳＩＣＰはアメリカ政府にかぎり使用を認める権利を与えたといわれている。その後、北朝鮮がＳＩＣＰに接触しており、自国の紙幣に使用するための光学可変インクを注文していた。なぜ、北朝鮮が自国紙幣の印刷にわざわざ高価なインクを使う必要があるのだろう？　このインクは偽造防止のためであり、北朝鮮の通貨を偽造したがるような者などいないのは言うまでもない。アメリカに言わせると、それはＯＶＩの入手が目的である。北朝鮮が注文していたのは緑とマゼンタ〔紫みを帯びた赤〕の混合色だった。購入後、この色は新一〇〇ドル札の緑と黒の混合色に似せるために調整されていた。[26]

このような偽造は、複雑であるばかりか高額な費用がともない、監視の厳しい北朝鮮では国家指導者の知らないところで行われたとは考えにくい。脱北者たちも、何から何まで背後で政府が糸を引いているとジャーナリストに語っている。「偽造はすべて政府レベルで行われていた。平壌には偽造を行うための専用工場もあった。最高の設備、最高のインク、そして最高の人材――この分野に関してとびきりの専門技術と専門知識を持つ人間が集められていた[27]」

たしかに当初は選抜された者の仕事として始まったようだが、そうした状態は長く続かなかったようである。やがてスーパーノートの製造は、こうした作業に似つかわしくない（そしてはるかにスキルの低い）者たちの手に委ねられていく。彼らによって偽札作りは一挙に拡大していくが、しかし、彼らのこうした強欲は欧米の法執行機関の注目を引くことになり、最終的には偽札作りに奔走する北朝鮮の新たな組織の全容が明らかにされていく。

イングランドの運び屋

その映像はイングランド中央部のスタッフォードにある、ごくありふれた旅行代理店の防犯カメラで撮影された。撮影日時は一九九八年十月三十日、午後一時五十分と表示されている。ジーンズに黒っぽいジャケットを着た、四十代半ばの禿げかけた男がやってきた。店の両替所に行き、従業員に一〇〇ドル札の束を手渡している。従業員が紙幣を数え、ポンドに両替しているあいだ、男はしばらくウロウロしている。画像が一瞬とまる。男はそれから現金を受け取って代理店から立ち去っていった。二分足らずの出来事だったが、イギリスの捜査機関はこの瞬間からスーパーノートの物語に関係することになり、彼らの追跡はロシア、そしてついには平壌へと向かっていく。

スタッフォードで男が交換した紙幣はスーパーノートだったことが確認され、この偽一〇〇ドル札はイギリスの銀行システムに紛れ込んでいることが明らかになった。アメリカの関係当局は組織犯罪を取り締まるイギリスの国家犯罪対策庁（ＮＣＡ）に情報を提供、ＮＣＡは〈オペレーション・マリ〉

という コードネームで捜査を開始し、二名の覆面捜査官を事件に投入した。彼らの任務は旅行代理店で両替した男と親しくなり、男がどこで偽札を手に入れたのかを突き止めることだった。

スタッフォードの南五〇マイル(約八〇キロ)にあるワイソールの町のパブ「ホワイトスワン」でビールを飲みながら、覆面捜査官は男とタバコの密売について話を始めた。しかし、しばらくすると男はさらに割りのいい話、つまり偽札について教えてくれた。

「その金は本物と同じ紙、同じインク、しかも本物と同じ色の小さなドットで刷られている」と偽札の出来映えを激賞していたが、自分の自慢話が捜査チームによって録音されていた事実には気づいていない。「思いつくかぎりのあらゆる検査を受けてきた紙幣だ。一〇〇ドル札をいつも扱っている人間も本物として手にするだろう(28)」

そして男は、奇跡的な出来映えの紙幣を流してくれた人物に、新しい共犯者をつないでくれた。捜査官の一人は、その窓口の人物であるテレンス・シルコックは、「生まれついての犯罪者で、どんな犯罪にでも手を染める」タイプの人間だと評していた(29)。シルコックは、バーミンガムの「ドッグ」というパブで二人に会った。偽札作りの任務は当初、北朝鮮の専門家によって厳重に管理されて進められていたと脱北者は語っていたが、この時点で状況はすでに大きく変化していた。

警察の監視下に置かれると、シルコックには変わった習慣があることがわかった。イギリス本土からアイルランドへ渡航する際、飛行機を予約していながら、飛行機には搭乗せず、フェリーを使って帰国していたのだ。理由はすぐに判明した。彼は数十万ドルのスーパーノートをイギリスに持ち帰っており、どうやら、空港よりもフェリーのターミナルのほうがセキュリティは手薄だと考えていたようである(30)。

シルコックのアイルランド遠征で、捜査は彼とつながる次の連鎖の解明に進んだ。運び人を務めるもう一人の男が存在しており、その男がモスクワからアイルランドに偽造紙幣を持ち込んでいたのだ。録音された別のテープでは、モスクワの空港で発見されないようにするため、その男が涙ぐましい努力を繰り返していたことが語られている。「くそったれ、一八万ドルの金を持っているんだぜ。その金をバカみたいにここに詰め込んだり（略）、あそこに詰め込んだり、詰め込めるところにはどこにでも詰め込んでいた。当たり前だろう。パンツのなかもだ。その金がパンツのなかで下にズレていくんだからたまったもんじゃない。（略）手荷物検査を受け、搭乗検査も通り抜けたが、チェックはされなかった。俺のクソ話はここでおしまい。モスクワから無事におさらばできた[31]」

監視カメラの映像から、この口の悪い運び屋はただの小悪党にすぎず、世界的な規模の活動に慣れた犯罪の達人ではない事実がはっきりわかる。相手が小物であるのは、監視していた捜査官にも痛々しいほどはっきりしていたはずだ。だが、小悪党でしかない彼らが、いったいどうやって世界でも最高品質の偽造紙幣を手に入れていたのか。これだけの犯罪を手配できるツテが彼らにないのは明らかだった。では、誰がアレンジしていたのだろう？

モスクワの北朝鮮大使館

ショーン・ガーランドはアイルランド独立運動の大立者だった。そして、筋金入りの共産主義者でもあった。そのため、一九六九年にアイルランド共和国軍（ＩＲＡ）が分裂すると、彼はマルクス主義を掲げる公式ＩＲＡアイルランド共和国軍（ＯＩＲＡ）の一員として参加した[32]。また、ＯＩＲＡの政治組織であるアイルランド労働者党の会長でもあった。そのような立場にあったので、ガーランドはコミュニストの同志として、彼らの国際会議に自由に出向くことができた。捜査官らは、これがガーランドの隠れみのとなり、彼はスーパーノートのネットワークにおいて重要な役割を果たすようになったと主張する。

警察はイギリスでスーパーノートに関係していたギャングの一人をすでに逮捕しており、そのギャングは、ガーランドから数万枚の偽一〇〇ドル紙幣を買ったと供述していた。[33] この事件の関係者の話では、ガーランドはホテルの部屋に入ってくるなり、革の鞄に入っていた八〇〇枚の紙幣をベッドの上に空け、それを三万ドルで売ると申し出たという。この取引はモスクワのホテルで行われた。一連の事件では、明らかにロシアの首都が鍵となっており、ガーランドを現行犯で逮捕するなら、当局者もモスクワに出向かなくてはならなかった。次にガーランドがロシアに行ったとき、捜査官はそのあとを追って動きを監視した。

一九九九年六月二十五日、ガーランドはモスクワに到着した。熱心な共産主義者にしては高級好みのようで、クレムリンから徒歩十分のところに建つ五つ星ホテル「メトロポール」に妻とともにチェックインした。

アメリカのシークレットサービスにすれば、モスクワのど真ん中でガーランドを監視するのは、おそらく冷や汗ものの作戦だっただろう。そこで、ロシア内務省（ＭＶＤ）に協力を求めた。なんとロシア側は、ガーランド夫妻だけでなく、同じくモスクワに来ていたシルコックを二十四時間体制で監視することに同意してくれたのである。思いがけない展開だった。よりにもよって共産主義革命発祥の地で、この国の捜査官が筋金入りのマルキストの尾行をする展開になったのだ。そしてその尾行は、アメリカの当局者を旧ソ連のもっとも古い同盟国のひとつだった、北朝鮮の入り口にまで運んでいく可能性を秘めていた。

ガーランドに関するロシア内務省の報告書は短いものだったが、のちにアメリカの法務担当者が明らかにした話では、「ガーランド夫妻はメトロポールの前で迎えの車に乗り込んだ。外交ナンバーがついたセダンで、登録は北朝鮮大使館のものだった。内務省の捜査官は北朝鮮大使館まで車を尾行、夫妻が大使館内に入っていき、二時間ほど滞在していたことを確認している」[34]。

まず、共犯者たちの動向からガーランドがスーパーノートの取引で主要な役割を担っている事実がわかり、今度はガーランドのかつての同志だったロシア人がその跡を追って偽札の出所と疑われる国の大使館にたどり着いた。前述したように北朝鮮の外交官は、起訴こそされていないものの、偽札をつかませようとしてそれまで何度も逮捕されてきた。

ある脱北者は、BBCのインタビューに応じて、モスクワこそスーパーノート作戦のホットスポットだと話していた。世界にある北朝鮮の大使館のなかでも、最大規模の施設が在モスクワの北朝鮮大使館である。国外に赴任している北朝鮮の人間は、モスクワを経由して赴任国に帰国する。その際、モスクワ大使館の財務部にかならず出向き、そこで本物のアメリカドルか偽のドル紙幣を渡される。本物と偽物の区別がつかないから、渡されるドル紙幣が本物か偽物かは誰にもわからない。偽造紙幣だと知っているのは、ごく少数の人間にかぎられていた[35]。

北朝鮮の元外交官だった別の脱北者は、知らないまま偽札を運んでいたことに気づいたと言っている。「タイの地方銀行でドルを両替していたら、渡したドルが偽札だと言われた。本物のドル札に交じって偽札を持っていたのだ。偽物は没収されたが、幸いなことに、それ以上は追及されないことになり、そのまま無罪放免になった[36]」

一方、ガーランドらはモスクワで自分たちが監視されていることに気づいた。彼らには旧ソ連の国家保安委員会（ＫＧＢ）の元職員だった知り合いがおり、この人物も共犯者としてスーパーノートの転売に関与していた。元保安要員というつながりから、この人物が監視されている事実を知り、ガーランドたちに教えたと考えられている。ガーランドらは自分たちの作戦に関する情報が漏れていると疑い出した。容疑者たちが地下に潜る前に、イギリスの警察当局はすみやかに手を打つ必要があった。帰国していたシルコック逮捕に向けて動き出し、例の「ホワイトスワン」で彼を逮捕する。〈オペレーション・マリ〉が始まって十八カ月、総計十四名の容疑者が逮捕された。

しかし、ガーランドはこの一斉逮捕に含まれていない。祖国アイルランド共和国に逃げ込み、スーパーノート作戦に関連している嫌疑で送還を要求するアメリカと何年にもわたって戦い続けた（ガーランドの同志たちは、一連の送還手続きを「ブルジョア国家による攻撃」とののしった）[37]。結局、ガーランドは二〇一八年に死亡、秘密を洩らすことはなかった。当局による最大限の努力にもかかわらず、ガーランドはスーパーノートの嫌疑で逮捕されることもなかった。北朝鮮の偽札製造は言うまでもなく、偽札の取引と北朝鮮の関係を明らかにする決定的な証拠をつかむことも捜査当局はできなかったのである。

この時点でアメリカは、きわめて大きな問題に直面し、日を追うごとにその問題は自国に迫りつつあった。スーパーノートがアメリカの海岸にまで流れ着いてきたのだ。金額にして何百万ドルもの偽札が港から運び込まれ、すでに国内でも出回っていた。国外でのドル偽造だけでも大問題であるにもかかわらず、偽札製造の首謀者はアメリカ国内で流通する通貨にまでまぎれこませようとしていた。アメリカはただちに手を打った。ＦＢＩによる大胆不敵な潜入捜査が行われることになる。こうして、向こう見ずな点では、パブに犯人をおびき寄せたイギリスの警察とは比べものにならないほど大胆な捜査が展開されようとしていた。

覚醒剤の製造拠点

ＦＢＩの潜入捜査官とはどんな人間なのだろう。そうした想像をめぐらすうえで、ボブ・ハマーほどふさわしい人物はいないだろう。白髪まじりの無精ひげをはやし、話しぶりは簡にして要を得ており、威厳があってしかも凄みが利いている。「この世界に入ったのは、なんと言っても子供のころ、テレビを見て夢中になったせいだろう。働くなら、これほど血の騒ぐ仕事はないと思えた。はじめての任務でアドレナリンにまみれ、どうやらそれに引きずられたまま最後まで働いてきた」

二十八年におよんだ仕事でハマーはさまざまな役どころを演じ、強盗や麻薬の売人、世界的な武器商人、殺しの請負人になりすましてきた。すでに引退して、いまは作家としてキャリアを積み、『砂漠の血』『ターゲット・ダウン』〔いずれも未邦訳〕などの小説を執筆してきた。

在職中の二〇〇二年のことである。上司が新しい潜入捜査の話をハマーに持ちかけた。模造タバコをアメリカに密輸している組織への潜入だ。肩透かしをくわされた思いがした。「やれやれ、ＦＢＩが模造タバコの追跡か、という感じだ。だが、気にしないことにした。デスクワークから解放されるなら、それでもよかった[38]」

ハマーは密輸の背後にいる犯罪組織の追跡任務を引き受けた。その時点でつかんでいたのは、組織は中国系のギャングだという事実だけである。つじつまを合わせるため、作り話でごまかした。「自分は年配の白人で、ロサンゼルスに倉庫を持っている。彼らが扱う禁制品などをその倉庫に保管して、それを国中に手配する仕事を助けられる」

事件はやがて模造煙草の枠を超え、盗難車や衣服や銃器へと広がり、そのなかにはバイアグラなどの偽の医薬品も含まれていた。

依頼はさらに続いた。組織から頼りにされるにつれ、ますます大きな仕事がハマーに任されるようになる。ある日、とんでもない話を持ちかけられた。その話は、ハマーがかかわる組織が、実は平壌政府と密接に関係している事実を示唆していた。覚醒剤の製造拠点を北朝鮮で作ってほしいと頼まれたのだ。計画では六〇〇キロの覚醒剤を製造することになっている。取り分は組織が三分の一、ハマーが三分の一、北朝鮮政府が三分の一という話だった。

「北朝鮮なら、覚醒剤を確実に製造して、まちがいなく国外に持ち出せるだろう。そのためには製造工場を北朝鮮に作らなくてはならない。工場は洗濯洗剤の工場として使われるということになった。私の捜査担当者が麻薬取締局（ＤＥＡ）の職員に話すと、洗濯洗剤を作る設備で覚醒剤が製造できるそうだ。初耳だった」

ハマーは乗り気だったが、彼の上司は却下した。潜入捜査とはいえ、政府が覚醒剤の製造にまでかかわるのは、やりすぎと判断されたようである。

このとき、ハマーの上司はさらに重要な任務を用意していた。数百万ドル相当のスーパーノートを積んでアメリカに入ってきた船が発見されたのだ。本国の流通市場に偽札が出回る不安が高まっていた。ハマーが握っている組織との関係を通じて偽札を手に入れ、司法当局に何か情報が提供できないだろうか。はたして、組織とのコネを使ってハマーは偽札のサンプルを手に入れてきた。

上司に偽札を渡したが、その後の展開はハマーの予想を裏切るものになった。「ロサンゼルスの分析官が調べると、その札は本物だった」。ハマーの話では、「私はにやっと笑ってから、こう答えた。『連中はこの〝本物〟の一〇〇ドル札を一ドル三五セントで売ってくれる。この札が本物なら、家を抵当に入れても、売ってくれるだけ札を買い占めてやる』」。

さらに分析するため、紙幣はその後、ワシントンDCにあるFBIの本部に送られた。だが、本部からの報告は、「これらの札はまぎれもない本物のスーパーノート」だった。ハマーに課された次の任務は、この偽札をアメリカに持ち込んだ人間を捕まえることだった。

ハマーが活動拠点としている西海岸では、〈スモーキング・ドラゴン〉の作戦名でFBIのおとり捜査が行われ、スーパーノートの密輸がさかんな東海岸では、並行して〈ロイヤル・チャーム〉と名づけられたおとり捜査が行われていた。

次の捜査では、ハマーは三五万ドルで一〇〇万ドル相当の偽札の購入を手配した。[39] 偽札は番号がついたロール状のカーペットが詰まったコンテナで届くと言われ、紙幣が忍ばせてあるカーペットの番号を渡された。コンテナが例の倉庫に届くと、ハマーとFBIの仲間は倉庫で巻かれたカーペットを次々と広げていった。だが、どれも探している番号とは一致しない。金をだまし取られたかと心配になってきた。「FBIでは、この取引は（連中がしかけた）おとり捜査ではないかと不安視する声もあった」と記憶している。

コンテナの奥のほうでようやく目的のロールが見つかった。「探していた番号のカーペットを次々に引き出していった。みんなが興奮していた。私と担当捜査官の二人は身をかがめながらカーペットを押し広げていったが、手には何も感じない。だが、どんどん広げていくと、やがて結び目のようなものに触れた感じがした。今度は少しずつ押していく。あった。カーペットの一番端にテープで貼りつけられた偽札の束がたしかにそこにあった。クリスマスを迎えた子供のようなもんさ。一〇〇万ドルのプレゼントを手にしたんだからな」

アメリカ東海岸での一斉摘発

偽札を押収したことで、ＦＢＩはいつでも容疑者を逮捕できるようになった。だが、彼らは国外にいるため、アメリカに呼び寄せるにはひと芝居打たなくてはならない。東海岸の潜入捜査では、二名の捜査官が恋人同士を装って潜入していた。そして次に、二人の偽装恋愛をエサにして呼び寄せることになった。二人が婚約を発表して、ニュージャージーで予定されている豪華な結婚式に国外の偽札密輸犯を招待するのだ。手間も費用も惜しまなかった。金箔で縁取られた、見るからに高価な便箋に記された招待状が送り出されていった。「ホテルの宿泊費と式への交通手段はご用意いたします」と招待状には書かれていた。結婚式ではなく、その交通手段を使ってＦＢＩに招待されると気づいた者はもちろん一人もいない(40)。

新婦になるメリッサ・アンダーソンが指にはめていた4カラットの婚約指輪は、ＦＢＩが用意したもので、保管してある押収品が使われていた（彼女の同僚である覆面捜査官の一人が乗っている紫色のポルシェ・カレラもそうした押収品のひとつだった(41)）。

反対側の西海岸でハマーがしかけていたおとり捜査で彼がでっちあげた物語は、東海岸とは真逆の設定だった。「この潜入捜査では私は既婚者という設定だったが、私のガールフレンドを装っているＦＢＩの女性捜査官がいた。組織の連中には、妻がガールフレンドの存在に気づき、離婚を申し出ていると吹き込んでいた。いずれ離婚が成立したら、プレイボーイ・マンション*訳註で離婚パーティーを開くと言って話していた。もちろん、(当時、『プレイボーイ』の編集長だった)ヒュー・ヘフナーには連絡はしてなかったし、邸の予約もしてなかったが、連中は誰もこの話には乗ってこなかった」と言ってハマーは笑った。

結婚式は二〇〇五年八月二十一日日曜日午後二時に予定され、ハマーの離婚パーティーのほうはその翌日に設定された。到着した容疑者たちに鉄槌がついにくだされたのだ。逮捕された容疑者は総勢五十九人。そのなかには肩撃ち式のロケットランチャーを密輸した罪で、その後の裁判で懲役二十五年の刑を宣告された者もいた(42)。

東海岸の一斉摘発で逮捕された容疑者は、中国、台湾、カナダ、アメリカに在住する中国人ばかりで、北朝鮮から来た者はいなかった。アメリカ政府はこの時点で、偽造紙幣を流通させているだけではなく、北朝鮮が「偽造している」と明言するようになった(43)。しかし、アメリカの法執行機関や他国の警察が長年にわたりこの犯罪に取り組んできたにもかかわらず、特定されても有罪を言いわたされた北朝鮮の人間は一人もいない。それはなぜか? 理由は簡単である。この国で海外渡航が許可されているのはほとんどが政府職員で、彼らは外交特権で保護されているのだ。

北朝鮮の当局は、なぜ同胞が頻繁に偽札の所持で捕まるのかについて、この国ならではの説明をしている。香港に駐在するある外交官は、『ウォール・ストリート・ジャーナル』の取材に対して、「アメリカによって世界の金融システムから締め出された結果、北朝鮮の人間は大量の現金を持ち歩くしかない(44)」からなのである。現金に依存しなくてはやっていけない事情のせいでどうしても偽札をつかまされるという指摘が、北朝鮮のスーパーノート偽造説に懐疑的な者によってなされている。たしかにそうかもしれない。だが、出回っている偽札がかぎられている以上、そんな偽札を何千枚も所持して、何度も何度も捕まるのはよほど運に見放されているからなのだろう。北朝鮮の政府職員がまさにそうだった。

だが、北朝鮮の関係者に有罪判決を受けた者がまったくいないことから、北朝鮮が偽造に関与しているという主張に懐疑的な見方をする者もいる。

なかには、このような偽造そのものを疑問視する声もある。一ドル札をかき集めて漂白し、一〇〇ドル札と変わりない、本物の用紙を作っていたと脱北者は説明していたが、新紙幣でそれが可能かについては、専門家は異を唱えている。合衆国製版印刷局(BEP)の元職員に聞いた話だと、新紙幣のありがたみは刷り込まれたマイクロプリントにあり、マイクロプリントは漂白しても消去されず、どれだけ優れた技術で印刷しても、その札が再印刷したものであることが露呈してしまうという。この話が本当なら、北朝鮮は別の方法で適性紙を入手してきたか、あるいは自作してきたことを意味する。

多くの疑惑が北朝鮮に突きつけられたように、北朝鮮もスーパーノートをめぐる〝陰謀〟は敵国、とりわけアメリカが自分たちを中傷するためにでっちあげたと見なしてきた。しかし、論理的に考えてみれば、このような主張には意味がない。かりに、アメリカが北朝鮮を中傷するために、わざわざ

＊訳註：プレイボーイ・マンション。雑誌『プレイボーイ』の創刊者ヒュー・ヘフナーがかつて所有していたロサンゼルスの豪邸。一九二七年に建てられ、一九七一年にヘフナーが一〇〇万ドルで購入。エルビス・プレスリーやジョン・レノンを招待した数々の伝説的なパーティーが開かれ、ハリウッドの虚飾と過剰さを象徴していた。

ドルの信用を危険にさらすのは非常識すぎる戦術である。アメリカが世界の覇権を握っていられるのも強いドルがあればこそである。

とはいえ、検証可能な映像がない事実は、北朝鮮がスーパーノートを印刷しているという決定的な証拠がないことを意味している。アメリカの立法補佐機関である議会調査局（CRS）が二〇〇九年に公表した報告書でさえ、「朝鮮民主主義人民共和国が実際の製造にかかわっているのかどうか」という断定を避けた表現をしていた(45)。

それでも、北朝鮮の当局者と彼らにつながる人間が、世界でも最高品質の偽造紙幣を渡している現場が繰り返し確認されてきたのは動かしがたい事実だ。アメリカとしては、この事実は北朝鮮との交渉において切り札となっており、北朝鮮にすればますますやっかいな状況に追い込まれ、一か八かの賭けに出なくてはならなくなった。

北朝鮮から逮捕者が出ていないにもかかわらず、この国がそうした状況に追い込まれたのは、FBIの潜入調査〈ロイヤル・チャーム〉と〈スモーキング・ドラゴン〉を契機に、捜査の新たな糸口が見つかったおかげだった。そして、この糸口によってスーパーノートをめぐる捜査は物語の始まり――スーパーノートがはじめて見つかったマカオの小さな銀行――に引き戻されることになる。

偽札作りをやめた真意

前出のデイビッド・アッシャーは二〇〇一年から国務省で働き、第2章の最後に記した疑問に対する解答を得ようとしていた。その疑問――飢餓と国際社会での孤立、そしてあまりにもお粗末な財政状況にもかかわらず、北朝鮮経済は破綻することもないまま、どうやって維持されているのか？

「つまり、どこで金を得ていたのかという意味だ。考えられる資金の出所はたったひとつ、犯罪だ」とアッシャーは私に答えていた。

二〇〇三年、アッシャーは北朝鮮の犯罪行為に関する証拠集めを目的とした、「違反行為防止構想」（IAI）の実現に携わった。(46) アッシャー本人の話では、試みとしては非常にうまくいったと言う。「数十億ドル規模の不正資金が生み出されている事実が解明できた。まるで独立したひとつの経済のようで、しかも、きわめてうまく運営されていた。とりわけ私の興味を引いたのは、金正日がじきじきに運営していた点だ。彼はマフィアのボスであり、もう一人のトニー・ソプラノ*であり、もう一人のパブロ・エスコバル**のような存在と言っていいだろう。だが、金日成は国家元首でもあった」

誤解がないように言っておけば、アッシャーは「タカ派」の論客で、北朝鮮の政権については歯に衣着せない批評家であり、この国を改革するには有無を言わせないプレッシャー（と理想としては厳しい行動）が不可欠だと心の底から考えている。その決意を忘れないため、興味深い品々が彼の手元には残されている。インタビューの最中、アッシャーはデスクの引き出しのなかを探していた。北朝鮮で作られた模造タバコと経口避妊薬、そしてバイアグラである（バイアグラの製造元ファイザー社に

*訳註：トニー・ソプラノ。一九九九年から二〇〇七年にかけて放送されていた『ザ・ソプラノ――哀愁のマフィア』の主人公アンソニー・ジョン・ソプラノのこと。ニュージャージーを縄張りにするマフィアのボスだが、原因不明のパニック症候群に悩まされている。
**訳註：パブロ・エスコバル。一九四六～一九九三年。コロンビアの犯罪者で、「メデジン・カルテル」の創設者でボス。「コカインの帝王」と呼ばれ、一九八〇年代から九〇年代初頭にかけて、アメリカにおけるコカインの取引を独占していた。

「これは効くのか」と確認したという。返ってきた答えは「効く」ということだった。むしろ、効きすぎるぐらいで、持続時間も長いため、それだけ副作用もあるらしいが、この話はこれぐらいにしておこう）。

スーパーノートもアッシャーの調査対象のひとつに加わった。FBIによる密輸業者への潜入捜査が進むにつれ、偽札追跡の流れはマカオへと向かい、そして一九九四年に北朝鮮から入ってきたスーパーノートを売って摘発された銀行、バンコ・デルタ・アジアにつながったとアッシャーは言う(47)。財務省も同じ意見だったようである。二〇〇五年、財務省はバンコ・デルタ・アジアを「マネーロンダリングの主要懸念先」と表明している(48)。

バンコ・デルタ・アジアへの一斉検挙は、その後、予想もしなかった大きな展開をもたらすことになった。同行に対する事後処理として、澳門《マカオ》金融管理局は、バンコ・デルタ・アジアの北朝鮮関連口座に残っていた二五〇〇万ドルを凍結してしまったのだ。核保有国になるという野心の道をひた走る北朝鮮にとって、その金はポーカーの切り札となるはずの資金だった。核さえ保有できれば、それまで北朝鮮と世界の関係を動かしてきた力学に、恐るべき新局面をもたらすことができる。

スーパーノートについては、二〇〇六年ごろから北朝鮮政府の態度が変わってきた。偽造していた者たちを起訴すると北朝鮮政府が言い出したのである（厳しく管理された北朝鮮において、政府に知られることなく犯罪者が偽造などできるわけはなく、むしろ政府の認可のもとで行われていたのではないかという指摘もあった(49)）。

おそらく、これ以上スーパーノートは必要ないと北朝鮮政府は判断したのだろう。その時点ですでに金融革命が進行していたからだ。オンラインバンキングやネット空間での小売業、投資がさかんに行われるようになっていた。世界中でコンピューター化が進み、貨幣もその例外ではなかった。セキユリティの研究者の話では、北朝鮮の指導者たちはこうした新たな展開を喜々として受け入れていた。もちろん、世界のほかの国々が享受する民主化へとうながす技術革命に参加するためではなく、政権を強化する力を発揮する新しい手段としてだ。軍隊がオンライン化されていき、世界は間もなくその成果を知らされることになる。

第4章 〈ダークソウル〉

韓国で開かれた新たな戦端

二〇一三年三月二十日水曜日、ソン・テクワンにとってはいつも通りの一日が始まった。ソンは、韓国でニュースを終日配信しているYTNで通信員として外交部門を担当している。この日も普段通りにスタジオに到着していた。スタジオは首都ソウルを一望する南山《ナムサン》公園の緑のなかに建つ巨大な送信塔の近くにある。その日の昼すぎから、オフィスのパソコンに異変が起こり始めた。見慣れたウィンドウズのアイコンが消えてスタッフ全員のパソコンのスクリーンが暗転、「ブートデバイスが見つかりません。ハードディスクにオペレーティングシステムをインストールしてください」という白抜き文字のエラーメッセージが現れたのだ。コンピューター担当の技術者には、マシンに何か問題が発生したことを意味する気が滅入るメッセージだ。トラブルの原因を突き止め、修理するのは本当に頭が痛くなる問題だった。

しかし、ソンにはたいした問題とは思えなかった。「技術的な問題で、同じようなトラブルにはときどき見舞われていた。そのときは、自分たちのチームで対処し、技術者が面倒を見てくれたので、私を含め、取材の現場で働く記者たちは何もしなかった。これは自分の仕事ではなく、技術者の仕事だからね」

正直に言えば、ジャーナリストである自分の専門分野とは関係のないトラブルだとソンは思っていた。ベテラン記者として、ソンは第2章で触れた何十年にもおよぶ朝鮮半島の難しい南北関係を取材してきた。「パソコンが使えなくなったとき、それがどんなに大きな問題であるのかわからなかった」と言う。それどころか、トラブルで生じた小休止を内心では楽しんでいたぐらいだ。それに導入されていたバックアップシステムのおかげで、ふたたび記事が書けるようになり、無事に放送することもできた。

これがありきたりのコンピュータートラブルではないとソンが気づいたのは、YTNのエンジニアが何通りかの回避策を講じてコンピューターをふたたび立ち上げて数時間してからである。パソコンがダウンしていたのはYTNだけではないことにソンは気づいた。文化《ム》放送（MBC）と韓国放送公社（KBS）の二大放送局と、新韓《シンハン》銀行と韓国放送公社の大手二行でもまったく同じ時間にコンピューターがダウンしていたのだ(1)。

テレビ局はなんとか放送を続けられたが、銀行ではATMから現金を引き出せなくなっているというレポートが寄せられ続けた。この時点で今回のトラブルは個別のコンピューター障害などではなく、はるかに深刻な影響をもたらす組織的な攻撃の様相を呈するようになっていた。

間もなく韓国政府と国家情報院の記者会見が行われ、銀行と放送局のネットワークにハッカーが侵入した事実が明らかにされる。テクノロジーの分野では、世界でもっとも進んだ国のひとつが、デジタル攻撃にさらされていたのだ。そして、これは最後の事件ではなかった。事件から数カ月もたたないうちに、韓国のデジタル・インフラの重要部分が攻撃される。どうやら前回と同じサイバー・アタッカーの仕業だった。

ＹＴＮの外交部門を長く担当してきた通信員として、ソンは南北両国の緊張を高める、力に訴えた事件を数多く目にしてきた。そしていま、その対立に新たな戦端が開かれようとしていた。北朝鮮の軍隊がインターネットに目をつけたのだ。そして、状況はもはや後戻りはしなかった。

グーグル会長が見た北朝鮮の内側

三月の事件のちょうど二カ月前、北朝鮮は一風変わった、興味深い使節団に門戸を開いている。一月の凍てつく平壌に到着した飛行機から降りてきたのは、テクノロジー産業でもっとも大きな力を持つ人物の一人（議論の余地はあるにせよ、つまり、世界でもっとも影響力を持つ人物の一人）だった。

グーグル会長のエリック・シュミットである。同行していたのは元ニューメキシコ州知事のビル・リチャードソンで、この数年何度も平壌を訪れ、今回の訪朝を仲介した。二人といっしょにいたジャレッド・コーエンは当時三十二歳、検索エンジンの巨人グーグル内に設立されたシンクタンク「グーグル・アイデアズ」［現ジグソー］の代表を務めていた。

当時、コーエンとシュミットはインターネットの未来に関する本を執筆していた。のちにコーエンは、ＢＢＣワールドサービスのポッドキャスト「ラザルス・ハイスト」で私と共同司会をしているジャン・Ｈ・リーに対して、「検閲とサイバー攻撃に関して、世界最悪の孤立国について理解するため」であり、「背景をさらに書き込むため、どの国に行ったらおもしろくなるかを考えていた」と話している。

コーエンが韓国に行ったことがないのを知ったシュミットは、韓国はどうかと持ちかけた。韓国よりも北朝鮮のほうが「もっとおもしろいかもしれない」とコーエンは答えた。国務省に勤務していたころ、コーエンはイラン政府やコンゴ政府を相手に、インターネットの検閲をめぐる戦いに臨んできた歴戦の兵士である。この提案にシュミットは、冗談交じりに「安定しているのが好きじゃないのだろう」と答えていた。

だが、このときの北朝鮮訪問には賛否両論があった。コーエンの話では、アメリカの政府関係者から延期もしくは訪問そのものをキャンセルするように圧力があったという。リチャードソンは、彼らが単なる民間人で、訪問は実態調査が目的であり、アメリカ政府の公式な代表ではないことを明らかにしなければならなかった(2)。しかし、アメリカの元政治家が、世界最大級の企業の幹部二名とともに平壌に到着するとなれば、政治的な含みは等閑視できない。

北朝鮮側がこの訪問をめぐる議論を吟味し、プロパガンダで得られる勝利がマイナスを上回ると判断したのは明らかである。シュミットとコーエンが、徹底したネット検閲を行っている典型として北朝鮮をつねづね非難していた点は問題ではなかった。テック業界の巨人が北朝鮮の土を踏んでいること、その事実がもっとも重要だった。そしてこの訪問は、後述するように、北朝鮮の指導者たちが数年にわたり慎重に練り上げてきたシナリオと、ものの見事に一致するものだった。

一方、コーエンは鋭敏な旅行者が平壌を訪れた際に悩まされる、「何を見ても信用できない」という感覚にさいなまされていた。

「最初からフェイクだらけだと思うだろうが、しかし、平壌で二〜三日も過ごすと、この街全体がフェイクのように思えてきて、どこでフェイクが終わり、どこでリアルが始まるのかがわからなくなる。車で道路を走っているとき、雪のなかで遊んでいる子供たちを見かけたとしよう。二日も滞在したあとでは、そんな光景を見ても勘ぐるようになる。「これは私たち向けに演出されているのかもしれない。『トゥルーマン・ショー』の劇中劇のように、何から何まで私たちを相手に上演されているショーなのかもしれないのだ」とコーエンは言っていた。引き合いに出されている『トゥルーマン・ショー』は一九九八年公開の映画で、自分の人生のすべてが撮影され、視聴者に見られている現実に気づいていない主人公をジム・キャリーが演じている。

コーエンのこの疑いに対する答えは、あんがい「イエス」かもしれない。脱北者たちの話では、国外からの訪問者の到着に先立ち、当局は周到に準備し、外国人記者が街に出てきたときにどんな服を着るのかまで市民に指示していた。また、話しかけられた際に備え、想定される質問と回答例を教え込まれていたという(3)。

とはいえ、映画の主人公とは違い、コーエンは最初からすべてが仕組まれている可能性に気づいていた。そのせいで彼の心にはある恐怖が急速に膨らんでいった。その恐怖とは、このように徹底的に管理され、監視されている環境で生活する者が抱くようになるおびえだ。(無理もないことだが)宿泊しているホテルに監視カメラがしかけられているのではないかとコーエンは疑い出した。「これまでよその国に行って、水着姿でシャワーを浴びようと本気になって考えたのは北朝鮮に行ったときだけだ」と振り返る。

コーエンとシュミットが北朝鮮にきた一番の目的は、この国のテクノロジー環境について把握することだった。「ネットワークインフラはどうなっているのか？　そのインフラの恩恵にどれだけの人間がアクセスできるのか？　好奇心もあったと思う。北朝鮮に行ってインターネットの話をしたら、相手はどんな反応を示すのかという好奇心だ」

平壌市内をめぐるあるツアーのとき、コーエンはその答えを知る。「尋ねた相手しだい」である。

この国の首都の交差点には交通保安要員の女性が立っている。「爪には完璧なマニキュアを施して、防寒用の大きな耳当てをつけ、化粧にも手は抜いていない。彼女たちがアクロバティックなダンスをしている場所は、車などまったく走っていない十車線の道路の交差点だ。彼女たちはそこで儀式ばった仰々しい仕草で交通整理をしていた」。交通保安要員の動画はグーグルの「ユーチューブ」で見ることができる。「彼女たちの一人に近づいていき、『ユーチューブで大評判になっているよ』と話しかけた。ガイドに通訳してもらったが、彼女の顔は当惑していた。ユーチューブが何か知らないだけではなく、ネット上の動画プラットフォームだと説明しても、インターネットが何かさえ知らないことに気づいた」

北朝鮮の人びとの大半は、インターネットを利用することができない。ブロードバンドのプロバイダーや携帯電話のキャリアに連絡して、ネットに接続するという、私たちの多くが当たり前のようにやっているインターネット通信の仕組みが、この国では選択肢として存在していないのだ。

しかし、この国のあらゆる人間がデジタルライフから遮断されているわけではない。北朝鮮でも社会のある階級は、コーエンや彼の同僚とまったく同じようにテクノロジーを好きなように使うことができた。金正日が使っていた専用列車を訪ねたとき、コーエンはその事実を知った。

「巨大な専用列車で、車内は金正日総書記のために調度されていた。そこに置かれていたのが銀色に輝く、すばらしいマックブックだった」

反資本主義を掲げる北朝鮮の中心部、しかも社会主義者を自認する指導者の私室のひとつに、アメリカ資本主義の夢の象徴であるはずのアップルのノートパソコンが輝いていたのだ。金正日は近代的なテクノロジーを恐れていなかった。それどころか、北朝鮮をデジタルエイジへと移行させてきた最大の推進者だったが、おそらく政権幹部たちも気づいていたように、デジタル技術の強化は、金正日が考えていたきわめて異様な理由に基づいていた。

コンピューター化の真の狙い

これまで北朝鮮から脱出した者のなかでも、太永浩《テヨンホ》はもっとも高名な脱北者の一人だ。二〇一六年夏に韓国に亡命するまで、太永浩は北朝鮮の在イギリス大使館に公使として務めていた。金正恩の政策を支持し、党の方針にしたがっていた次の瞬間、政権のもっとも深奥にある秘密を暴露した。北朝鮮の反応は予想通り厳しいものだった。一連の重大犯罪について根拠のない非難を浴びせられ、「人間のクズ」というレッテルを貼られていた[4]。太永浩は現在、韓国の国会議員を務めている。

太永浩は、北朝鮮の指導部がハイテク化へのスイッチを入れた瞬間をいまでも鮮明に記憶している。「私は一九八八年に北朝鮮の外務省に入省した。入省したばかりのころ、私の部署にはコンピューターが一台もなかった。文字通り、まったく一台もだ。しかし、一九八九年になり、さらに一九九〇年代を迎えると、突然、外務省の各部門をコンピューターで結ぶブームが堰を切ったように起きた。ある日を境に外務省の幹部が、コンピューターを使う重要性を説き始めた」と「ラザルス・ハイスト」でジャン・H・リーのインタビューに答えて太永浩は語っている。

このときのネットブームのきっかけは、金正日の子供たちだと太永浩は考えている。金正日は子供たちを国外——主にスイス——に留学させていた。子供たちが外の世界で起きているデジタル革命に熱をあげ、そのまま北朝鮮に帰っていったと太永浩はにらんでいる。「彼らこそ、父親を啓発する役目を果たしていたはずだ」

おそらく、子供たちが開かれた扉をさらに押し開けていったのだろう。金正日は、自国が抱える多くの問題を解決できる技術を長いあいだ模索してきた。一九七〇年代前半には「技術革命」を宣言、工場の近代化を急ぎ、「最終的にはすべての労働者を過酷な労働から解放する」と約束していた（一方で別の説を唱える者もいる。金正日を技術開発へと向かわせたのは実は軍備増強で、その結果、労働力があまりにも手薄になり、工場や農業から労働者を奪っていた）。脱北者の話では、北朝鮮政府は一九八九年の時点で、すでに学生を東ドイツに派遣して、コンピューター工学を学ばせていたという[5]。これらの近代的な機器は、単に工場の生産量を増やす道具ではなく、コンピューター間の通信を可能にするネットワークの構築という大きな変革でもあった。金正日のような秘密主義者で、人前に出るのを避ける指導者には、ネットワークで結ばれたコンピューターは天の恵みにほかならない。所在を隠したまま、側近たちに命令を伝えることができるからである。

太永浩によると、「金正日はコンピューターとネットワークの長所をたちどころに理解した。自分がどこにいて、どこで仕事をしているのかをいとも簡単に隠せ、しかもこの国のシステムをそれまで以上に効率よく支配できるようになった。以来、金正日がどこにいて、どこで働いているのかを探るのは非常に困難になる。（略）コンピューターを介して命令が伝えられるようになったからだ」

しかし、モニターの向こう側に隠れることだけが目的ではなかった。金正日がコンピューター化に乗り気だったのにはもうひとつ理由があった。それは、北朝鮮の国民と世界秩序における自国の地位に、深刻で恒久的な影響をもたらすものだった。軍事的対立という恐ろしい連鎖に封じ込められ、その結果、この国の指導部はますます犯罪行為をエスカレートさせることになっていく。

切り札は核兵器開発

二〇一〇年十月、朝鮮労働党は創立六十五周年を迎えた。平壌の中心部にある金日成広場では壮大な祝典が開かれていた。この広場は軍事力を誇示する際、好んで使用されている。寸分のくるいもなく、見事に演出された軍事パレードだった。移動式のミサイルランチャーの行進をストイックに見つめる指導者たちの映像を見たことがあるなら、その映像はまちがいなく金日成広場で撮影されたものである。

しかし、この日の夜は違った。戦車やミサイルのパレードではなく、緑色のディスコ・レーザライトが空を照らしている。音楽が鳴り響き、スパンデックス製の衣装を着込んだ何千名もの若いダンサーの集団が広場を横切っている。男性はどぎついライムグリーンのボディスーツ、女性はけばけばしいオレンジのミニドレスを身にまとっている。彼らは一糸乱れぬダンスを披露し、歌を歌い、隊列を組み、その様子を上空からカメラが撮影している。全体主義国家が得意とする魅惑的な演出で、「幾何学的な魅力」と呼ぶ者もいる。[6] 曲がクライマックスに達すると、何千名ものダンサーが途切れることなく合流していき、「CNC」の三つの人文字ができあがり、周囲の建物の巨大スクリーンにはロケットが空に向かって打ち上げられる映像が映し出されていた。[7]

「CNC」は「コンピューター数値制御」の略称である。これについてはウィキペディアに詳しい。「CNC装置は、材料（金属、プラスチック、木材、セラミック、複合材）を加工するシステムのことである。コード化されたプログラムの命令にしたがい、手動オペレーターが作業を直接制御することなく、材料の一部を仕様に合うように加工する[8]」。つまり、ある製品の製造工場にこのシステムを導入すれば、部品を正しいサイズと形状に切断する作業はコンピューターがやってくれるのだ。

いったいなぜ、北朝鮮はこの技術をここまで宣伝していたのか。なぜこの技術に捧げる讃歌まで作っていたのか（その讃歌は、金正日が聞くたびに、「この技術を導入するために克服してきた苦難の道のりと精神的な苦痛を思い出して涙するような曲だ」）[9]。そして、なぜ北朝鮮は文字通りこれほどまでに歌と踊りで大げさに騒ぎ立てていたのだろう。

北朝鮮ウォッチャーによると、ＣＮＣの導入は単にコンピューターに製造を管理させるためだけのものではなかった。その裏には計り知れない事情が潜んでいた。実力でかなわない国を相手に、北朝鮮が世界の舞台で権力を奪取するうえで、決定的な要素となっていたのがコンピューターにほかならなかった。ソ連の崩壊、中国の資本主義経済への移行、国際社会との緊張の高まりで、北朝鮮の経済的、戦略的地位はますます不安定になっていた。このゲームにおいて、かつての国際的地位を取り戻すため、金正日はある計画を立てる。核兵器の開発だった。

朝鮮半島における核兵器の歴史は、朝鮮戦争の終盤前後に始まり、きっかけを作ったのはアメリカだった。一九五三年、戦争に終止符を打つため、アメリカは核兵器を使用する可能性を匂わせるようになっていた[10]。戦争は核兵器を使わずに休戦を迎えたが、不安定な停戦のもとで北朝鮮がソ連陣営に属したことを理由に、一九五八年、アメリカは韓国にミサイル部隊を送り込んだ[11]。

このような状況のもとで、北朝鮮が独自の核開発計画を正当化する明確な根拠を見出していたのはほぼまちがいないだろう。エネルギーと軍事への利用だ。前者はチュチェ思想の一環であり、後者は身近に突きつけられた恐怖の核を所有する侵略者に対する自衛である。

ソ連の援助を受け、平壌近郊で原子炉施設の建設が始まったのは一九六〇年代だった。一九七九年には独自に原子炉を建設、一九八〇年代半ばには原子炉が稼働している[12]。北朝鮮は、原子炉が稼働する前年に核拡散防止条約（NPT）に調印していたにもかかわらず、それから数年後、原子炉が核兵器開発に使われているという噂が流れ始める。

アメリカのジョージ・ブッシュ大統領［父ブッシュ］は一九九一年、海外の米軍基地から核兵器を引き上げると発表、そのなかには韓国の米軍基地も含まれていた。北朝鮮が核兵器開発の根拠としていた理由が、隣国に配備されたアメリカのミサイルにあったとすれば、その根拠はもはや意味をなさなくなっていた。

その後、長年におよぶ厳しい外交交渉と拒絶、あるいはなだめたり、すかしたりが繰り返され、国際社会はなんとかして金正恩を兵器開発から遠ざけようとしたが、結局、それらの試みはいずれも失敗に終わった。

二〇〇六年十月九日、北朝鮮ははじめての核実験を行っている。そのわずか数カ月前には弾道ミサイルを試射しており、二つの技術が組み合わされれば、いずれ長距離の核攻撃が可能になるという懸念が高まっていく[13]。

CNCというシステムなしには核兵器開発は実現できなかった。民生用・軍事用を問わず原子力とロケットが放つ強大な原子の力は、きわめて高精度な部品のなかにのみ封じ込めることができ、それはCNCのような技術を使わないかぎり機械加工ができない。だからこそ北朝鮮は、数千名の若いダンサーを訓練して、二〇一〇年の夜、ミサイルランチャーの映像とともにCNCの成功を讃えていたのだ。それは、北朝鮮の産業施設を二十一世紀へと導くだけでなく、核クラブへの切符を手に入れることでもあった[14]。

おそらく、国民に対して金正日は、核兵器開発は自国が直面する存亡の危機に対抗するうえで不可欠だと話していたと思われる。しかし、核兵器開発はもう一つの目的も果たしていた。核兵器を使えば、国際社会の交渉のテーブルにつけると金正日は信じていたのだ。そして、もくろんだ通りだった。

二〇〇三年に北朝鮮がNPTを脱退した問題をめぐり、北朝鮮、韓国、日本、ロシア、中国、アメリカの六カ国協議が行われた。それは、小国北朝鮮が世界の超大国と相対して、同じテーブルに着いたことを意味していた。金正日にすれば、これほど見事な戦略はなかっただろう。長年の宿敵であるアメリカを交渉のテーブルに引きずり出し、核の脅威をちらつかせて譲歩を引き出したのだ。バンコ・デルタ・アジアに対してアメリカが「マネーロンダリングの主要懸念先」と表明した際、凍結された関連口座の二五〇〇万ドルの返還を、金正日はどうしても議題として取り上げたいと考えていた。そして、その望みはかなえられる。寧辺《ニョンビョン》の核関連施設にある主要原子炉を停止し、国際原子力機関（IAEA）の査察を受け入れることに同意する見返りとして、二五〇〇万ドルを取り戻していたのである。[15] しかし、緊張緩和は長くは続かなかった。金正日にとって、この交渉はポーカーの単なる駆け引きにすぎなかったようだ。二〇〇九年、北朝鮮は六カ国協議から離脱、その年の五月に二度目の核実験を行い、最初の実験の数倍もの規模の爆発エネルギーを放出させた。[16]

もちろん、北朝鮮に対する制裁措置は講じられてきた。一回目の核実験では、実施から一週間もしないうちに国連安保理は「決議1718」を採択し、国連加盟国に対して、北朝鮮への軍事物資や奢侈品の禁輸を決定している。[17]

こうして、あるパターンが繰り返されることになる。核実験（とその合間に行われていたミサイル発射実験）のたびに、国際社会から新たな制裁が北朝鮮に科されることになる。北朝鮮の反応はといえば、核開発を継続して国際社会に圧力をかけ、軍事的野心を揺るぎないものにすることだった。

核兵器と核によって授けられる力に対する金正日の渇望は、北朝鮮という国とこの国の人民をある軌道に封じ込めてしまった。その軌道は自身が開発するミサイルの軌跡同様、このうえなく危険で、最終的には破綻する運命に置かれている。北朝鮮の指導者たちは、またしても引き下がろうとはしないが、彼らには勝つこともできないのだ。軍事的な前進とそれにともなう制裁を国際社会から受けるたびに、この国の経済はさらに悪化して破綻の縁へと追いやられ、パーリア国家*訳註としての評判は揺るぎないものになった。その結果、指導者たちは政治的な目的を達成する手段として、ミサイルと核の技術をますます追求するようになっていく。金正日は、またもや自国に破滅的なラチェット機構をもたらしていた。

異論はあるだろうが、これが指導者としての金正日の最後の大仕事となった。二〇一一年十二月十七日、金正日は六十九歳で死去する(18)。

支配階級に許された無制限のアクセス

次に起きたのは権力の継承という難題だった。金正日のときとは違っていた。金正日の権力継承に際しては、数十年の時間をかけて国民に注意深く披露することができた。国家の統治において大きな役割を担わせるため、その経歴には細部にわたって手が加えられてきた。しかし、金正日の後継者については、そんな悠長なことをやっている余裕はなかった。金正日の健康状態が悪化し、亡くなるまでの数年間で、指導部は金王朝の次の世代の準備という緊迫した作業を始めなくてはならなかった。

金正恩《キムジョンウン》は、金正日の二番目の愛人（金正日には二人の正式な妻と三人の愛人がいたとされる）とのあいだに生まれた子供である。二〇〇九年の時点で、金正日総書記の三人の息子のなかで、金正恩が最有力候補であることは部外者にも明らかになっていた。案の定、ダンサーたちがＣＮＣへの讃歌を歌っていた二〇一〇年、父のそばで拍子を送る金正恩の姿があった。それはこの国の序列のなかで、金正恩がどこに位置しているのかを明確に示していた。[19]

金正恩は三十歳そこそこで権力を継承したと推測されている。祖父の金日成が指導者になったときよりもさらに若かった（金正恩が厳密に何歳で指導者になったのかは微妙な問題で、瑞兆を示唆する誕生日にするため、当局によって公式な誕生日は改竄されたという推測もある[20]）。金正恩を取り巻く政治局員たちはある問題に直面していた。祖父のような軍事的功績という賛辞もなく、父親のような統治経験もない童顔の後継者の評判を、いかにして早く高めるかという問題である。

彼らの解決策は巧妙だった。金正恩をミレニアル世代のリーダーとして登場させたのである。国を発展させるため、テクノロジーを活用する、力に満ちた人物として描き出していた。

現在、北朝鮮の国民も基本的な携帯電話やタブレット端末は購入できる（もちろん、その余裕があればだが）。通常これらのデバイスは中国からの輸入品である。脱北者のなかにはノートパソコンを所有していたと言う者もいる。ただし、電力供給が不安定なので、ガソリン燃料の発電機で電力を供給しなくてはならなかったと語る者もいる[21]。そして、このようなデバイスの流入は、新リーダーにとって大きな頭痛の種であることに、平壌滞在中のグーグルのジャレッド・コーエンも気づいていた。

＊訳註：パーリア国家とは国際社会から疎外されている国家のこと。大量破壊兵器の所有、テロリズムの支援、人権侵害などの特徴がある。「パーリア」とはインドのカースト制度に由来しており、「疎外された者」すなわち「アウトカースト」を意味する。

「これは国の統制にかかわる問題だ。指導者には紙一重の差でしかない。門戸は開きたい。情報が必要なことは彼らにもわかっている。外部からの援助が必要なことも知っている。しかし、そうすることで情報の流れが統制できなくなってしまうかもしれないのだ。金正恩には実に油断のならない道を歩んでいると思えただろう。権威主義的な統制を維持しつつ、その一方で自国の経済発展に役立つ情報を充分に取り入れるにはどうすればいいのかを金正恩は模索している」

金正恩が編み出した解決策は、インターネットにアクセスできる人間を厳しく管理するシステムだった。最優先されるのは支配階級だ。

「北朝鮮の〇・一パーセントの人間、つまり、軍の上級幹部と体制の支配者層、そしてその家族の大半は、世界中のインターネットに繰り返しアクセスしています」とプリシラ森内は言う。現在、彼女はアップルの脅威《スレット》インテリジェンス部門で働いているが、十年以上にわたり、アメリカ国家安全保障局（NSA）で北朝鮮に関する研究と報告を行ってきた。その後、技術系セキュリティ企業の報告書の編集に携わり、北朝鮮の富裕層や権力者のネット生活に興味深い光を当ててきた(22)。インターネットのオープンアーキテクチャのおかげで、北朝鮮に出入りするトラフィックが分析できるので、彼らがどのような種類のウェブサイトを閲覧しているのかまでわかっていた。「指導層は欠かさずにネットに接続していました。ソーシャルメディアをチェックし、私たちと同じようにグローバルなニュースを見たり、動画をストリーミング再生したりしていました」と森内は言う。

もちろん、このような無制限のアクセスは、北朝鮮国内では厳しく管理されており、支配者層だけに許された特権であるのは、太永浩も駐英公使だったころから気づいていた。当時、彼はいささか変わった仕事を任されたことがある。「金正恩の弟金正哲《キムジョンチョル》と三日半ほどいっしょに過ごすという仕事だった。金正哲はエリック・クラプトンのコンサートのためにロンドンに来ていた」。新指導者の弟は、イギリスの伝説的なギタリストの追っかけで、クラプトンのコンサートのために世界中を飛び回っていたと知った。

二〇一五年、ロンドンに降り立つやいなや、金正哲はネットサーフィンを始めた。「ネットの使いぶりは、まさに天才的だった」と太永浩は記憶している。「ホテルに到着するとただちにネットで検索し、クラプトンの最近の公演記録を残らずチェックしていた。平壌から来た指導者の弟が、自分よりもはるかにネットを使いこなせていることにびっくりした」

金正哲のおつきの者たちはホテルのインターネット接続を避け、所持していた一ダース以上ものWi－Fi用のレシーバーを二時間おきに交換して使っていた。「これもショックだった。こうした機器を利用するうえで、平壌から来た人間のほうが、けた違いに教育が行き届いており、使いこなせる才能を持ち合わせていた」

ハッカー育成の選抜システム

北朝鮮でネットにアクセスできる二番目のグループは、高度に管理された教育システムで学ぶ学生たちだ。厳しい監視のもとでのみ、彼らはウェブサイトの閲覧が許されている。この状況を目の当たりにした外国人教師は、学生がインターネットを図書館のように使っていると語っている。どのウェブサイトにアクセスし、どのような情報を取り出すのかを教師から指示されている。[23]命じられたように実行して、それでおしまい。リンクをクリックしてさらに閲覧しようとは考えない。そのような行動は教師によって即座に見とがめられ、電源が切られてしまう。何世代にもわたる監視と検閲の結果、私たちには当たり前と思える好奇心、若いからこそ抱く、生まれながらに備わる好奇心が学生たちから感じられない社会になってしまった。

二〇一三年の訪朝の際、ジャレッド・コーエンたちは、北朝鮮でもっとも権威があるとされる大学のひとつ、金日成総合大学の図書館を訪れたとき、この国の教育技術の指導体制を参観できると聞かされた。だが到着してみると、コーエンはまたしてもすべてが見かけ通りではないという予感に襲われた。「一台のコンピューターのほうに行ってみると、スクリーンには無数のコードが書かれている。『この学生はプログラムを書いているな』と思ったが、よく見るとマウスをただ上下に動かしているだけだった。置かれていた高性能コンピューター《ワークステーション》のなかには、その前に座ってただ操作しているふりをして、決まった作業を何度も繰り返しているような学生もいた。目の前にいる学生を見て、彼らが操作を装っていると断定できたのは、スクリーンに何が表示されていようが、それが何を意味しているのか彼らにはなにひとつわかっていないように見えたからだ」

またもや疑念に駆られたコーエンの心の声が、コンピューターを使って〝学生〟に何かをやらせてみるようにせっついた。学生の一人に、「ウィキペディア」でニューヨークの写真を検索するよう声をかけようとした。しかし、このような自由で気軽な交流を当局が許可してくれるとはとても思えない。まして、コーエンたちは厳重な監視のもとに置かれている。一般学生とのおしゃべりは許されておらず、いずれ北朝鮮の「サイバー部隊」に入るような者たちに近づくことはできなかった。

脱北者の話では、北朝鮮にはハッカーを採用するために充分に練り上げられたシステムが確立されているという。「そのようなシステムが必要なのは、先進国とは異なり、ハッカーが独学で技術を学び、ノートパソコンを使って自室でスキルを磨くという、ほかの国ではありきたりな文化がこの国にはないからだ」と元ジャーナリストで、「ノースコリア・テック」というサイトを運営するマーティン・ウィリアムズは言う。(24)「北朝鮮の一般家庭にはコンピューターはなく、ネットにもアクセスできないから独学は不可能だ。すべては学校というシステムを通じて行われている。小学生の時点で、まずその子供に数学の適性があるかを見極め、あるとされれば、ほかの生徒よりもコンピューターに触れる機会も多くなる。高校レベルになると、例年、プログラミングのコンテストが開催されている。コンテストは市、道、国のレベルで順次行われ、そうすることで選りすぐりの優秀な生徒が選べる。そして、そのなかから選ばれた優秀な生徒が専門大学へと行き、さらにある程度の数の学生が軍のハッキング養成校に進むことになる。最高水準の人材を見つけるシステムがあるのだ」

第2章で紹介した朴志賢を覚えているだろうか。北朝鮮を脱出してイギリスに渡り、その後、保守党の候補者となったあの女性だ。テクノロジーの才能に恵まれていた彼女の妹も同じ道をたどったが、一家の出身成分が「敵対階層」となったため、その道をはばまれてしまった。このような才能に恵まれた生徒には、一般的に二つの選択肢がある。核開発計画か、あるいは政府のハッキング・プロジェクトに携わるかだ。

プリシラ森内のような北朝鮮研究の専門家は、核開発とハッキングという二つの活動には類似点が認められると考えている。「北朝鮮の戦略は、非対称性の強みを生かす点にあります。西側諸国のはるかに強力な敵と拮抗する国力を発揮できるツールを見つけることです。弾道ミサイルと核開発は、非対称性を生かせるツールのひとつにほかなりません。この種の〝特大ホームラン《ムーンショット》〟で、西側の強国と対等であることができるのです。サイバー作戦計画も同一線上にあります。どちらかと言えばかぎられたリソースの投入ですが、並はずれたインパクトを相手に与えることが可能です」

もちろん、ジャレッド・コーエンもエリック・シュミットもこのような能力の片鱗を目にしていたわけではない。北朝鮮の不可視のハッカー軍団——その数約六〇〇〇名と見なす者もいる[25]——は、国外の訪問者の視線から遠く離れた場所で活動をしていた（公平を期すために言っておくなら、イギリスやアメリカをはじめ、各国の政府系ハッカーも覆いかくされた秘密のもとで活動しており、その点では北朝鮮と変わりはない）。

コーエンら一行が荷造りを終えて荒涼とした平壌をあとにした二〇一三年一月、北朝鮮のハッカーたちは、すでに攻撃の準備を始めていた。その攻撃は彼らの宿敵である韓国を、サイバー戦争という、かつてない危険な形態の戦争の実験場にするものだった。〈ダークソウル〉の日々が始まろうとしていた。

急速に向上する攻撃能力

北朝鮮が韓国を標的にしたサイバー攻撃は、二〇一三年の時点でそれ自体すでに目新しいものではなくなっていた。コーカサスからカシミールまで、世界の大半の紛争地域では、タブレット端末や携帯電話が日常生活の一部として普及するにしたがい、オンラインへの攻撃が増加していた。このようなサイバー攻撃は、敵国の攻撃に必死になっている国家にとって、単なる武器のひとつにすぎず、朝鮮半島も例外ではなかった。

攻撃の多くは「分散型サービス拒否攻撃」（DDoS《ディードス》攻撃）というもっとも基本的なパターンで行われていた。その仕組みは以下の通りだ。サイトを閲覧すると、その構成要素（画像やテキストなど）がサーバーと呼ばれるネット上のコンピューターに保存される。ブラウザ（クローム、ファイアフォックス、サファリなど）がネット経由でサーバーにメッセージを送信して画像やテキストを呼び出し、目の前にあるモニターにウェブサイトを表示しようとそれらを組み立てる。

サーバーは一定量のリクエストに対応できるように設定されているが、アクセスが集中しすぎると停止してサイトは利用できなくなる。これがＤＤｏＳ攻撃だ。この攻撃はデジタルの座り込みに例えられることもあり、一部の技術系セキュリティの専門家のあいだでは、ハッキングとしてほとんどカウントされていない。

北朝鮮のサイバー攻撃と疑われる事件のほとんどは、二〇一三年まで大半がこのような不正アクセスで、韓国の政府機関や大企業のウェブサイトがネットから切断されていた。時には嘲笑的なメッセージに書き換えられた例もあったが、ほとんどの場合、それらの不正アクセスは短時間にすぎず、サイトのサーバーは間もなく復旧していた。だが、二〇一三年三月の攻撃はまったく違っていた。この日の攻撃はいくつかのサイトをダウンさせるものではなく、それまで以上に組織化されており、攻撃者たちは、主要機関のコンピューター・ネットワークを内部から破壊できることを韓国に見せつけるために行っていた。

彼らが使っていたウイルスは、ハードディスクなどの記憶装置のマスターブートレコード（ＭＢＲ）と呼ばれる部分に攻撃をしかけるもので、ここを攻撃することはコンピューターの心臓を標的にするようなものである。コンピューターの電源を入れると、最初に何をすべきか、どこにＯＳ（たとえばマイクロソフトのウィンドウズなど）があるかをＭＢＲが指示し、それによってほかのすべての機能が動き出す。ＭＢＲを稼働させることは、暗い部屋に入ったときに電気のスイッチを入れるようなものだと言っていいだろう。そのＭＢＲをウイルスに感染させてしまえば、事実上、コンピューターは起動できなくなってしまう。ハッキングは野火のように広がった。二〇一三年三月二十日水曜日午後二時、韓国の二つの大手銀行と三つの大手テレビ局で合わせて三万二〇〇〇台のコンピューターがデジタルの闇に沈んでいった[26]。

銀行がシステムの復旧に難渋したため、ＡＴＭやオンラインバンキングのサービスは中断されていたが[27]、テレビ局はなんとか放送を続けていた。前出のソン・テクワンの場合、勤務するＹＴＮで放送を行っていた装置は、ウイルスに感染したコンピューターから切断されていたのを知った。それでも、システムを完全に復旧させるには何日もかかっている。

しかし、最終的にはこの攻撃から逃れることができ、ほとんどの人はそれほど混乱せずに通常の生活を取り戻した。生活も平常に戻った。韓国政府が攻撃の背後に北朝鮮がいると非難したときも、国民に与えた衝撃はかぎられていた。ソン・テクワンが指摘するように、このときの攻撃は別の一連の事件に関連しており、そちらのほうが差し迫っていると見なされていたからかもしれない。事件の数年前、軍事境界線の近くにある韓国の島をめぐって北と南のあいだで砲撃戦が勃発、四名の韓国人が死亡していた[28]［二〇一〇年十一月の延坪《ヨンピョン》島砲撃事件のこと］。

しかし、コンピューター・セキュリティの研究者は、二〇一三年三月のサイバー攻撃について懸念していた。戦術がなんの前触れもなく急速に向上しており、攻撃そのものも絶妙に調整されていた。

軍事の世界には、セキュリティの専門家が「五つのＤ」と呼ぶものがある。侵略者が敵に対して使える一連の戦略――「禁止」（Deny）、「妨害」（Disrupt）、「矮小化」（Degrade）、「攪乱」（Deceive）、「破壊」（Destroy）――の五つである[29]。二〇一三年の韓国を標的とした攻撃は、「五つのＤ」のいずれにおいてもまさしく頂点に達していた。もはやＤＤｏＳ攻撃のように、サイトが数時間利用できずにいらだつ程度の問題ではなくなっていた。被害を受けた機関の職員は真っ黒になったモニターの前で、困惑して座っているしかなかった。ウイルスに感染したコンピューターのソフトウェアは、一台一台入念に再構築しなくてはならなかった。

非対称性サイバー戦争

銀行やテレビ局の内部システムが攻撃されたのとまったく同時刻に、韓国の大手電気通信事業者のLGユープラスのウェブサイトも攻撃を受けていた。[30] サイトのトップページは、〈フーイズ・チーム が侵入〉というバナーと、赤い目をした奇っ怪なドクロの安っぽい画像に置き換えられていた。[31]〈フーイズ・チーム〉(Whois Team)を名乗るハッカー集団はそれまでに存在せず、この攻撃以降も確認されていない。

翌日、銀行とテレビ局を襲撃した犯人と名乗るメッセージがネットに現れた。そこにはこう書かれていた。「お元気かな。次のニュースを知らせることができてとてもうれしい。われわれ〈ニューロマンティック・サイバーアーミー・チーム〉(NewRomantic Cyber Army Team)は、〈#OPFuckKorea2003〉の検証を行った。すでに大量の個人情報を手にしている[32]」

＊訳註：ガイ・フォークス。一五七〇?～一六〇六年。イングランド生まれのカトリック教徒。当時迫害を受けていたカトリック教徒が計画した政府転覆未遂事件「火薬陰謀事件」の首謀者とされている。イギリスでは決行予定日の十一月五日は「ガイ・フォークスの日」とされている。反逆者の象徴とされ、「男」「奴」を意味する英語の「ガイ」は彼の名前に由来する。

〈ニューロマンティック・サイバーアーミー〉という名称についても聞いた者など誰もいなかった。

だが、襲撃が同時に発生したのは偶然とは思えない。二つのハッカー集団にはつながりがあるのだろうか。混乱に拍車をかけていたのは、この時期、〈アノニマス〉というハッカー集団がネット界隈で暴れまわっていたことだった。ガイ・フォークス*訳註の仮面をかぶった反逆者たちは、ＤＤｏＳ攻撃でネットを切断して、トップページを嘲笑的なメッセージで改竄することに喜びを感じていた。今回のＬＧユープラスへの攻撃も、もしかしたら〈アノニマス〉と無関係とは言えなかった。

だが、奇妙な名前を持つ二つのハッカー集団にはつながりがあるどころか、実はまったく同一の組織だったのである。その後の捜査で明らかにされるように、北朝鮮政府のハッキング部隊〈ラザルスグループ〉は、ネット上のこうした匿名の仮面に隠れ、この手口で何度も追っ手を出し抜いてきた。

しかし、この時点では、韓国の捜査当局もまだ手探りの状態だった。攻撃を解明し、背後に潜む人物を突き止めようと捜査を開始した結果、〈フーイズ・チーム〉と〈ニューロマンティック・サイバーアーミー〉のウイルスのコードに残されていた関連性が発見される。

韓国の情報機関もコードから別の手がかりを見つけていた。彼らが言うには、その手がかりは境界線の北にいる宿敵の存在をはっきり示していた。北朝鮮のＩＰアドレスだったのである。

ＩＰアドレスは、コンピューターがネットにつながる出入り口だ。コンピューターがオンライン上で自分を識別するために使う固有の番号で、ウェブサイトのサーバーは画像やテキストをどこに送信すればいいのかを知ることができる。国ごとに異なるＩＰアドレスのブロックが割り当てられているので、それを分析すれば、攻撃の発信源がどこか突き止める方法として利用できる。

もちろん、だからといって決定的な証拠になるというわけではない。ＩＰアドレスを変更したり、他人になりすましたりすることで、トラフィックを別の国から発信しているように見せかけることもできるからだ（仮想プライベートネットワーク〈VPN〉を使い、特定の地域でしか見られないテレビ番組を不正に視聴している人にはおなじみだろう）。

しかし、北朝鮮のIPアドレスを偽装するのは簡単ではない。たとえば、多くのVPNプロバイダーは、コンピューターのインターネット接続がどの国から来たように見せるかを選択することができる。だが、その選択肢のなかに北朝鮮は含まれていない。ほかの国であれば、インターネット接続を自国のコンピューター・ネットワークに転送しても問題はないかもしれないが、北朝鮮の偏執的で秘密主義的な政権はこうした考えを嫌がるだろう（その点では多くのVPNプロバイダーも変わらない）。

二〇一三年三月の事件を研究していたコンピューター・セキュリティの専門家も、これが国家による攻撃であることを裏づける証拠を次々に発見した。使用されたウイルスを追跡し、そのウイルスが事件前から――少なくとも二〇〇九年の時点から韓国国内に存在していた事実が明らかにされる。同じウイルスが、「軍事ネットワークの情報収集を目的とした高度な暗号化ネットワーク」の構築に使用されていたと研究者は指摘した。つまり、韓国の銀行やテレビ局をハッキングした攻撃者は、この国の軍隊についても嗅ぎまわっていたのだ。背筋が凍りついたのは、ハッカーたちは、二〇一三年に銀行やテレビ局に対して行ったのと同じ手口を使って、感染した軍のコンピューターのMBRを上書きし、不能にできた事実だった[33]。韓国軍をハッキングした者は、軍に大打撃を与える力を備えていたが、それを思いとどまっていた。おそらく、発見されるのを避けるためか、あるいは、そのような攻撃で解き放たれるリアルな世界への影響を恐れていたのかもしれない。

韓国に関するかぎり、北朝鮮に対する抗議はやむにやまれないものだった。さらに三カ月後の二〇一三年六月二十五日に〈ダークソウル〉と呼ばれる新たな攻撃が発生したことで、抗議はますます激しくなった。このときの攻撃では三月と同じハッキングツールが使用されていたが、前回ほど破壊的なものではなかった。DDoS攻撃に戻って、数十のウェブサイトをダウンさせるだけにとどまっていた。(34)

標的にされたサイトには政府の関連機関が含まれており、「青瓦台」と呼ばれる大統領官邸もあった［二〇二二年に大統領府は移転］。セキュリティの研究者にすれば、国家機関が狙われた事実は、攻撃は敵対国家の主導によることを示唆していた。日付もまた北朝鮮政府の犯行であることを裏づけていた。六月二十五日は朝鮮戦争の開戦六十三周年の記念日に当たっていたのだ。

韓国政府はこうした攻撃にいらだち、新たな脅威の解明に奮闘していたが、朝鮮半島以外では一連の事件はあまり騒がれなかった。おそらく、数十年におよぶ自他ともに認める紛争のなかで起きた、ハイテクを使った小競り合いにすぎないと考えられたのだろう。

しかし、その考えは誤っていた。

わずか数カ月で、ハッカーたちは韓国の銀行、テレビ局、政府機関への攻撃を成功させていた。金融もメディアも政府機関も近代の民主主義が機能するための基盤のひとつだ。ハッカーたちはキーボードの向こうから、この三つのシステムに深刻なダメージを与えていた。韓国は世界でもっとも進んだ社会を持つ国のひとつだだが、経済大国となった韓国を支えてきた技術そのものが逆手に取られていた。プリシラ森内が言っていた「非対称性サイバー戦争」という言葉を思い出してほしい。これが最前線の現状なのである。そして、〈ダークソウル〉という事件を、コンピューターを使ったオタクたちの遠い異国の小競り合いにすぎないと見誤っていた者にとっても、その最前線はますます身近に迫りつつあった。

人びとは〈フーイズ・チーム〉が書き残していたどぎつい緑色のメッセージにもっと注意を払うべきだったのかもしれない。ＬＧユープラスのサイトに侵入したあのハッカーたちだ。赤い目をしたドクロの下には次のような言葉が記されていた。

「これはわれわれの活動の始まりだ。われわれはすぐに戻ってくる」

第5章　ハリウッドをハックする

襲われたソニー・ピクチャーズ

多くの人にとって「ハリウッド」が意味するのは、アメリカの映画産業の中心地だということにつきるだろう。ロサンゼルスのどこかにある街で、その名前を記した白くて巨大なランドマークのすぐ下にあるという、漠然としたイメージを抱いているかもしれない。

しかし、厳密に言えば、ハリウッドはロサンゼルスの特定地区のひとつで、この街を象徴するハリウッドサインへはハイキングコースも用意されており、丘陵地の坂道を数時間かけて歩いていく。また、街中で映画が製作されているわけではなく、これまでもそうだったことはない。映画の製作はロサンゼルス市内に点在する各地区でも行われており、なかでもハリウッドの南西数マイルに位置するカルバーシティは映画製作の中心地としてよく知られている。この街にはかつてMGM（メトロ・ゴールドウィン・メイヤー）の撮影所があり、『風と共に去りぬ』や『ベン・ハー』などの古典映画の名作が作られた。

MGM本体はとっくの昔に移転したが、スタジオはまだ残っており、巨大な白い入り口のゲートの向こうには、〝金ピカの街《ティンセルタウン》〟ハリウッドの活気を保つためにベストを尽くしている場所がある。ゲートのすぐそばには『オズの魔法使い』にちなんだ巨大な虹のアーチが弧を描いてそびえており、映画をモチーフにした遊園地の乗り物もある。スタジオでは現在でもテレビ番組が制作されており、有名人をひと目見ようとする観光客のために一般ツアーも用意されている。

しかし、きらびやかでうっとりする華やかさを別にすれば、働く現場としてはかつてのMGMの敷地もほかのスタジオと変わりはない。現在、ここにはソニー・ピクチャーズエンタテインメントの本社が置かれている。何千名もの社員が働き、現代の巨大メディアを動かす、あらゆるバックオフィス機能をここで担っている。そうしたオフィスで働く社員の一人、セリーナ・シャバネットは、話好きで社交的な女性だ。さまざまな映画会社で働いたあと、二〇一四年にソニーに入社した。彼女に言わせると、自分の仕事は華やかさとはほど遠い（「実際はパーテーションで区切られたオフィスにいるだけで、コンピューターとスプレッドシートの作業ばかり」と話していた）。とはいえ、ここで働く役得はかなり魅力的だ。「休憩時間や昼休みには、散歩がてら番組作りを見に行けるの。私はとても社交的なので、みんなに話しかけて撮影現場に入れてって頼める。『ジェパディ！』*訳註のセットにも入ったこともある。『ダメ』と言われるまで、いろんなところに入っていくの」

シャバネットはそんなアクセスし放題の生活を楽しんでいたが、それもある日までだった。二〇一四年十一月二十四日月曜日、何か奇妙なことが起きていた。セキュリティバッジが作動しなくなってしまったのだ。オフィスに入るには、警備員のチェックを受けなければならなくなった。大したこと

*訳註：「ジェパディ！」はアメリカのクイズ番組。一九六四年から司会者と監督を替えながら放送されてきた。ソニー・ピクチャーズエンタテインメントの子会社ソニー・ピクチャーズテレビジョンが制作を担当している。この番組をもとに日本では「クイズグランプリ」が放送された。

ではないと思われるかもしれないが、ソニー・ピクチャーズの社内環境はハイテクで成り立っているため、彼女にすればすぐに頭痛の種になった。「ソニーではあらゆるものがネットワーク化されているので、どこに行くにもIDバッジが鍵なの。駐車場に入るときもバッジをスキャンしなければならないし、建物に入るときもそう。スキャンしなければオフィスにも入れない」

シャバネットは間もなく、影響を受けているのは自分一人ではないこと、作動しないのはバッジだけではない事実に気づいた。「どのコンピューターも起動できなくなっていた。オフィスにいた全員がたがいに話し合って、何が起こっているのかと首をひねっていたわ」。シャバネットや彼女の同僚は気づいていなかったが、ソニー・ピクチャーズは緻密に計算されたデジタル攻撃のターゲットになっていたのだ。攻撃の目的はただひとつ、ソニー・ピクチャーズの消滅にほかならなかった。

「これは始まりにすぎない」

シャバネットのバッジが使えなくなる数日前のことである。ソニー・ピクチャーズの上級幹部は「フランク・デイビッド」と名乗る人物からとても奇妙なメールを受け取っていた。「ソニー・ピクチャーズのせいで、きわめて多大な損害を被った。それに対する補償、つまり金銭的な補償をわれわれは望んでいる。損害賠償に応じなければ、ソニー・ピクチャーズ全体が攻撃にさらされることになる。われわれについてはよく知っているはずだ。長くは待たない。懸命な判断をしたほうがいいだろう」(1)

怪しい英語で書かれた漠然とした脅迫文で、典型的なスパムメールのようにも思えた。だが、メールはまぎれもない本物で、送りつけた何者かは言葉通りにソニー・ピクチャーズに大ダメージを与えようとしていた。ソニーの役員も気づかないうちに、メールに添付されていたウイルスがネットワークに一気に拡散していき、コンピューターを次々に感染させていった。最終的に狙われたのがハードディスクのMBRで、ウイルスによって次々に破壊されていく(2)。

三日後、ソニーの社員がコンピューターにログインすると、異様な光景が目に飛び込んできた。爪と牙とギラつかせた目をした血まみれのドクロの画像で、まるでホラー映画のようだった。そんな画像が社員たちのコンピューターのモニターを次から次に支配していった。画像のかたわらには「#GOPがハック」というメッセージが書き込まれていた。〈GOP〉は〈ガーディアンズ・オブ・ピース〉(Guardians of Peace)の略称だとのちに判明するが、この時点ではまだ正体不明のハッカー集団だった。

以上の話に聞き覚えのある点があるはずだ。ドクロの画像、MBRに損傷を与える《ワイパー》*訳註という ウイルス、聞いたこともないハッカー集団からの犯行声明である。前年に起きていた〈ダークソウル〉を目撃していた者なら、犯行手口はすぐにピンときたにちがいない。しかし、コンピューター・セキュリティの専門家や朝鮮半島の紛争を専門に研究する者以外で、本腰を入れて〈ダークソウル〉を調べた者はほとんどいない。そのため、ソニー・ピクチャーズが攻撃されたとき、〈ダークソウル〉との関連性はすぐにはわからなかった。

攻撃はこれだけにとどまらず、ハッカーはそれまでになかった恐ろしい手口を採用していた。その

＊訳註：ワイパーとはマルウェア（悪質コード）の一種で、感染したコンピューターのハードディスクドライブのデータを完全に消去し、使用不能にする目的で使われる。ロシアがウクライナに侵攻した二〇二二年二月二十四日未明、ウクライナの政府機関のウェブサイトも《ワイパー》によってダウンしたと報じられている。

結果、ソニー・ピクチャーズという企業はもちろん、社員たちにも深刻な影響がおよんでしまい、シャバネットもその例外ではなかった。ドクロの下には毒々しい緑色の文字で次のように書かれたメッセージがあった（このときのドクロには六発の銃声と悲鳴という効果音がついていた）。「すでに警告は発したが、これは始まりにすぎない。要求が満たされるまでわれわれは攻撃を続ける。社外秘と極秘事項が記された内部資料を残らず入手した。要求にしたがわない場合、そのデータを世界中に公開する」(3)

その〝データ〟は五つのリンクで構成されていた。クリックしてみると、ソニー・ピクチャーズの役員たちが凍りつくような画像が表示された。フォルダのスクリーンショットを見ると、信じられないほど機密性の高い情報が入っているのは明らかだ。役員たちの給料、社内の機密メール、部内者の醜聞など、どんな企業も表には出したくない、内輪の恥ずかしい話が詰まったフォルダのスクリーンショットだった。まだ公開されていない映画の詳細な情報が入っているフォルダもある。スクリーンショットだったので、フォルダ自体はダウンロードして中身は確認できなかったが、送信者が誰であれ、その意図ははっきりしていた。ソニー・ピクチャーズに関するもっともプライベートなデータを大量に保有しており、それをリークすると脅しているのだ。

スタジオにいたスタッフらには、ドクロの画像と安っぽい効果音、大げさな脅し文句がある種の悪ふざけに思えたかもしれない。しかし、攻撃はきわめて深刻だった。ソニー・ピクチャーズを破壊する戦いの口火がこうして切られた。

最終的にこの戦いでソニーのグローバル・デジタル・ネットワークの半分が破壊され、ハリウッドの有力者たちの何人かが職を失う苦境におちいるばかりか、国際的なデジタル侵入事件の引き金とさえなってしまう。
だが、驚いてしまうのは、一連の襲撃の発端となったのは一本のおふざけ映画だった。

金正恩が殺されるコメディ映画

ダン・スターリングは、コメディを得意とするアメリカの脚本家で、フォックス放送のテレビアニメ『キング・オブ・ヒル』から政治風刺のテレビ番組『ザ・デイリー・ショー』まで、物議を醸したいくつかの番組制作に携わってきた。彼の人柄については、パーティーから追い出されるとわかっていても、誰もが思っていることはかならず口にするような人物を思い浮かべるといいだろう。「自分の家系は、横紙破りの者や作家、活動家を代々輩出してきた」とスターリング本人も話している。「一番興味があるのは政治がらみのことで、それも挑発的でなければちっともおもしろくない」。そして、二〇一四年に彼の人生を根底から覆すことになる人物もそうした特徴を備えていた。

スターリングは、それまで俳優兼脚本家セス・ローゲンと脚本家兼製作のエヴァン・ゴールドバーグとよくいっしょに仕事をしていた。『無ケーカクの命中男／ノックトアップ』や『ソーセージ・パーティー』などの一連のコメディ映画も彼らが手がけてきた作品だ。二〇〇〇年代後半、ローゲンとゴールドバーグがあるアイデアを携えて、スターリングのもとにやってきたという。「オサマ・ビン・ラディンがまだ生きていたころだったと思う。簡単な筋書き《ログライン》は、『もしあなたがジャーナリストで、オサマ・ビン・ラディンが自分のインタビューを受けてくれたらどうする？　インタビュー中にオサマ・ビン・ラディンの命を奪えるかどうか？』というものだった」

スターリングはこのアイデアを気に入ったが、すでにサシャ・バロン・コーエン主演の『ディクテーター：身元不明でニューヨーク』という中東の架空の独裁国の指導者を主人公にしたコメディ映画の製作が進められていることは知っていた。

「そこで、いろいろアイデアを出し合うことにした。ビン・ラディンでなければ、誰が主人公にふさわしいかだ。その後、ある友人と酒を飲んだ。そいつが言うには『だったら、北朝鮮で決まりだな』。私も『それだ、それ。北朝鮮で決まりだ』と膝を打った」

しかし、スターリングの話では、当初、彼は北朝鮮の指導者の実名を使うのは思いとどまったと言う。「似たような名前をでっちあげ、明らかに金正恩だとわかるようにした。だが、ずっとあとになって、トレーラーハウスにいたとき、セスやエヴァン、それからこの映画の幹部の何人から、『ちょっと試してみたいことがある。役名を実名の〝金正恩〟に替えてやってみたらどうだろう』と言われた。聞いた瞬間、『もちろん、そのほうがはるかにエッジは効いている』と思った。実在の人物を攻撃したほうが、より挑発的でより刺激的だ。なぜ、そうしたのかって？　そのころ世界でもっとも卑劣な人間の一人を愚弄することは、あまり議論の的になるとは思えなかったからだ」

映画化の話は進んでいった。スターリングの話では、撮影が始まる直前、ソニー・ピクチャーズ（同社はこの時点で映画化権を買っていた）が実名で金正恩を描くのは「挑発的すぎる」と考え始めるようになっていたという。ローゲンとゴールドバーグは多いに乗り気で、「二人は後押しをしてくれた」。こうして、『ザ・インタビュー』と呼ばれる映画のプロットが徐々に具体化されていった。

俳優のジェームズ・フランコが浅はかでナルシストなトーク番組の司会者役を担当し、セス・ローゲンがプロデューサー役を演じた。筋書きでは朝鮮労働党第一書記が取り立てて内容のない彼らのトークショーの大ファンであることを知って、二人は独裁者の番組出演交渉になんとか成功する。韓国系アメリカ人俳優のランドール・パークが演じる金正恩は、インタビューのために北朝鮮にやってきたアメリカ人ジャーナリストに圧倒されてはにかむ、弱々しい男として描かれている。二人がこれから北朝鮮に向かおうとするころ、ＣＩＡのエージェントが現れ、平壌滞在中の金正恩を暗殺する計画に参加するよう勧誘される。

すったもんだのドタバタ劇のすえ、二人はついに任務を完了。ケイティ・ペリーの楽曲「ファイアーワーク」が流れるなか、第一書記は火だるまとなって死んでいく。この映画のＣＧＩチームは血なまぐさいディテールを淡々としたスローモーションで描き、実に見事な出来映えである。

現職の国家元首の殺害を描いたフィクション映画はきわめてまれだが、この映画はそうした映画の一本であり[4]、ソニー・ピクチャーズとしては物議を醸すことを承知していた。金正恩の国際的地位が危ういとはいえ、その死を描くことは必要以上に挑発的だと見る向きもいるかもしれない。そこで、北朝鮮研究の専門家で、アメリカの老舗シンクタンクのランド研究所の上席防衛分析官ブルース・ベネットにアドバイスを依頼している。なぜソニーがあのような終わり方にしたのか、ベネットはただちに理解した。「彼らは映画を通して（金正恩を）信じられないほどの極悪人として描いていた。見終ってから、『そうだ、彼を生かしておこう。すばらしい人物だ。彼を支持しよう』などとは金輪際言いそうにはない映画だ。エンディングはプロットにそった自然な流れだった」

「ソニーに対して、北朝鮮が何億ドルもの被害を出す攻撃をするかと予想していたかと？　そうは考えなかった。ソニーへのハッキングについて？　たぶんあるかもしれないと思った」

ベネットは地政学というさらに大きな観点からこの映画を見ていた。政権交代という、はるかに大きな全体像だ。

「この映画には、韓国と北朝鮮の双方の出来事に影響を与える価値があると私が思ったか？　その質問には、この映画がもたらす効果が、そのひとつになるかもしれないと期待していたと答えておこう。たしかに、北朝鮮の多くの人びとは、この映画のエンディングには激怒するしかないだろう。しかし、この映画を見ることができる者がいたら、『われわれはこんな男を必要としていない。排除することができないだろうか』と思うかもしれない。だから私としては決めかねていた。リスクはあるが、北朝鮮とのあいだで起こるかもしれない情報戦において、この映画は役立つかもしれない」

システム侵入の波状攻撃

このようなアドバイスもあったので、ソニー・ピクチャーズは結末をトーンダウンさせたうえで、映画の公開に踏み切った。二〇一四年夏に公開キャンペーンが始まり、予告編が放映される。映画の筋書きやドラマ化された金正恩の運命について、視聴者に疑問を残す点はまったくなかった。それだけに、この映画を知った北朝鮮政府は予想通り激しく反発する。二〇一四年六月に国連に送られた書簡において、北朝鮮の大使は次のように訴えている。「主権国家の現職の元首を暗殺するような映画の製作と配給を許可することは、戦争行為であると同時に、テロリズムに関するもっとも露骨な支援と見なすべきである。アメリカの政府当局は、上記の映画の製作と配給を禁止する適切な措置をただちに講じなくてはならない。さもなければ、テロリズムを奨励して支援する行為に全責任を負うことになるだろう(5)」

アメリカは何年も前から北朝鮮をテロ支援国家として認定してきた。今度は立場を逆転させて、北朝鮮の大使が宿敵に対して同じ非難を展開しようとしていた。

映画の上映に懸念を抱いていたのは、平壌の金正恩政権だけではなかった。「ラザルス・ハイスト」の共同司会ジャン・H・リーは、AP通信社の仕事のために北朝鮮で取材していたときに映画の話を知った。言論の自由に容赦ない敵意を向ける社会で、外国人ジャーナリストはつねに監視と疑惑にさらされながら、苦しい戦いを強いられている。映画のせいで自分の立場がいっそう悪くなるかもしれないと彼女は心配した。

「私が最初に考えたのは、『やれやれ。まさにいまの私にぴったりの映画。またもやアメリカのジャーナリストは、CIAのために働いているにちがいないという印象を裏づける映画だ』。平壌にいるときにスパイの疑惑を受けたら、決してその疑いを軽んじてはいけない。この国で働く外国人にとって、そうした疑惑はリスクそのもの、スパイ容疑で告発される確率はきわめて高いの。結局のところ、私はアメリカを宿敵と見なしている国で働くアメリカ人だから」

映画公開の数年前、アメリカ人の二名のジャーナリストが詳細不明の「敵対行為」で北朝鮮政府に告発され、十二年の重労働を言い渡されるという事件があった。数カ月におよぶ交渉と当時の大統領ビル・クリントンの訪朝で、二人ともなんとか解放させることができた[6]。

だが、ソニー・ピクチャーズは明らかにリーのようには考えておらず、映画の公開を強行した。その一方で、ハッカーたちはその決断を後悔させる計画を立てていた。

『ザ・インタビュー』のキャンペーンが本格化するにつれ、出演俳優や撮影クルーのなかには公開しているフェイスブックに奇妙なメッセージを目にする者が現れるようになった。メッセージには「超有名人のヌード写真満載！」と書かれており、アンドソン・デイビッドと名乗る人物が投稿していた。当時、このメッセージはそれほど奇妙とは思われなかったのかもしれない。その数カ月前、「ファプニング」*訳註として知られる著名人のプライベート写真の大量流出事件が起きていたからである。アンドソン・デイビッドのリンク先から素材をダウンロードした者は、実際に女性モデルの写真が入ったスクリーンセーバーを受け取ったものの、知らないうちにウイルスにも感染していた(7)。

映画のキャストやクルーにはこの策略にだまされた者はいなかったようだが、ハッカーにとってそれは問題ではなかった。フェイスブックに投稿された偽のメッセージは、ソニー・ピクチャーズのシステムに侵入しようと躍起になっている犯人が共同で行っていた、多方面作戦のひとつにすぎなかったからである。

二〇一四年十月十五日、ソニー・ピクチャーズの社員もクリスティーナ・カーステンと名乗る女性からメールを受け取っていた。丁重な言葉遣いで書かれたメールで、「貴社のご採用の件について」という表題が添えられていた。本文には「私は南カリフォルニア大学の二年生で、デジタル作品のグラフィックデザインにとても興味があります」と書かれており、ソニー・ピクチャーズに連絡を取るよう勧めてくれた人物の名前も記されていた。メールには、彼女の履歴書と作品がダウンロードできるリンクが貼られていた(8)。

ただ、このメールがなぜこのタイミングで送られてきたのかはいまもって不明だ。というのも、ハッカーはすでに数週間前の時点でソニー・ピクチャーズのシステムに侵入していたからである。九月二十五日、ネイサン・ゴンザレスと名乗る人物がソニー・ピクチャーズの社員にメッセージを送ってよこし、そのメールには広告キャンペーン用のビデオファイルをダウンロードするリンクのようなものが貼ってあった。このリンク先にもやはりウイルスが仕込まれていた。そして、ハッカーは望みを果たした。社員の誰かがそのファイルをダウンロードして、心ならずも悪意のあるソフトウェアをインストールしてしまったのだ。

ハッカーたちはようやくソニー・ピクチャーズのコンピューター・ネットワークに侵入することができた。さらに彼らは何週間もかけ、発見されないようにコンピューターからコンピューターへと用心深く移動していき、データを盗んだり、さらにウイルスを広げたりして、大詰めを迎える準備を着々と進めた。そして、二〇一四年十一月二十四日、ついにハンマーを振り下ろしたのである。

未公開映画作品を流出させる

『ハリウッド・レポーター』は映画やテレビなどのエンターテインメント業界の最新動向を扱っている雑誌で、タチアナ・シーゲルは同誌の映画部門の編集長を務めている。重要なニュースはもれなくカバーし、数多くのスターにインタビューしてきた。二〇一四年十一月下旬、彼女はちょっとした息抜きを楽しみにしていた。その日は感謝祭で、多くのアメリカ人と同じように、休暇のためにオフィスを離れていた。そのとき、電話が鳴った。MGMの旧スタジオで何か大変なことが起きているという報告だった。「何がなんだかさっぱりわからなかった」とシーゲルは当時を振り返る。

ハッカーがサイバー攻撃の引き金を引いたのだ。二カ月のあいだネットワークに潜んでいたウイルス

＊訳註：ファプニングは二〇一四年、一〇〇名以上におよぶセレブ（ほとんどが女性）のヌード写真を含むプライベート写真がアイクラウドから盗み出され、画像掲示板サイトで公開された事件。「ファプニング」は「自慰」を意味するネットスラングの〈ファプ〉（fap）と映画『ザ・ハプニング』を組み合わせたもので、「セレブゲート事件」とも言われる。

スで、ソニー・ピクチャーズのコンピューター・システムはデジタルの瓦礫と化していた。感染の爆発を抑え込むため、八〇〇〇台におよぶコンピューターをネットワークから遮断しなければならなかった。[9]だが、〝爆発半径〟は驚くほど広範囲におよび、被害は端末だけにとどまらなかった。「電話まで通じなかった。スタジオの敷地には『コーヒービーン』というカフェがあったけど、ハッキングから六週間経ってもクレジットカードが使えなかった」とシーゲルは言う。捜査に近い関係者から聞いた話では、「ソニーの社員は給与の小切手を手渡しで受け取るため、駐車場で行列を作って並んでいた。財務システムへの影響も相当ひどかった[10]」という。

シーゲルは即座に休暇を返上した。襲撃の全容を把握しようと、ハッキングに関する新聞記事を切り抜いていたが、記事はやがて机の上に山積みになったことを覚えている。

その後の驚くような展開で、事態はソニー・ピクチャーズにとってますます悪い方向へと進んでいった。

襲撃の発端となるフランク・デイビットから送られてきたメールで、ハッカーたちは金を要求していたが結局、何も受け取ることはできなかった。だが、襲撃から二日後の十一月二十六日、ソニー・ピクチャーズエンタテインメントの少なくとも四名の上級役員のもとに、次のような内容のメールが届く。「われわれがデータの公開に踏み切るのは、ソニー・ピクチャーズが要求を拒んだせいだ（略）。これでまちがいなくお前たちも終わりだ。見境のないソニー・ピクチャーズを呪って滅茶苦茶にしてやる[11]」

荒っぽい言葉遣いの、度を超した脅し文句に聞こえるかもしれないが、またしても悪びれることなく、ハッカーは最後まで徹底的に攻撃をやり通した。

〈GOP〉のボスだ。先日、ソニー・ピクチャーズの『アニー』『フューリー』『アリスのままで』をウェブに公開したとお伝えした。
ネットで検索すれば、どの映画も簡単に見られる。
今度はソニー・ピクチャーズのデータを公開する。データ容量は100テラバイトで収まる。

二〇一四年十一月二十九日、こんなメールが届いた。このメールが奇妙だったのは、アメリカ国内のさまざまなレポーターたちの受信トレイに届きはじめた点だった。ハッカーたちは次に、サーバーから盗み出したデータへのリンクを貼ったメールをジャーナリストに向けて匿名で送りつけ、それについて記事を書くようにけしかけていた。

シーゲルも彼らのメーリングリストに含まれていた一人だ。[12] 当然のことながら、彼女も警戒は怠らなかった。「最初に連絡が来て、おもしろい情報があると言われたけど、ハッキングされた情報を見るにはリンクをクリックする必要があった。私はそのメールを社内のシステム部門に転送して、『最初に安全と言ってくれなければ、このリンクは決してクリックしない』と伝えた」

システム部門から「OK」の返事をもらったシーゲルは、リンクをクリックした。そして、その内容に唖然としていた。「文字通り、『嘘でしょう』と声に出したくなる瞬間だった。これは彼らが盗み出したものなんだ。それからさらに八日がたって、公表されていく内容は日を追ってますます過激になっていった」と言う。

ソニー・ピクチャーズのネットワークに二カ月潜んでいたあいだ、ハッカーたちは推定三八〇〇万の同社のファイルを盗み出していた。さらにファイルを八つのブロック《チャンク》に区切り、一定の間隔でメディア（それから世間）に公開する作業を進めた。(13) こうした段取りからうかがえるのは、途方もない彼らの読みの深さだった。映画上映に対する反広報活動は、よく練られた計画に基づいた一斉攻撃だったのである。

さらされる何万通もの個人メール

ソニー・ピクチャーズに対するハッキングの物語は、まず、リメイク版の『アニー』やブラッド・ピット主演の『フューリー』など、未公開映画の流出で始まった。ソニー・ピクチャーズがハッキングされている事実が世間にも知られるようになると、一件は脅迫メールで四苦八苦している数名のスタジオ幹部だけの話ではもはやなくなっていた。しかも、この物語には有名人も絡んでくるし、不正に公開された映画を見るチャンスもある。

次にハッカーたちは、ソニー・ピクチャーズの内部データのリークを始めた。役員の給与やショービジネスに関する契約書などが暴露され、一部のジャーナリストはまちがいなく生唾を吞んでいたはずである。「大量の企業情報が次々に暴露されていった。スタジオの情報、俳優に支払っているギャラ、世間の目に触れれば本当にダメージを負うような情報ばかりだった」とシーゲルは言う。

さらに、破滅的な見出しの垂れ流しが始まる。「ハッキングされた文書で明らかになったハリウッドのスタジオの驚くべき女性差別と人種差別」もそうした見出しのひとつだった。(14) 記事に添えられていた署名にはケビン・ルースとある。シーゲルと同じように、彼もハッカーからメールを受け取ったジャーナリストの一人だった。(15) 当時、ルースは「フュージョン・ネット」というウェブサイトの編集長だった。はじめて聞くサイト名かもしれない。たしかに決して大きなサイトではないが、ほかでは取り上げられない魅力的なストーリーに焦点を当て、鋭く、しかも説得力のある報道を得意にしてきた。ハッカーが接触してきたほかのメディアもその点では同じだった。「ゴーカー」「バズフィード」「ザ・ヴァージ」など、そしてある程度は『ハリウッド・レポーター』にも言えることだが、これらのメディアは最大手ではないものの、自社の読者をよく理解しており、スクープにも飢えていた。[16]

ハッカーたちは、メディアのこうした状況についても精通しているようだった。小規模なメディアが報じたこと、ソニー・ピクチャーズがハッキングされた話は、間もなく新聞の第一面や主要なテレビ局の番組でも取り上げられるようになっていく。ハリウッドの華やかさと、秘密めいたコンピューター犯罪には抗しがたい魅力があることが証明された。

公正を期すために言っておくなら、取材する側にもハッカーから盗まれたデータを直接受け取ることには不安があった。シーゲルが言うように、「自分がつねづね取材している業界に大ダメージを与えるような真似をしている連中とやり取りしているのだ。ハッカーの取材をしていると、犯罪計画や犯罪者の言いなりになっているようで、なんとも奇妙な立場に置かれていた。本当にいごこちが悪かった」

しかし、あまり慎重には考えない者もいた。「ゴーカー」の記事に書かれていた「この機会にソニーのサイバー空間にたまっていたゴミを徹底的に掘り起こす[17]」というコメントにそれは集約されているだろう。

ハッカーの狙いは、ネガティブな見出しを大量に生み出すことでソニー・ピクチャーズにダメージを与えようというだけではなかった。その矛先は個人にも向けられようとしていた。メディアと世間の注目を集めた〈ガーディアンズ・オブ・ピース〉は、今度はハリウッドでもっともパワフルな二名の人物の社会的破滅計画に着手した。

盗まれたデータのなかには、社員がやり取りした何千何万通というメールが含まれていた。会社に関するありとあらゆるゴシップ、ありとあらゆる心ないコメント、そして下品を極めたありとあらゆるジョークなど、それらのすべてがハッカーの手に渡っていたのだ。そのなかには、大半の上級役員のメールも含まれていた。

十二月八日、ハッカーはハリウッドでも屈指の大物の一人で、ソニー・ピクチャーズの共同会長エイミー・ベス・パスカルのメール五〇〇〇通をリークした。ソニーを追いかけていたジャーナリストにすれば、まさに〝宝の山〟にほかならなかった。大半の人たち同様、彼女もメールを介したコミュニケーションはさかんに行っていたので、その一言一句が吟味された。マスコミがゴシップを掘り当てるまでに時間はかからなかった。女優のアンジェリーナ・ジョリーを評して、「たいした才能もないくせに、甘やかされている小娘」と非難するやり取りにパスカルがかかわっていた。また、『それでも夜は明ける』『大統領の執事の涙』などのアフリカ系アメリカ人を主人公にした映画について、当時、大統領だったバラク・オバマが気に入りそうな映画だと言ってからかっていた(18)。

何カ月にもわたり、パスカルはますます世間の脚光を浴びることになり、そのたびにダメージを最小限にしようと抗ってきた。ハッカーたちは彼女が表舞台に引っ張り出されるのを見守っていた。しかけた罠がパスカルにとって致命的になるのを彼らは知り抜いていた。十二月八月、メールがリークされたその日、パスカルはついに罠に突き落とされていたのだ。

ハッカーは、ますます熱を込めて任務に取り組み、近々公開するデータについて大げさに宣伝するようになっていた。スカルとともに共同会長を務め、この会社の最高経営責任者（CEO）でもあるマイケル・リントンのメールを残らず入手し、彼のもっともプライベートな通信内容を含むメールを「クリスマスプレゼント」としてリークすることを嬉々として約束していた。[19]

一方、『ザ・インタビュー』の脚本を手がけたダン・スターリングは、一連の出来事を呆然としながら見ていた。「こんなことに巻き込まれてしまった有名人や上層部の人たちについて、とても気の毒に思っていた。この映画をずっと支えてきてくれたソニーの役員たちは、とてつもない非難を浴びることになってしまった。そして、私にとってもそれが大きな負い目になりつつあった」とスターリングは話していた。

「悪評も評判のうち」という古い諺があるが、それにも限度があることをスターリングは思い知らされた。「誰だって自分のはじめての映画が噂になれば期待もするし、あれこれ気をもむものだが、ある時点からそんな気持ちではなく、うしろめたさと責任を感じ始めるようになった」と言う。

しかし、こうした騒動のあいだも、ソニー・ピクチャーズとしては二〇一四年のクリスマスに映画の公開に踏み切る考えでいた。[20]論争をよそに、映画の公開は既定路線を走っているように見えた。だから、プレミア試写会の夜、スターリングはしゃれたブルーのスーツとパリッとした白いシャツを着て、ロサンゼルスのユナイテッド・アーティスツ・シアターに向かった。様子は期待したようなものとはいささか違っていた。「むしろ気が滅入ってしまうイベントだった。試写会に向かう途中、何人かの友人からメールがあり、パブリシティ担当者から『爆弾で吹き飛ばされるかもしれないから行くなと言われた』と連絡してきた。ソニーの重役たちが座っている席のほうを見たら、一人どころかみんながっかりしていた。（略）気落ちするような光景だったよ」

「本当に北朝鮮か」という人たち

それでも、この騒動をなんとか乗り越え、映画は成功するかもしれないという自信を感じ始めていた者もいなくはなかった。ベン・ウェイスブレンは製作総指揮者の一人として、製作費の調達に貢献した。試写会は非常に望みが持てるものだったとウェイスブレンは言う。「スコアは（二〇一四年前半に公開したアクションコメディの）『22ジャンプストリート』よりも高く、しかもこの映画は国内興行収入二億ドルを達成していた」

しかし、プレミア上映からわずか五日後、興行成績の夢は打ち砕かれる。十二月十六日、ソニー・ピクチャーズを攻撃するハッカーは、ネットに身も凍るような新しいメッセージを公開した。「警告。試写会を含め、われわれは『ザ・インタビュー』が上映されるその時間、その場所で、恐怖のなかに楽しみを求める者たちが、いかにつらい運命をたどることになるのかをはっきり教えてやることにする（略）。二〇〇一年九月十一日を忘れてはならない。その時間に、そのような場所には近づかないほうが身のためだろう（自宅がそうした場所の近くにあるなら、離れていたほうがいい）」[21]

なんの前触れもなしにこの問題は、破壊されたコンピューターや失墜した名声の問題ではなくなっていた。『ザ・インタビュー』は身体に物理的な危害をもたらすかもしれない映画になっていた。関係者にはトラウマになるような話だった。

ソニー・ピクチャーズは抜きがたいジレンマにおちいっていた。上映を中止すれば、独裁者の要求に直面して自己検閲に屈したと非難されるかもしれない。それとも、このまま上映に踏み切った場合、暴力沙汰を招いてしまうのだろうか？　結局、大手映画館チェーンが上映を拒否したため、ソニー・ピクチャーズは手を引かざるを得なかった。[22]

しこりとなっていたのは、その数年前に起きた『ダークナイト ライジング』の真夜中のプレミア上映会で起きた銃の乱射事件だった。十二名が死亡、数十人が負傷している。「映画館側としては、『銃乱射事件が起きるからもう映画は観に行けない』と言われたくはなかった」とウェイスブレンは言う。彼にも上映を中止する理由は理解できたが、それでも匿名のハッカーがメディアを追い込んで妥協させるような事態を招くことに対しては、どうしようもないやりきれなさが残っていた。製作会社にかけられた圧力が映画館への圧力になり、それが配給元のソニー・ピクチャーズへの圧力となっていく。「恐怖の連鎖反応を目の当たりにすれば、その波及効果は自由な社会では大きな懸念になるはずだ」とウェイスブレンは言う。

しかし、規模はかぎられたが、国内の一部の映画館で上映され、それからオンラインでもリリースされると、ネットでは論争が起きて『ザ・インタビュー』の作品性に注目が集まる。興行的には最初の四日間で一五〇〇万ドルを達成していた。図らずもこの金額はハッカー被害の修復のため、ソニー・ピクチャーズが当初充当した金額と一致していた。(23)

一方、攻撃の背後には誰がいるのかという疑惑が渦巻き、すでに北朝鮮に疑いの目が向けられていた。〈ダークソウル〉との手口の類似性に加え、ハッキングが公表された当初から、一部のメディアは、『ザ・インタビュー』で金正恩を揶揄する描写に言及し、北朝鮮が報復のために襲撃したのではないかと推測していた。(24) 北朝鮮はこの件との関係を否定している。報道官を通じ、北朝鮮政府の見解として、これは「アメリカ帝国主義に終止符を打つために尽力している北朝鮮の支持者とシンパの正義の行い」かもしれないと示唆した。また、証拠がかぎられていることから、攻撃を平壊のせいにすることに疑念を抱いていた者も少なくはなかった。映画の出演者の一人である脚本家のセス・ローゲンもそうした一人だ。捜査当局もこの時点では、実行犯の特定を裏づけるような決定的な詳細はほとんど明らかにしていない。

北朝鮮の関与を疑問視するもっともな理由はそれだけではない。ハッキングが映画に対する復讐だとしたら、なぜ〈ガーディアンズ・オブ・ピース〉は当初からこの映画について触れなかったのか？彼らがこの映画について触れたのは、ジャーナリストが言及してから数週間後のことだった。さらに言うなら、なぜ彼らは当初、ソニー・ピクチャーズに金銭を要求したのだろう？（北朝鮮は貧しいが、映画スタジオの重役を脅迫しなくてはならないほど切羽詰まってはいない）。そして、なぜ北朝鮮は突然、ソニー・ピクチャーズの共同会長の私的なメールをリークすることに興味を持ったのか？ そして何より、二〇一四年当時、ほとんどの人間（政府や情報機関の関係者も含め）は、北朝鮮はテクノロジーの分野で後進国だと認識していた。そのような国が、はたしてこれだけ入念に計画されたサイバー攻撃を行えるのだろうか？

しかし、これらの疑問に関しては当面後回しにしておかなければならない。なぜなら、ソニー・ピクチャーズのコンピューター・ネットワークを破壊した攻撃者は、攻撃のギアを入れ替え、それまでにはなかった、さらに深刻な被害をもたらす手口を繰り広げようとしていたからである。

その結果、ソニー・ピクチャーズの一般社員もまたスポットライトを浴びる場所に突き出され、ある者はその人生を永遠に変えることになってしまった。

第6章 フォールアウト

ウィキリークスで暴露された個人情報

二〇一四年十二月、ソニー・ピクチャーズエンタテインメントの経営陣、ＦＢＩの捜査官、ショービジネス業界のジャーナリストは、スタジオを見舞った襲撃事件の紆余曲折を必死になって追いかけていた。しかし、前章で紹介したセリーナ・シャバネットのような下級社員にとって、この混乱はオフィスに奇妙と言っていいほど穏やかな状況をもたらしていた。彼女をはじめ社員は出社するように命じられていたが、会社に行っても上司は肝心な仕事をなかなか見つけることはできなかった。コンピューター・ネットワークの大部分が依然として停止したままだったからだ。

「要するに上司は私たちを遊ばせておきたくはなかっただけ。毎日出社するように言われていたけど、『オフィスのこっち側を片づけてみようか』とか、『この書類についてあらためて検討して、不要なものは処分しよう』とやたらに命令したがっていた」とセリーナは言う。

誰でも知っているように、上司を満足させるために忙しそうにしているのは、本当に仕事をしているよりも疲れてしまうものである。シャバネットは、スマートフォンとは天の恵みだとつくづく感じ入ったそうだ。「仕事中、スマートフォンで『ブレイキング・バッド』と『サンズ・オブ・アナーキー』の全シーズンを見ていた。会社には行かなくてはならなかったけど、仕事は何もやっていなかった」

ある日、スマートフォンで奇妙なものを見つけた。エンターテインメントとはほど遠いことが書かれている。シャバネットや彼女の同僚の個人情報だった。

「グーグルでエゴサーチしていたら、ネットに自分に関する情報が見つかった。もっと調べたら、仕事仲間の個人情報も見つかった。それで、同僚に聞いてみた。『ねえ、会社は個人情報が盗まれたってあなたに教えてくれた?』。返事を聞いて本当に頭にきた」

シャバネットがそのとき気づいたのは、ソニー・ピクチャーズに侵入したハッカーが流出させていたのは、配給する映画や著名人の情報、役員たちのメールだけではなかった事実だった。ハッカーは盗み出したものすべて、つまり、一般社員の私的なメール、社外秘文書、人事記録などまで暴露していたのだ。

「私の内定通知書、給料の支払い額、社会保障番号がさらされていた。ただ、運がよかったのは、在社歴がまだ浅かったので、医療記録が残されていなかった点だった」

突然、スポットライトの向きが変わった。何百人もの社員と、彼らが社外でメールをやり取りしていた相手がその光に呑み込まれていった。ソニー・ピクチャーズの共同会長エイミー・パスカルに悲惨な結末をもたらしたあのスポットライトだ。

情報漏洩の影響は、過去十年において似たような事件が起こると、常にその中心的存在になっていたあるウェブサイトのせいで一挙に広がった。ウィキリークスである。二〇一五年四月、ウィキリークスはソニー・ピクチャーズから盗まれた文書やメールの膨大なコレクションを公開した。

ジュリアン・アサンジが設立したウィキリークスは二〇〇七年に活動を開始、政府や企業の虚偽や不公正な行為を明らかにするデータを公開してきた実績があった。しかし、ソニー・ピクチャーズはそうした企業ではない。それまでのウィキリークスがターゲットにしてきた多くの組織とは異なり、不正行為や詐欺のような行為とは明らかに無縁な企業だ。ウィキリークスは、ソニー・ピクチャーズの内部情報を公開する理由として、この文書が「謎めいた巨大な多国籍企業の内部で何が行われているのか、その稀有な洞察」を授けるだけでなく、「水面下では、ホワイトハウスとつながりがあり、法律や政策にも影響を与え、またアメリカでは軍産複合体ともつながる、影響力のある企業だからである」[1]と述べている。つまり、ウィキリークスにとって、ソニー・ピクチャーズもまたリークに値する格好の標的だったのである。

　公開するデータを編集しないのがウィキリークスのやり方だ。データは残らずオンライン上にアップされ、現時点で三万二八七件の文書と一七万三一三二通のメールが検索できる。このサイトがこれほど巨大な力を持つ理由のひとつとして、ストックされた巨大なデータを探し出す際に発揮される検索エンジンの技術があげられる。ハッカーがしばしばオンラインでリークする生の情報とは異なり、ウィキリークスのサイトでは、グーグルで検索するように、瞬時にしかも容易にデータが探し出せる。ソニー・ピクチャーズの社員によっては、この検索の容易さが人生を変えるような結果をもたらすことになった。

一生払い続ける情報流出の代償

　ソニー・ピクチャーズのグローバルセールス担当副社長だったエイミー・ヘラーは、ハッキングが話題になる七カ月前、大規模なリストラの対象となり、ほかの社員とともに解雇された。大学に戻ってMBAを取得した彼女は、あらためて新しい仕事を探していた。エンターテインメント業界ですばらしい実績があるだけに再就職には自信があり、すぐに仕事は見つかると考えていた。しかしある日、すべてが一変する。

セリーナ・シャバネットの個人情報と同じように、ヘラーの個人情報もネットに流出してしまい、誰でも見ることができるようになっていたのだ。ヘラーの場合、その内容は実に都合が悪かった。自分の名前を検索してみると、最初に現れたのは「事故報告書《インシデントレポート》――財産権侵害：［民事法］財産紛失」と記された文書だった。

「脚が萎《な》えていくような感覚はまだはっきり覚えている。『えっ？　何？　これはいったいどうしたの』と声を出していた」とヘラーは言う。

二〇一四年三月にヘラーが去ったあと、彼女のオフィスを整理した会社は、人間工学に基づいて開発されたコンピューター・マウスがなくなっていることに気づいた。大企業のお役所的な手続きにしたがい、担当者はこの事実を「財産紛失」として社内報告書を作成した。もちろん警察には届けず、紛失事件はこれで一件落着となった。しかし、ソニー・ピクチャーズの内部資料といっしょに流出した文書を見ると、とてもではないがそんなふうには思えない。ヘラーの名前は「犯罪報告書」と分かちがたく結びついていた。

「わざわざ面接しなくても、ネットで私について検索すればそれでおしまい」と話していた。ヘラーがなにより恐れていたのは、その文書が採用担当者の目にとまり、採用を申し込んでも断られることだった。

「ひどい話よ、まったく。どうしても次の仕事を見つけなければならないのに、こんな文書の存在を面接でどうやって説明すればいいの」

この文書が流出したせいで、自分は就職の機会を失ったとヘラーは信じて疑わない。副社長ではなく、もっと低い肩書のポストで申し込んだにもかかわらず、それでもだめだったのはこの文書のせいなのだ。

流出した情報が今後の自分のキャリアと年収にどんなダメージを与えるのか、彼女はますます心配するようになった。何もかも行方不明になった九〇ドルのマウスが発端だ。結局、彼女はソニーに過失があったとして法的手段に訴えた。しかし、この判断は取り返しのつかない結果をもたらすことになる。

「訴訟が裏目に出てしまった。新聞社が私の訴状を手に入れたの」。そして、ソニー・ピクチャーズとの〝法廷闘争〟がある日、トップニュースとして報じられる。その時点でヘラーは、「財産紛失」事件に関係する人物としてだけでなく、かつての自分が働いていた会社を訴えようとしている人間だと世間は見なすようになる。

「どうしても隠しておきたかった状況だったけれど、それがますます世間の目にさらされる事態に追い込まれてしまった。ソニーを訴えたことが知られてしまった以上、業界では私はアンタッチャブルな人間になってしまった。この業界で自分の居場所はなくなった」

情報の流出とそれがもたらした影響に抗おうとして狭間に追いやられた結果、ハリウッドで描いていたヘラーの成功の夢は絶たれる。「この業界での私のキャリアは終わった。だったら、もう一度自分を鍛え直すしか道はなかった」

その後、彼女はソニー・ピクチャーズと和解、財産紛失に関しては何も罪がないことを確認する書面が渡された。希望がまったく断ち切られたわけではない。この事件を契機にヘラーは新たな目的を見つけ出していた。ロースクールへの入学である。自分と同じような経験をした者を弁護しようと思い立ったのだ。

「最初は、データやプライバシーの基本的な保護をなんとかしたいという素朴な思いからだったけれど、もっと人権を踏まえた取り組みへと変わったのは、テクノロジーは私たちのはるか先をいっていると考えたから。これまで対処したこともない問題が数え切れないほど現れてきた。さらに、ハッキングで引き起こされるリスクという問題もある。会社に対してハッキングが行われたらどうなるのか、私はこの目で見てきた。世界に対してそれが行われた場合、何が起こるか想像さえつかない」

ソニー・ピクチャーズへのハッキングで生活と将来の見通しが一変したのはヘラーだけではない。セリーナ・シャバネットも転職して救急救命士（EMT）になった。しかし、流失した個人情報にはいまだに悩まされており、彼女の個人情報がネットに現れると、警告が表示される機能を設定した。

「ほぼ隔週のペースで、私のメールアドレスや社会保障番号、パスワードが流出したという通知メッセージのピンが鳴る感じ。自分に関するすべてがさらされている状態はいまも同じまま。そこで、国の独禁当局に個人情報盗難の報告書を提出して、私の信用情報について残らず七年間の凍結をかけてもらった。もしも誰かが私の信用状況を調べたいと言ってきたら、まず私に連絡して、申請者本人であることを証明しなくてはならなくなった。でも、そこまでしても手遅れだった。私に関する情報はすでに残らず世間に出回っていて、それについて本当にできることは何もない。流出した代償はこのまま一生払い続けることになる」

シャバネットやヘラーだけではない。ソニー・ピクチャーズで働いていた何千名もの元社員や現社員が個人情報をネットにさらされ、現在にいたるまでその影響を引きずって毎日を送っている。会社に対し、従業員の機密情報を保護しなかったとして、彼らは集団訴訟を起こした。最終的にソニー・ピクチャーズは和解に応じ、個人情報盗難防止対策として最高八〇〇万ドルを充当、あわせて補償基金を用意することを従業員に約束した。(2) 破壊されたコンピューター・ネットワークの修復やビジネス機会の損失で会社はすでに何百万ドルもの損害を被っていたが、それらに加えてこうした賠償金を科されることになった。会社が負った被害は拡大する一方だったが、同じようにハッカーに裁きを科すというプレッシャーも高まる一方だった。そして、その件に関しては、経験豊富な者たちがすでに取り組んでいた。

その名は〈ラザルスグループ〉

二〇一四年末、シャバネットたちは旧MGMのスタジオで気の抜けた日々を過ごしていた。コンピューターがダウンして、何か仕事はないかとあちらこちらを探しまわっていたころ、見知らぬ人間が何人も姿を現すようになったことに気がついた。彼らについてシャバネットは「スーツを着たコンピューターおたく」と評していた。実を言うと、彼らはFBIの関係者だった。ソニー・ピクチャーズのハッキング事件はいまや、この国の最高レベルの法執行機関によって捜査が進められていたのだ。

だが、容疑者の特定は容易ではなかった。

ハッキングが公表されてからというもの、攻撃の背後に誰がいるのか、さまざまな憶測が飛び交っていた。北朝鮮の関与を疑う声もあったが、それに異を唱えるさまざまな説もあった。

内部犯行に違いないと信じている者もいた。攻撃の数カ月前、大規模なレイオフが行われ（エイミー・ヘラーもこのときに解雇）、不満を抱いた元社員あるいはグループによる攻撃ではないかと推測する者もいた。この説は、〈ガーディアンズ・オブ・ピース〉のメンバーと名乗る人物がインタビューに応じ、社内の人間から協力を得たと匂わせたことで有力視されるようになった[3]。内部関係者が犯行の鍵を握っていると「確信している」とコメントしたサイバー・セキュリティの企業もあった[4]。『ザ・インタビュー』の主演の一人であるセス・ローゲンが北朝鮮の関与について半信半疑だったのは、自分とこの映画で共同監督を務めたエヴァン・ゴールドバーグが直接狙われていなかったからだ[5]。真犯人は実はロシアだと説くメディアもあった[6]。

　このような主張はいずれも、インターネットという熱狂的な世界で人目をはばかることなく語られていた。しかし、もっとも有力な手がかり、つまりハッカーを見つける絶好の機会はソニー・ピクチャーズの内部に残されているはずである。ソニーのコンピューター・システムには〝パンくずリスト〟[*訳註]が置かれており、それをたどっていけば、ソニーのシステムを技術的に屈服させた犯人もしくは犯行グループを特定できるかもしれない。骨が折れる緻密な捜査が人目につかないところで進められていた。

　ソニーは当初、ファイア・アイに調査を依頼した。ファイア・アイは各社で起きている大規模なハッキング調査に関して豊富な経験を持つサイバー・セキュリティ企業である。残されていた証拠を調べ上げた調査員は、技術的な痕跡のなかにこの襲撃が単なる個人的なハッカーの仕業ではないことを示す、やっかいな兆候を認めていた。ＦＢＩも調査に加わり、彼らも同じ結論に達した。

「この事件が国の安全保障にかかわることはすぐに明らかになった。つまり、私が言いたいのは、襲撃の背後に他国政府がかかわっているかもしれないという意味だ」とトニー・ルイスは言う。ルイスは現在弁護士として活動しているが、事件当時、カリフォルニア州中部地区の連邦地方裁判所に検事補として勤務していた。捜査はＦＢＩが担当するが、最終的に犯人を起訴するのかは連邦地検の管掌である。もちろん、犯人が見つけられればの話だ。

ルイスには知りようもなかったが、ソニーへの襲撃と事件のその後の展開《フォールアウト》のせいで、彼はそれから何年にもわたってこのハッカー集団にかかわり続けることになる。集団がネット社会をますます席巻していくにつれ、彼はやがてチームの中心的存在となり、相手に後れをとることなく捜査を進めていくことになる。しかしこの時点では、犯人がどのようにしてソニーに多大な損害を与えたのか、その実態解明でルイスらは手一杯だった。

ルイスの話では、証拠をつなぎ合わせていくうちに、ＦＢＩの捜査官はハッカーが今回の攻撃にどれだけの労力を投入していたのかを示す証拠を見つけたという。使用されていたウイルスは、ソニーという標的のために特別に作成され、可能なかぎり大きなダメージを与えることを目的にしていた。ウイルスのソースコードには、何千台にもおよぶソニーのコンピューターのＩＤが書き込まれていた。

「つまり、このウイルスはネットワークのなかを這い回り、さまざまなコンピューターを特定することができ、より効果的に機能するマルウェアになるようプログラムされていた」

同時に捜査チームは、『ザ・インタビュー』のキャストやクルーに送られてきたフェイスブックの

＊訳註：パンくずリストとは大規模なサイト内において、トップページから現在のページにいたるまでの経路を示すこと。ユーザーがサイト内の現在位置を確認するうえで役に立つ。童話『ヘンゼルとグレーテル』で、森で迷子にならないように兄妹が道にパンくずを置いていった話に由来する。

プロフィールについても詳細な調査を始めていた。受信者がウイルスをダウンロードするように、これらの投稿には下心をくすぐるメッセージが書き込まれていた。捜査の結果、偽アカウントのネットワークの全容が明らかになっていく。アカウントを使っていたハッカーは、正規のユーザーのプロフィール写真を盗み、自分たちの写真として使っていた。それればかりか、アカウント間で友だちとしてつながり、さらに本物らしく見えるようにしていた。そうすることで、フィッシングメールを送った際、それが本物の情報源から送られてきたように見せかけることができた。いわゆる〝なりすまし〟である。

捜査を進めていくうえで、こうした事実はいずれもきわめて都合がよかった。フェイスブックやツイッターをはじめ、ソーシャルメディアの各社は言うまでもなくアメリカを拠点にしている。つまり、裁判所命令を申請すれば、ＦＢＩはこれらの企業に情報提供を求めることができる。調査の結果、これらのアカウントはグーグルが提供するＧメールのアドレスで設定されていることが判明、ＦＢＩはさらに多くの令状が申請できるようになった。最終的におよそ一〇〇〇通の電子メールとソーシャルメディアのアカウントに対し、約一〇〇通の捜査令状が出されている。(7)

膨大なデータを精査することで、なりすましのアカウントの背後に潜むネットワークの全貌が明らかになっていく。そのひとつは、ハッカーが使用していたコンピューターのＩＰアドレスだ。第４章で触れたようにＩＰアドレスはインターネットへの出入り口で、コンピューターの物理的な位置を追跡するために使われる場合も少なくない。システムを欺いてＩＰアドレスを偽装するのは可能だが、ＩＰアドレスがかぎられた北朝鮮の場合、それは決して容易ではない。

ＦＢＩが主張する北朝鮮のＩＰアドレスは、フェイスブックのアカウントを作るために使われていたもので、そのアカウントから今度は、『ザ・インタビュー』のキャストやクルーにメッセージが送られていた。例のウイルスが仕込まれていた「超有名人のヌード写真満載！」のサーバーにアクセスするために使われていたのも同じＩＰアドレスで、攻撃が始まるまでの数カ月、ソニーのウェブサイトをスキャンしていたことが特定されている。さらに、上映を断行すると約束した映画館に送られていたフィッシングメールのアカウントにもこのＩＰアドレスは使われていた。さらに、なりすましとしてフェイスブックにログインする際に使われていたメールのアドレスは、中国にある北朝鮮のダミー会社にリンクしていたとＦＢＩは報告している。

ＦＢＩの話では、調べれば調べるほど多くの痕跡が北朝鮮に結びついていった。それだけではない。トニー・ルイスといっしょに働いていたＦＢＩの捜査官は、ソニーのハッキングで使われたウイルスを分析した結果、北朝鮮が関与していると見られるサイバー作戦につながる決定的な関連を見つけたという。そうした攻撃には、ソニー襲撃の前年に起きていた〈ダークソウル〉も含まれていた。

ＦＢＩはある結論へと急速に傾いていった。つまり、〈ガーディアンズ・オブ・ピース〉〈フーイズ・チーム〉〈ニューロマンティック・サイバーアーミー・チーム〉といったハッカーたちのハンドルネームは、いずれも北朝鮮のサイバー工作員が使っている偽装名にほかならなかった。これ以降、このハッカー集団は〈ラザルスグループ〉として知られるようになっていく。

北朝鮮を甘く見たバラク・オバマ

二〇一四年十二月十九日、ホワイトハウスのブリーフィングルームにバラク・オバマが入ってきた。大統領に就任してから約六年が経過しており、髪には白いものが目立つようになっていた。演壇の前に立ったオバマは、集まった記者に向かうと、「今年のクリスマスプレゼントとして、君たちの質問になんなりとお答えしよう」と軽口を叩いた。最初の質問はソニー・ピクチャーズに対するハッキングについてである。『ザ・インタビュー』は大手の映画館チェーンでは上映されないと配給元のソニーが発表した直後だった。ソニーの決断ははたして適切だったのだろうか？

「ソニーは判断を誤ったと思う」とオバマは答えていた。「このアメリカという国において、どこかの国の一部の独裁者が検閲を強いるような社会を存在させてはならない。なぜなら、脅迫によって風刺映画の公開を中止させることができるようになれば、自分が気に入らないドキュメンタリーや記事を目にしたとき、そうした連中が何を始めるか想像してみてほしい。あるいは、さらに悪いことに、プロデューサーや配給会社などが相手の逆鱗に触れたくないという理由で、自己検閲を始めるようになるかもしれない。それは私たちの姿ではない。アメリカはそういう国ではないからだ」

そう言ってから、トニー・ルイスやＦＢＩの捜査官がすでに突き止めた事実をオバマは明らかにした。アメリカ政府として、今回のソニーへの襲撃は北朝鮮によるものだと確信していると述べた。前代未聞の対応である。世界の主導的な地位にある国の指導者が、特定のサイバー攻撃をめぐり、これほど素早く、しかも公然と他国を非難したことはそれまでになかった。

だが、サイバー攻撃の動機をめぐり、オバマの発言はいささか軽口がすぎた。「攻撃は北朝鮮について、なにやら興味深い事実を物語っている。この国はセス・ローガンとジェームズ・フランコが主役を務めている風刺映画という理由のせいで、国をあげて配給会社に総攻撃をしかける判断をくだした」とオバマはあてこすり、報道陣の笑いを誘っていた。「セスは私の好きな俳優で、ジェームズも大好きな俳優だ。しかし、それが脅威になるというのは、私たちがここで話しているような国家につ

いて、なんらかの示唆を与えてくれるのではないかと私には思える」(8)

報道陣からは笑いを誘えたようだが、北朝鮮を研究する大半の専門家は、オバマのジョークに憤慨していたかもしれない。この国が突きつけている脅威について、不安を覚えるほど勘違いしているようだからだ。この国とこの国の気まぐれな指導者たちの実態に通じている者にとって、『ザ・インタビュー』に対する北朝鮮の反応は容易に理解することができた（もちろん、その反応は決して容認されるものではない）。

北朝鮮内部には、ソニーには決して知ることができない力が働いているからである。よりにもよってソニーは、金正恩を酷評しようとするあまり、最悪の時期に、最悪の人物をターゲットに選んでいたのだ。

金正日にとっての「映画」

北朝鮮は映画と深いかかわりを持っている。多くの国民にとって、映画は心から楽しめるごくかぎられた娯楽のひとつであるだけではなく、この国の指導者たちにとっては、国の内外で展開されるプロパガンダ戦の重要な手段だと考えられている。金正恩の父、金正日が若いころに最初に手がけた仕事のひとつは、北朝鮮の映画を取りしきることだった。金正日はこの仕事に熱心に取り組み、任務として最優先させたばかりか、時にはみずから監督を務めることもあった。それほど打ち込んだ理由のひとつは、社会主義国の多くが直面していた難問を解決するうえで映画が役立ったからである。その難題とは、金銭的なインセンティブが認められない国において（少なくとも公的には）、どうすれば国民をさらに労働へと向かわせられるのかという問題である。

金正日の解決策は、映画の力を利用することだった。ジャーナリストのブラッドリー・マーティンは、「イデオロギー上、物質的な報酬が不適切と見なされている以上、積極的な動機づけは、プロパガンダと大衆動員を意味していた[9]」と書いている。たとえば、トラックの製造工場の生産量を増やそうとした場合、金正日は優れた才能を持つ者たちからなる混成部隊を結成し、その工場を事実上映画のセットに変え、自分が監督する愛国的なテーマの映画として工場労働を再現し、労働者が自己に課された目標を達成するように鼓舞していた[10]。

金正日が考えていた映画の影響力は、国内のプロパガンダだけにとどまらなかった。世界という舞台で自国の評判を高める手段として利用できると考え、それを実現するために信じがたいほどの労力を費やしていた。一九七八年には韓国でもっとも有名な映画監督だった申相玉《シンサンオク》と申の元妻で女優の崔《チェ》銀姫《ウニ》を拉致してくると（二人は拉致後に再婚）、申に対して国際的な賞を獲得できる映画を作るように命じた。最終的に二人は北朝鮮から脱出、その際、映画に対する金正日の情熱を裏づけるカセットテープをひそかに持ち出していた。そのテープのなかで、金正日は映画産業に対する自分の計画についてながながと語り、公邸という公邸に映写機を常備し、大半の夜は映画鑑賞に費やしていると話している[11]。

以上の話から、北朝鮮の指導者がなぜ映画に夢中であるのかは説明がつくだろう。だが、『ザ・インタビュー』に対するこの国の反応については、これでは説明がつかない。ＦＢＩの捜査官が言うように、北朝鮮はなぜ、ソニー・ピクチャーズに対してあれほど過激な攻撃をしかけたのだろうか。

その理由のひとつとして、金王朝に向けられた肖像崇拝がある。この国において、肖像崇拝がどれほど真剣に受け止められているかについては、どれほど誇張してもしすぎることはないだろう。国中のいたるところに金一族の肖像が存在し、国民の大半は心臓にもっとも近い左胸に国家主席の肖像がデザインされたバッジをつけている。建物という建物には政府が配給した国家首席の肖像画が掲げられ、その掃除も政府が支給した専用の布を使わなくてはならない。新聞もゴミ箱に捨てることはできない。なぜなら、紙面には金一族の写真がかならず掲載されているので、それをくしゃくしゃにすることは犯罪だと見なされているからだ。このような現実を踏まえれば、『ザ・インタビュー』で無残な死を遂げる金正恩の姿を描いたことは、金正恩はもちろん、彼を崇拝する北朝鮮の多くの国民にとっては、想像を絶するほど不快な仕打ちだったのだろう。

しかし、それでもソニーの映画に対する北朝鮮の反応は説明しつくせるものではない。なぜなら、金正恩の父親もまた二〇〇四年公開の映画『チーム★アメリカ／ワールドポリス』*訳註で、息子と同じように悲惨な最期を遂げていたからだ。このときの映画公開に際しては、少なくとも私たちが知るかぎり、製作関係者が大々的な報復を受けることはなかった[12]。それではなぜ、ソニーに対して金正恩は敵意を剝き出しにしたのだろうか？　それを知るには、金正恩がどのようにして権力の座に就き、その過程で残された金正恩の不安定な立場について理解しておく必要があるだろう。

＊訳註：『チーム★アメリカ／ワールドポリス』は全編人形劇で演じられるアメリカ版『サンダーバード』のような映画。国際警察「チーム・アメリカ」のメンバーが主人公だが、全編がパロディ、エログロ、ブラックジョークであふれている。金正日が大量破壊兵器をテロリストに売るという設定になっている。

処刑される高官たち

『ザ・インタビュー』が公開されたのは、金正恩が最高指導者に就任してまだ三年目のことだった。就任から日が浅いというだけではなく、金正恩は父親が向き合う必要がなかった数々の不利な条件を抱えていた。金正日の場合、この国の支配階級は何十年もの時間をかけて、彼が権力者にのぼりつめるお膳立てを整え、まぎれもない次の偉大な首領として国民に浸透させていく余裕があった。しかし、金正恩のときにはそのような準備期間はなかった。北朝鮮の大半の国民は、金正恩が政権を継承したときにはじめてその名前を耳にした。そのため、後継者として金正恩が抱えていた不安は、父親以上に大きいものだった。

就任からわずか二年後、金正恩は別の一面を世界に見せつけた。それは彼が抱えている被害妄想と不安がどれほど深く、そして、自身の地位を守るためなら狂気をはらんだ手段さえ辞さないことを示していた。若き首領様は自分よりもはるかに年配の高官で、実質上、この国のナンバー2の地位にある人物の処刑を命じたのだ。しかしその高官、張成沢《チャンソンテク》の処刑がそれ以上に衝撃だったのは、彼が金正恩の叔父という事実だった。北朝鮮の支配層にとって、張成沢は首領の近親者であり、しかも腹心の部下だった。それだけに、張成沢は何人も手が出せない存在だと考えられてきた。しかし、それはまちがっていたのだ。それほど重要な人物を処刑することで、童顔の指導者はある明確なメッセージ――「私をみくびるな」――をこの国の支配階級に属する者たちに発していた。

金正恩のむごたらしい死を描いた『ザ・インタビュー』に対し、北朝鮮がなぜきわめて攻撃的な反応を示したのか、その謎を解くうえでこれが最後の答えとなる。この映画製作にかかわることで、ソニーは（そうと知ってか知らずか）ある国に対して有無を言わせないケンカを売っていた。その国は映画に備わる力を心から信じており、しかも、その国の指導者たちはみずからの外観を取りつくろうことに執着してきた。そして、その跡を継いだ新しい指導者は自身の権威を傷つけることは断じて許しはしない。ソニーにとって、これ以上致命的な組み合わせはなかった。

記者会見の様子から判断すると、オバマもまたソニーへのハッキングへと駆り立てた北朝鮮内部のダイナミズムには無自覚だったようだ。だが、それはオバマだけではない。前出したアメリカ国家安全保障局の元アナリスト、プリシラ森内の話では、インテリジェンスに関係する大半の者も、この一件をたわいない映画に対する奇妙なほど過剰な反応と認識したせいで、北朝鮮の脅威を無視したり、軽視したりすることになったと指摘している。

むしろこの事件は、北朝鮮のサイバー技術と今後の動きを深く見直す契機にすべきだったと森内は言う。「(ソニーで起きた)情報流出には、アメリカの大衆文化やニュースの報じ方に対する北朝鮮の認識や理解がおのずと反映されています。これまで私たちはこの国、とくにこの国のサイバー戦士の仕業と考えてはきませんでした。アメリカでニュースになるものと言えば、製作会社の重役と有名人のあいだでやり取りされる、面食らうような個人的なメールでした。攻撃する側から言えば、これはかなり巧妙な手口でしょう。調査していてつくづく感じたのは、北朝鮮のサイバー作戦は考えられている以上に技術的に優れており、現代のインターネット社会とメディア文化に精通しているということです」

事件に対して、アメリカはどう対応するのかという問題も提起された。この時点で、国家に対するサイバー攻撃は新しい現象であり、そのような攻撃にどのように応じるのかの規定も明文化されていなかった。しかも攻撃は民間企業に対して行われ、公的機関ではなかった。政府としては何をすべきなのか？　結局、アメリカ政府は北朝鮮の政府高官や政府機関を対象に、制裁という手段を講じることを選んだ。[13]

北朝鮮はこれに対して、アメリカは自国に対する敵意を「根拠もなくあおっている」と非難し、制裁は「主権を守るわが国の意志と決意をさらに高めるだけだ」と述べていた。[14]　捜査官によれば、北朝鮮政府のこの短い声明には、次に何が起こるのかについて重要なヒントが隠されていたという。アメリカがこうして制裁を発表しているあいだも、ラザルスグループのハッカーたちはすでに次のターゲットへと向かっていた。今度は政治的な点数稼ぎではなく、現金の収奪が動機だ。ハッカーたちは銀行を襲おうとしていた。ただの銀行ではない。国家の中枢にある金融機関で、一ドルでも多くの資金を必要とする国の銀行を狙っていたのだ。収奪の準備は着々と進められていた。

第7章　事前準備

反応しないプリンター

二〇一六年二月五日金曜日、この日、ズバイル・ビン・フダはできるものなら出勤は見送りたいと思っていた。バングラデシュ銀行のナイトマネージャーとして、前日は夜の八時まで働き、いままた午前九時までに出勤してもう一度前日と同じ作業をふたたび繰り返さなければならなかった。

やっかいなことに、明日土曜日も働かなければならなかった（バングラデシュでは、週末の休日は金曜日と土曜日）。

灰色をした十二階建ての本店ビルの防犯ゲートをビン・フダが通過したころ、本店前のロータリーではすでに朝の交通渋滞が始まっていた。ロータリーの中心には、バングラデシュの国花である睡蓮の花をかたどった巨大な像が立っている。

ビン・フダは十階へと進んだ。十階は銀行のなかでもとくに厳重に管理されたフロアで、入室できるのは上級社員にかぎられている。席に着いたビン・フダは午前の仕事に取りかかった。しばらくして、同僚から困った問題が起きたと伝えられる。プリンターからメッセージを取り出そうとしたが、うまくいかないと言うのだ。ビン・フダもプリンターに駆けつけて二人でいろいろと試してみたが、やはりうまく打ち出せない。電源は入っているが、必要なページを出力させることがどうしてもできない。

私たちの多くが、これまで職場で何度も遭遇してきたような頭の痛いトラブルだった。そして、私たちの大半がそうであるように、バングラデシュ銀行のビン・フダも彼の同僚たちも同じように考えた。「たいした問題じゃない。よくあるいつものトラブルで、すぐに直せる」

ただし問題は、このプリンターがただのプリンターではなく、バングラデシュ銀行もよくある普通の銀行ではなかった点だった。

バングラデシュ銀行は、首都ダッカに本店を置くこの国の中央銀行である。何百万人もの人びとが貧困にあえぐ国で、貴重な通貨準備高を管理する役割を担っている。その銀行でプリンターは重要な役割を果たし、十階の厳重に警備された場所に設置されている。銀行を出入りしていく何百万ドルもの資金の記録をこのプリンターで出力していたのだ。

そして、プリンターの誤作動は単なる周辺機器のバグではなかった。銀行内で何か大きな問題が起きていることを示す最初のサインだった。しかし、この時点では、ビン・フダも彼の同僚もそのことは何も知らない。

バングラデシュの国民はすでに週末を迎えていた。イスラム教徒が大多数を占めるこの国で、金曜日の礼拝が間もなく始まる。ビン・フダはプリンターの状況を逐一報告するように同僚に言いつけると、午前十一時十五分ごろに銀行をあとにしている。同僚たちはもう少し残ってプリンターの修理を試みたが、結局、翌日あらためて取りかかることにして、正午過ぎにはオフィスを出ている。時間は過ぎていき、金曜日の夜は更《ふ》けていく。しかし、そうしているあいだも舞台裏では、銀行のコンピューターの回路の奥深く、いまや私たちの世界の日常を支配する「1」と「0」の二進法の数字の奔流のなかで、恐れを知らない大胆な犯罪が行われつつあった。とはいえ、外見上はまったく平穏を極めていた。街の通りを見下ろすビルの窓のない部屋で、プリンターのランプが静かに明滅しているだけだった。

一〇億ドルの送金指示

翌日の土曜日、ビン・フダは午前九時ごろにオフィスに出向き、プリンターのトラブルをなんとかしようと試みた。だが、今度は別の問題が起きていた。重要なソフトウェアが正常に起動せず、「ソフトを作動させようとするたびに、『ファイルが見つからないか、あるいは変更されています』という自動メッセージしか表示されなくなっていた」とのちにフダ自身が警察に語っている。この素っ気ない警告は、インストールされたアップデートの不具合、テクニカルサポートのエラー、システムの変更など、さまざまな原因で発生していたことが考えられた。実際、こうした警告からもバングラデシュ銀行のコンピューター・ネットワークがいかに混乱していたのかがうかがえる。

ビン・フダはすっかり動揺してしまい、結局、二名の上席行員のもとに出向き、相談のうえ別の方法でプリンターの再起動を試みることにした。今度はうまくいった。トレイに出力紙が吐き出されてくる。しかし、ほっとしたのもつかの間にすぎなかった。プリントアウトされたメッセージを調べていたビン・フダたちは、ニューヨークの連邦準備銀行――通称「FeD《フェッド》」――から、緊急の確認事項の照会が来ていることに気がついた。バングラデシュ銀行は連邦準備銀行に米ドルの口座を開設していた（米ドルでの支払いを求められた場合、FeDの口座から直接ドルを動かせるようにするためだ）。照会してきたFeDの職員たちも気が気ではなかったようだ。明らかにバングラデシュ銀行内部からと思われる連絡を受けていたが、そこには同行の口座の全額——約一〇億ドル——を引き出すようにという指示があった。息を吹き返したようにプリンターが動くたび、バングラデシュから送られたと思われる何十もの支払指図書を照会するＦｅＤからのメッセージが次から次に出てくる。ＦｅＤが最初に問い合わせてきたのは、前日金曜日の午前十時三十分ごろ。だが、プリンターが正常に作動していなかったので、バングラデシュ銀行のスタッフがそれを目にしたのは、ようやく土曜日の午後十二時三十分になってからだった[1]。バングラデシュ銀行にとってこの遅れは致命的で、時間との戦いは追い込まれていく一方だった。

この時点で、バングラデシュ銀行のスタッフには何が起きているのかわからなかったが、ひとつだけ確かな事実があった。一〇億ドルの口座を空にしてくれと依頼した覚えなどまったくなかった。そうであるなら、ただちに送金をストップさせなくてはならない。ニューヨークの連邦準備銀行に連絡するためかけずりまわった。ＦｅＤのウェブサイトに記された番号に電話をかけてみたが、土曜日だったため、連邦準備銀行は電話には誰も出ない。ファックスやメールも送ったが、やはり応答はない。そうしているあいだも時間はどんどん過ぎていき、残高もどんどん減っていく。

スタッフたちは気づいてなかったが、このときバングラデシュ銀行は史上もっとも大胆不敵なサイバー犯罪に遭遇していた。〈ラザルスグループ〉——ソニー襲撃事件でＦＢＩが捜査していた北朝鮮のエリート・ハッカー集団——が、同行のコンピューター・システムに入り込んでから、実に一年以上の月日がすでに経過していたのだ。この瞬間のために彼らは入念に計画を練り上げていた。そしていま、これまでのハッキングで磨いた技術と洞察力を総動員して、一世一代の大強盗を成就させようとしていた。ひそかに金を奪い去るため、彼らは偽の銀行口座、慈善団体、カジノ、そして、三つの大陸にまたがる共犯者のネットワークを使っていた。

映画さながらの周到ぶりだった。スリル満点のハリウッドの強盗映画を見て、「これなら俺たちにもできる」とでもハッカーは考えていたのだろうか。だが、被害に遭遇したバングラデシュ銀行や、その後この事件を追うことになる大勢の関係者にとって、このとき起きていた展開は映画のように楽しめるものではなかった。銀行はどうしようもないトラブルにおちいり、助けを必要としていた。

極秘扱いされたハッキング

ラケッシュ・アスタナがバングラデシュからの電話を受けたのは、事件から間もなく二週間という二月十八日だった。サイバー・セキュリティ関係の会議からの帰り道、ワシントンＤＣに向かって車を運転している最中だった。「電話が鳴り、バングラデシュ銀行の総裁が電話に出て、デリケートな問題について至急助けがほしいと要請された」という。当然のことながら、総裁に詳しい話を求めた。「申し訳ないが、電話で話せるような内容ではなく、メールも送れない。ただちに飛行機に乗って帰国し、われわれと合流してほしい。ほかの者では無理な仕事だ」

謎めいた電話だった。電話をかける相手として、アスタナはある意味、お門違いのようにも思えた。世界銀行で数十年働いたあと、彼が「ワールド・インフォマティクス・サイバー・セキュリティ」を設立したのはほんの数年前だったからだ。セキュリティに関してはほとんど無名に等しい会社で、緊急事態が発生しても、誰もが連絡してくるような会社ではない。会社としての知名度の低さは、アスタナ自身の人脈で補っていた。

世界銀行に勤務していたころ、アスタナはバングラデシュ銀行を担当したことがあり、中央銀行総裁のアティウル・ラーマンとはそのころに知り合った。バングラデシュ銀行の事件の規模が明らかになるにつれて、そんな縁から総裁はアスタナに緊急の協力を要請してきたのだ。アスタナは乗り気だったが、すぐに帰国準備のことを考えた。「総裁に問い返した。『ビザを取得して、航空券も予約しなければなりませんが?』と問い返すと、『ビザの件は心配いらない。バングラデシュ大使館ですでに手配済みだ。大使館で受け取ったら、ただちに便に乗ってくれ』という返事だった」

一週間もたたないうちにダッカに到着すると、アスタナはそのまま銀行に案内された。しかし、向かったのはプリンターが置かれている十二階建ての本店ビルではなく、もっと小さなビルの三階だった。総裁と中央銀行の幹部たちはここを拠点としており、アスタナと仲間の調査員には、すぐ隣の部屋がオフィスとして与えられた。

状況を調べていくうちに、事件の規模の大きさにアスタナも気づき始めた。一〇億ドルはバングラデシュのGDP(国内総生産)の〇・四五パーセントに相当し、この規模の損失はバングラデシュ経済を「瀬戸際に追いやる」とアスタナは言う。(2)そして、なぜ自分がダッカに謎の招待を受けたのか、なぜ中央銀行の幹部たちの隣室に自分が配置されているのか、その理由も腑に落ちた。(3)「事件発生時、総裁も彼の部下たちもかなり困惑していたと思う。事件をどう受け止めていいのかまったくわからなかったはずだ。そして、信用できる人間、この一件について口外しない口の固い人間を求めていた。いまにして思えば、それは決していい判断ではなかった」

秘密の取り扱いは徹底しており、行内でも事件について知る者はほとんどいなかった。「何が起きているのか、中央銀行の大部分の者には皆目見当さえつかない。行内がざわついているのは気づいていたし、人が頻繁に出入りする様子にも気づいてはいたが、事件を知る者は本当に皆無だった」とアスタナは言う。

秘密にされていたのは行内だけではない。総裁は政府にも黙っていた。国家財政に一〇億ドルの穴が空く可能性があったにもかかわらず、政府の要人も事件には気づかなかった。総裁がなぜ口をつぐんだのか、理由はアスタナにもじきにわかった。この段階になっても、総裁たちはこのまま騒がれることなく、問題はつつがなく解決できると信じていたのだ。「資金はなんらかの手違いで別の銀行、あるいは別の口座に送金されたと総裁は考え、取り返せると信じていた。資金はまだそこに残っているはずだ、と」

総裁の判断は突拍子もないとは言えない。アスタナの話では、そのようなミスは決して珍しいものではなく、通常は訂正したうえで返金されている。しかし、バングラデシュ銀行のケースはそんな送金ミスではないことがすぐに明らかになる。誰かが、なんらかの方法で意図的に一〇億ドルの送金を命じ、そうするようにニューヨークの連邦準備銀行にメッセージを送っていた。

やがて関係者は行内の人間の犯行ではないかと疑うようになった。深夜、コンピュータールームに誰かが忍び込み、送金の指示を行ったのではないか？　そこでアスタナは、八時間分の防犯カメラの映像を詳細に確認した。ある時点で映像を一時停止した。画面を見ると、フレームに人影が映っている。犯行現場に忍び込んだ実行犯か？　あいにくとそうではなかった。「部屋の外にいた清掃員だった。動画に残された八時間のあいだ、部屋には誰も足を踏み入れてはいなかった」とアスタナは言う。

鍵のかかった密室、出入りした者は誰もいない。それにもかかわらず一〇億ドルが送金されていた。いったいどうやってその指示を出していたのか？

アスタナは視点を変えて考えてみた。もし、銀行の内部から誰かが国際送金を行ったとするなら、銀行が使う同じシステムでやっていたはずだ。金融業界以外の世界ではあまり知られてはいないが、世界でも最大規模の金融機関を結び、何兆ドルもの資金がある口座の鍵を握っているソフトウェアが存在している。国際銀行間通信協会——ＳＷＩＦＴ《スイフト》が提供している決済サービスである。

第一章でも触れたように、ＳＷＩＦＴは金融機関が送金のリクエストを送受信するための仕組みで、ソフト自体は銀行や主要な金融機関しか利用できない。また、金融機関のコンピューター・ネットワークにアクセスしなければ使えず、ネットワークには銀行の正規の従業員以外はタッチできない前提があり、このサービスが信用できる根拠の大半を占めている。しかし、ハッカーがそのネットワークに侵入し、さらに金融機関の従業員を装っていたとしたらどうなるだろう？

これがアスタナの考えついたシナリオだった。ニューヨークの連邦準備銀行に送られた支払指図書はＳＷＩＦＴを使って発行されている。何者かが三五件の指図書を送っていたのだ。送金総額は九億五一〇〇万ドル、バングラデシュ銀行が連邦銀行の口座に保有する全残高に相当した(4)。さらに言うなら、銀行をハッキングした人間はＳＷＩＦＴの扱いにも精通していた。ある捜査官から聞いた話では、「まるで銀行の出納業務担当者のようにコンピューターの前に座り、送金作業を行っていた」という。ＳＷＩＦＴは誰もが扱ったことがあるようなプログラムではないものの、この事件のハッカーはまるでベテラン行員のように使い方に通じていた。銀行を襲ったのは明らかにプロのハッカーだった。彼らは細心の注意を払ってこの収奪を計画していた。

アスタナらはＳＷＩＦＴの送金のタイミングが偶然ではない事実にも気づき始めていた。ハッカーたちは、国際的な時間帯を利用し、すべての襲撃を綿密に実行することで、追跡者を置き去りにしたまま、可能なかぎり逃げ場を確保していたのだ。何もかもが予定通りの行動だったのである。

暴かれていく襲撃の手口

映画に出てくる銀行強盗は、長期休暇のようなこれ以上ない格好のタイミングで実行に移すのがお決まりのパターンだ。休みが重なる長い週末、とくに、金庫を破るドリルの音を隠すため、たくさんの催し物が開かれるタイミングで実行される。しかし、バングラデシュ銀行襲撃の場合、ハッカーはさらにその先を行っていた。

ＳＷＩＦＴによる送金は、二月四日木曜日の午後八時三十六分にダッカで始まった。ズバイル・ビン・フダが本店のビルを出てからちょうど三十三分後だ。トリックはここにある。バングラデシュ銀行が保有する米ドルが実際に保管されている口座は、もちろんダッカから何千キロも離れたニューヨークの連邦準備銀行にあり、時差があるので現地は午前九時三十六分、ハッカーの希望にしたがって連邦準備銀行が、それと知らないまま送金するのには充分すぎる時間があった。ハッカーは夜通しで送金の依頼を続けていた。バングラデシュ銀行のオフィスは無人だったがニューヨークは昼のさなか、依頼にはいつでも応じることができた。

ハッカーたちの思惑通りに進んだのはそれだけではない。前述したように、バングラデシュの週末の休日は、ほかの多くの国のように土曜日と日曜日ではなく、金曜日と土曜日の二日間だ。そのため、ニューヨークの連邦銀行が送金作業に追われているころ、ダッカにあるバングラデシュ銀行本部は週末の休日を迎えて緊張が緩み、ビン・フダと同僚の行員たちは最小限の人員で働いていた。

「いかに周到に考え抜かれた攻撃かがわかるというものだ」とアスタナは言う。「金曜日、ニューヨークが動いているとき、バングラデシュ銀行は休み。日曜日、バングラデシュ銀行がオンラインに戻るころには、今度は連邦準備銀行のオンラインが停止している。その結果、発見が三日近くも遅れてしまった」

時間を稼ぐため、ハッカーはもうひとつ奥の手を用意していた。ニューヨークから送金させたドルは、その後、どこかの銀行に振り込まなくてはならない。彼らはフィリピンの首都マニラにある銀行に用意していた口座に送金させていた。この犯罪計画のすべての段取り同様、フィリピンを選んだのも偶然ではない。二〇一六年二月八日月曜日、フィリピンは旧正月の初日に当たっていた。言うまでもなく旧正月はアジア最大の祭日である。バングラデシュ銀行がフィリピンの銀行に連絡を取って送金を阻止しようとしたが、ほとんどのスタッフが不在だったため、送金をはばむことはできなかった。

バングラデシュ、アメリカ、フィリピンの時差の間隙を巧みにかいくぐり、ハッカーは五日がかりで送金をまんまと盗み取ることに成功していた。週末の休みの違いとそれぞれの銀行ごとの営業日がばらばらだったのがハッカーには幸いしていた。そのため、銀行側がハッキングに気づき、送金を阻止しようとしても、相手先の銀行にはすぐに伝えられなかった。

調査もこの時点になると、取引を簡単に取り消せないことはバングラデシュ銀行の当局者にも明らかになっていた。事実上、フィリピンに送金された資金を取り戻すには、フィリピン政府の協力を得なくてはならない。フィリピン当局からは、返還手続きを開始するために裁判所の命令を受けるように要請されている。裁判所命令は公開文書なので、バングラデシュ銀行が資金を失った事実はいきなり白日のもとにさらされた。二月二十九日、銀行は裁判命令を申告、事件は表沙汰になり、世界中に知れわたってしまう。

ある日、中央銀行の本部を出た瞬間、何百人もの記者やテレビクルーに囲まれたことをアスタナは覚えている。だが、中央銀行の損失を突然知らされたのはメディアだけではない。政府関係者もその点では同じだった。「財務大臣は激怒し、『どうして、私に黙っていた。これは国家の一大事だ』と面と向かって総裁を痛罵したそうだ」

新聞の一面を賑わせていたのはバングラデシュだけではない。ニュースはアメリカにも伝わり、民主党の下院議員キャロリン・マロニーの目にも留まった。「議会が終わり、空港に行くときにこの襲撃事件の記事を読みました。興味もそそられましたが、それ以上に衝撃的な事件でした」と言う。彼女の選挙区はニューヨーク州第十二選挙区である。マンハッタンのイーストサイドの大部分を占めており、世界最大のビジネス街として、主要メディアやエンターテインメント、金融会社の本社が置かれている。マロニーは金融サービスに関する下院委員会のメンバーとして、近年浮上してきたサイバー犯罪についても調査してきた。

それだけに、襲撃事件が持つ意味の重さをすぐに悟った。さらに目先の被害以上に、業界全体が将来的にどのような影響を受けるかについて考え、暗澹たる思いにとらわれていた。「SWIFTというシステムが信頼を失えば、金融システム全体が崩壊します。金融市場は資本以上に、信用に基づいて動いているからです。この事件によって、国際決済と銀行がすみやかに送金できる能力に対する信頼が損なわれました。国際決済の安全性に信頼が置けなくなれば、国際貿易はまちがいなくストップし、壊滅的な打撃を受けるでしょう。世界経済全体が損なわれることになります」

ニューヨークの連邦銀行に対しても、マロニーは大きな懸念を抱えていた。「普段はとても慎重なだけに、そもそもこの取引をなぜ認めたのでしょうか?」

連邦銀行に問い合わせたマロニーは、疑わしい取引に気がつき、取引を阻止するために連邦銀行が動いていた事実を知った。ハッカーたちにとって、これはその後続く一連の手違いの最初の出来事になる。彼らは一〇億ドル近くの金を手にする寸前まで綿密な計画を立て、この時点までは時計のように正確に動いていた。しかし、よくできた強盗映画と同じように、彼らもまた失敗を犯していたのだ。収奪計画のシナリオは思わぬ方向に動き出そうとしていた。

ＳＷＩＦＴを使った送金は、たとえば「△△銀行の〈口座番号１２３４５６７８９〉のジェフ・ホワイトに一〇億ドルを送金してください」と伝えれば済むほど簡単な話ではない。まず、送金元の銀行と送金先の銀行とのあいだに取引関係があるかどうかを確認する必要がある。提携関係がなければ、双方と関係のある仲介銀行を経由して送金しなくてはならない。

そして、ハッカーが最初に犯したミスがこれだった。ニューヨークの連邦銀行から九億五一〇〇万ドルを送金しようとした際に仲介銀行を指定しなかったため、三十五件の取引のうち一件を除いてすべて拒否されていた。だが、すぐに修正して残り三十四件の支払指図書を再送信している。

しかし、もうひとつ、些細な選択が彼らの計画に手違いをもたらしていた。金を受け取るためにハッカーが開設した口座は、ジュピター通りに支店がある銀行の口座だった。マニラには何百という数の銀行があるが、それにもかかわらず彼らの選んだ銀行が「ジュピター通り支店」だった。そして、それはまったくの偶然だったが、この支店を選んだ結果、ハッカーたちは一〇億ドル近い金をつかみ損ねることになる。

「実は、『ジュピター』という名称は、たまたまですが、対イランの経済制裁でリストアップされていた船舶名でした」とマロニーは言う。「ジュピター」という単語が察知されたその瞬間、連邦銀行の自動化されたコンピューター・システムが警鐘を鳴らすには充分だった。「この警告をきっかけに、連邦銀行では一連の支払指図書を残らず見直す作業に入りました。そして、機転の利くスタッフの一人が、この支払指図書はおかしいと気づいたのです」
そのひと言のおかげで、ハッカーのもくろみは中断する。ニューヨーク連邦銀行は取引を停止、だが三十四件すべてではなく、四件の取引がすでに成立していた。最初に成功した送金分を含め、計五件、総額一億一〇〇〇万ドル強の資金が送金されていた。ハッカーが意図したわけではないが、バングラデシュにとってはそれでも大きな打撃となった。駐フィリピンのバングラデシュ大使ジョン・ゴメスは、打撃を負った同胞の気持ちについて、「身を粉《こ》にして働く農民や労働者が稼いだ金が盗まれたことにひどくショックを受けている。盗まれたのは彼らの金だ。貧しい人たちの金だ。労働者の金だ。だから、なおさら心が痛む[5]」と代弁している。

このような一面は、胸躍る強盗映画では描かれるのもまれな部分だ。盗まれた金は富裕な一部の銀行家や豊かな企業のものではなく、政府が所有する資金だった。バングラデシュのように、人口の十人の一人以上が貧困にあえいでいる国にとっては、人の命を左右しかねない資金なのだ[6]。

この時点で、バングラデシュの国庫には一億一〇〇〇万ドルもの穴が空いていた。そこから流れ出た資金はバングラデシュに足を踏み入れたこともないハッカーたちの手に渡り、言うまでもなく中央銀行に戻ることはなかった。ハッカーはバングラデシュに赴くことがないまま、コンピューターの前に座り、逮捕される心配もないままキーボードを操作して強奪計画を実現させていた。すでに触れたように、さらに驚くのは、彼らは一年以上も前から銀行のコンピューター・システムのなかで息をひそめて辛抱強くいすわり、襲撃のタイミングを待ち続けていた点だった。

裏の裏をかく戦術

一〇億ドル収奪計画のちょうど一年前の二〇一五年一月二十九日。バングラデシュ銀行とダッカにある大手銀行数社の従業員は、〈yardgen@gmail.com〉というアドレスの就職希望者から、丁重な言葉で書かれたメールを受け取っていた。メールは次のように書かれていた。

私はラセル・アラハームという者です。御社の一員に加われると考えただけで、胸弾む思いを覚えております。個人面接を通じて、私についてさらに詳しくご説明できる機会をいただけることを心から期待しております。以下は履歴書と添え状です。お時間とご配慮を賜ることができれば幸いに存じます。(7)

メールにはアラハームの職務経歴書をダウンロードできるサイトのリンクが貼られていた。そして、クリックした者は誰も知らないうちにウイルスまでダウンロードしていた。(8) メールは、ソニー・ピクチャーズエンタテインメントをはじめ、サイバー犯罪で無数の被害者を確実にだましてきたフィッシング攻撃だった。コンピューターが適切に保護されていなければ、悪意あるダウンロードで被害者はハッカーの餌食にされる。そして、少なくともバングラデシュ銀行の一人の行員がこの策略にはまり、ウイルスをダウンロードしてしまった。だが、ハッカーは即座に大金を手に入れていたのだろうか。実はそうではなかった。

金を盗み出す手はずを整える前に、ハッカーたちはいくつかの難題に直面していた。まず、感染させたコンピューターの使用者が電源を落とした場合はどうするのか？　電源が切断されればウイルスコードが止まり、ハッカーはコンピューターから閉め出される。そこで彼らは《ネストエッグ》(Nestegg) というウイルスをしかけた。バングラデシュ銀行への不正アクセスでは、謎めいた名前を持つ一連のウイルスが使われていたが、そのなかで最初に使われたのがこのウイルスだった。(9)《ネストエッグ》は技術者が「持続的アクセス」と呼ぶもので、被害者がコンピューターを再起動してもウイルスはそこに常住し、バックグラウンドでこっそりとプログラムを実行する。

彼らは次の難題に取りかかった。

ハッカーが最初に侵入したコンピューターは、十中八九、人事部に所属する行員のコンピューターだったはずだ。フィシングメールは、採用志願者を装って人事部に送りつけられる可能性が高いからである。だが、人事部の人間は一般にその会社の金庫にはアクセスできない。そこでハッカーは、バングラデシュ銀行のコンピューター・ネットワークを経由して、行内の資金を管理するコンピューターにアクセスして金を盗み出さなくてはならなかった。

その際に使われていたのが、のちに捜査官が《シエラチャーリー》(SIERRACHARLIE) と名づけたソフトだった。このソフトを使えば、同じネットワークに接続されているほかのコンピューターをスキャンし、それらのコンピューターにも接続できる。ハッカーは銀行のシステム内を四方八方に散開することが可能になり、コンピューターからコンピューターに移動して目的を達成できる。

最後の課題は、銀行のITチームに気づかれずに、これらの作業をすべて行うことだった。ハッカーはそのために、《マックトラック》(MACKTRUCK) と名づけられた別のツールを導入した。このツールの役割は、感染したコンピューター同士のあいだで暗号化されたオンライン通信のチャネルを作成することだった。主システムに従属するスレーブ・マシンにコマンドを送ることで、行内のデータが引き出せるようになった。すべては暗号化された状態で行われ、何が起きているのか銀行のスタッフには特定できない。

こんなふうに説明すると、ハッキングの一連の手順は、経験豊富な技術者にとって比較的容易な作業のように思えるかもしれない。だが、実態はまったく異なる。ハッカーは神のような全能の力を持ち、組織内のコンピューター・ネットワークを瞬時に把握して、意のままに攻撃できるという神話が世間の一部で信じられているが、現実はまるで異なる。ほとんどの場合、ハッカーが侵入するのは本人も知らない環境で、捕まる危険を冒しながら慎重に行動しなければならない。真っ暗な闇に閉ざされた暗い家のなかに、弱々しい懐中電灯一本で放り込まれた泥棒のようなものである。いつ何かにぶつかって、警報が鳴り出すかわかったものではない。気が抜けない緊張をはらんでいる。

「言うまでもないが、ハッキングの最大のリスクは発見されることだ。だから可能なかぎり身を潜め、見つからないようにしている」とエリック・チェンは言う。チェンがそう言えるのは、彼は世界でももっとも有名なセキュリティ研究者の一人であるからだ。

研究者としてのチェンの経歴は、《スタクスネット》(Stuxnet) というワームの研究から始まった。《スタクスネット》は、世界初の「サイバー兵器」とも呼ばれる恐ろしいほど複雑な構造を持ったソフトウェアで、イラン国内の核燃料施設でウラン濃縮用遠心分離機のコンピューター・ネットワークを破壊するために解き放たれた。イランの遠心分離機——濃縮プロセスの中心装置——を巧みに破壊し、ウランの生産に深刻なダメージを与えたとされている。

現在、半導体メーカー、ブロードコムの子会社シマンテック社 [旧シマンテックはノートンライフロックと社名を変更] に勤務するチェンは、《スタクスネット》の解析に携わった中核チームの一人で、このワームは特定の原子力発電所を標的にしており、秘密裏に装置を破壊する目的で作成されたことを明らかにした（このときのサイバー攻撃はイランの宿敵であるアメリカとイスラエルによるとメディアの大半は報じている。だが、両国ともにその事実を否定している）[10]。

チェンが次に注目したのがバングラデシュ銀行へのハッキング事件だった。ハッカーがどのような手口で中央銀行のシステムの奥深くへと侵入していき、壊滅的な結果をもたらしていたのか解明を始めた。

そして、一台のコンピューターを乗っ取ったあと、そのコンピューターを使って彼らが一足飛びにネットワークに侵入していった手口を明らかにした。「彼らはあるマシンにアクセスし、基本的にそのマシンで追加の認証情報——ほかのユーザー名やパスワード——を探した。そして、その認証情報を使い、（コンピューターに）『このマシンに接続されているのはどのマシンか』と問い合わせていた。さらに新しいマシンの認証情報をもとに、あるマシンから別のマシンへと飛び移っていった。こうした作業が何度も何度も繰り返されていた」

チェンの説明では、「重要度の低いコンピューターから重要度の高いコンピューターへと移動した時点で、最初のコンピューターへのアクセスは不要になる。必要がなくなったコンピューターに残されたウイルスは消去されていったので、彼らの追跡は難しくなる一方だった。たとえ何十台、何百台のコンピューターが感染していても、その時点で感染して活動しているのは二～三台のマシンだけだったかもしれない。バングラデシュ銀行の情報セキュリティチームは、あるマシンが感染していたのを発見しても、『もうだいじょうぶ』と思い込み、攻撃者がまだネットワーク内に潜んでいる事実に気づけなかったのかもしれない」。

書き換えられたアクセスコード

ハッカーの最終目標は、ＳＷＩＦＴを制御するコンピューター、つまり事実上の金庫の鍵であり、彼らの巨額の送金要求を可能にするコンピューターの支配にほかならなかった。最初のフィッシングメールを送ってからちょうど一年後の二〇一六年一月二十九日、彼らはついに大当たりを出し、ＳＷＩＦＴの端末にアクセスすることができた。銀行が保有する一〇億ドルまであともう少しだ。だが、ここで問題が発生する。バングラデシュ銀行では、ＳＷＩＦＴによる取引は残らずコンピューター・システムに記録されていることに彼らは気づいた。

これは大きな問題で、チェンが指摘するように、「国際送金が行われている最中に行員に気づかれでもしたら、送金がブロックされたり、送り返されたりする可能性がある。相手銀行にＳＷＩＦＴのメッセージを送り、『この取引をキャンセルのうえ、送金したぶんは返金してほしい』と連絡することもできる」。言うまでもなく、そんなリスクをハッカーは負いたくない。行内に残る彼らのデジタル記録を削除し、痕跡が残らないようにしなければならなかった。そのためには、バングラデシュ銀行のシステムにあるＳＷＩＦＴのソフトウェアをハッキングし、コードを変更しなければならない。複雑な作業のように思えるかもしれないが、実は驚くほど簡単で、方法そのものはきわめて洗練されたハッキング技術のひとつと言えるだろう。

実際、書き込まれていたコードはじっくり見ほれるほど、無駄のない洗練されたコードだった（コンピューターのコードを見るのはこれがはじめてでも心配しなくてもいい。私が説明しよう）。コードはこんな感じで書き込まれていた。

```
85 C0            test eax, eax
75 04            jnz failed
33 C0            xor eax, eax
eb 17            jmp exit
                 failed:
B8 01 00 00 00   mov eax, 1
```
(11)

技術者でなければ、意味のない文字や数字の羅列にしか見えないだろう。だが、一行ずつ見ていくと、だんだんわかってくる。それぞれのコードの意味は次の通りだ。

```
85 C0            test eax, eax
```

このコードはある種の重要なチェック——正しいパスワードを入力したか？　正しいコンピュータを使用しているか？　正しいネットワークからログインしているか？——を意味している。

```
75 04            jnz failed
```

上記のチェックに失敗すると、末尾に〈failed〉と記されたコードに進み、そうでなければ次のコードに移る。

```
33 C0            xor eax, eax
```

チェックをパスした——成功！

```
eb 17            jmp exit
```

チェックが完了、さっそくSWIFTを使用できます。

```
                 failed:
B8 01 00 00 00   mov eax, 1
```

チェックに失敗したので、SWIFTは使えません、残念。

ここで重要なのはこれらに続く以下のコードだ。書き込まれているのはチェックに失敗した場合、〈failed〉の行に進む。回避できれば正しいコードに進み、SWIFTが使えるようになる。バングラデシュ銀行のハッカーたちはまさにこれを実行していた。彼らはコードを次のように変更した。

```
85 C0            test eax, eax
```

```
90              nop
90              nop
eb 17           jmp exit
                failed:
B8 01 00 00 00  mov eax, 1
```

たいした違いはないように思えるかもしれない。たしかにあまり変わってはいないが、しかしきわめて重要な変更である。なぜなら、このコードには次のような意味があるからだ。

```
85 C0           test eax, eax
```

この行も重要なチェック項目だ。正しいパスワードを入力したか？　正しいコンピューターを使用しているか？　正しいネットワークからログインしているか？

```
90              nop
```

何もしてはならない。

```
90              nop
```

何もしてはならない。

```
33 c0          xor eax, eax
```

チェックをパスした——成功！

```
eb 17          jmp exit
```

チェックが完了、さっそくＳＷＩＦＴを使用できます。

```
               failed:
B8 01 00 00 00 mov eax, 1
```

チェックに失敗したので、ＳＷＩＦＴは使えません、残念。

コードの末尾のほうに「失敗」を意味する〈failed〉が残っているが、これがどういう意味かわかるだろうか。実は、二度と〈failed〉には到達しないという意味だ。そのコードに行くように指示するコードそのものが消えてしまったのである。

わずか数文字という、最小限の変更を加えたにすぎない。だが、この変更によってコンピューターの「ノー」は「イエス」に変わり、一〇億ドルの預金がしまわれている銀行の金庫室のデジタルの扉は開放された。これがコンピューター・コードの妙技だ。たった数個の文字と数字が絶大な力を発揮する。日本の板前シェフの庖丁さばきのようでもある。無駄のない使い方を覚えるには数年の年月を要するが、一度マスターすればほんの数ストロークでこうしたコードを打ち込むことができるようになるのだ。

ソニー襲撃とバングラデシュ銀行を結ぶもの

この時点でハッカーはSWIFTのデータベースにアクセスして、支払指図した痕跡を残らず消すことができるようになった。一方、銀行はその事実に気づくことはまったくできなくなっていた。もっとも、本当にそうかといえば、そうではないのが現実だ。そしてハッカーは最後の難関に直面する。ご存じのように、世の中にはコンピューターを信用しない人もいる。出力された紙を手にしていたほうが安心できる人たちだ。バングラデシュ銀行も例外ではなく、SWIFTによる送金のデジタル記録をバックアップしていた。それが十階のオフィスに置かれていたプリンターであり、その仕事は送金の確認書を紙に出力することだった。

「攻撃者は、印刷された取引のコピーをすべて迂回させる必要があった」とエリック・チェンは言う。そこで、彼らはSWIFTのソフトのうち、プリンターにコマンドを送る部分に侵入する。「プリンターにファイルを送ろうとするたびに、印刷する内容を含むファイルを〈ゼロ〉で上書きしてしまう。だから何も印刷されず、そのかわり、プリンターには白紙の用紙しかなかった」

銀行強盗を描いた映画では、犯人は監視カメラを乗っ取って映像を差し替え、金庫に誰もいないように見せかけ、その隙に一味が金庫を破るというシーンがよく出てくる。プリンターへのこうした操作はそのハッカー版だった。

ビン・フダたちがいつもの不具合だと思っていたプリンターの故障は、実は一年前から周到に計画されたサイバー攻撃の最終段階だったのである。

痕跡を消したことで、強奪は実行に移された。その時点でハッカーたちはニューヨークの連邦銀行にあるバングラデシュ銀行の口座に一〇億ドル規模の残高があることに気づき、SWIFTへのアクセス権を利用して支払指図書を送った。しかし、依頼を受けた連邦銀行のほうは不審に思った。「一日に一〇億ドル送金する人間などいないからだ」とラケッシュ・アスタナは言う。「連銀はSWIFTの支払指図書をバングラデシュ銀行に送って、『これはいったいどういった要求なのか』と照会していた」

しかし、当然ながら連邦銀行のメッセージを出力するはずのプリンターはハッカーに乗っ取られており、吐き出されるのは白紙の用紙ばかり。バングラデシュ銀行のスタッフが緊急メッセージを見ることができたのは、プリンターの修理が済んだ土曜日だった。

「で、スタッフたちは何をしたと思う？　連邦銀行からの確認メッセージを残らず読み通したんだ。そして、たがいに『どうして一〇億ドルもの支払指図を頼んだのだ？』と確かめ合っていた」とアスタナは言う。

すでに述べたように、バングラデシュ銀行のスタッフはこの時点で連邦銀行には連絡できなかった。ニューヨークは週末を迎えており、連邦銀行の連絡先は通じなかった。

ハッキングの規模と複雑さが明らかになるにつれ、エリック・チェンのようなベテランの専門家でさえ驚きを隠せなくなっていた。「これほどの規模で送金させるような攻撃は私たち研究者も見たことがなかった。正気の人間はもちろん、サイバー犯罪に手を染めたことのある人間でも、銀行から一〇億ドルもの金を送金しようとたくらんだ者などいなかった。あきれるしかなかった」

緊張を募らせ、関心を示していたのは、銀行の内部関係者やセキュリティの研究者だけではなかった。言うまでもなく、FBIもこのハッキングには関心を示していた。とりわけ関心を寄せていたのは、二〇一四年末からソニー・ピクチャーズエンタテインメントの不正侵入とデータ流出を担当していた捜査チームだった。バングラデシュ銀行の襲撃事件には、ロサンゼルスで捜査を進めていた当局者にとって何かピンと来るものがあった。

「ソニー・ピクチャーズへの攻撃と、バングラデシュ銀行への侵入と襲撃では、双方の事件で使われていた同じアカウントがいくつか存在していた」とトニー・ルイスは言う。当時、カリフォルニア州中部地区の連邦地方裁判所の検事補として勤務していたルイスは、二〇一四年末からソニー・ピクチャーズの事件を一貫して担当してきた。そしていま、ルイスと同僚たちはバングラデシュ銀行の件についても調べ始めていた。

細部に注意しながら読んできた人なら、バングラデシュ銀行への最初のスピアフィッシング＊訳註の送信の際に使われていたメールアドレスが、〈yardgen@gmail.com〉だったと覚えているかもしれない。

＊訳註：スピアフィッシングとは標的型フィッシング攻撃のこと。不特定多数を標的にした通常のフィッシングとは異なり、文字通り「もり《スピア》」のようにターゲットを特定して攻撃を行う。

ソニーの襲撃事件の手がかりをあらためて調べ直していたルイスらは、同じアドレスが調査のなかで何度も出てくることに気づいた[12]。このアドレスは、ソニーへのハッキングに先立ち、映画『ザ・インタビュー』の出演者の一人についてネット検索する際に使われていた。アメリカの捜査当局によれば、この映画はソニーへのハッキングの引き金となった。しかし、このアドレスを使うこと自体は犯罪ではないだろう。もしかしたら、〈yardgen〉というユーザー名を持つGメールアドレスの所有者はセレブの大ファンで、そのかたわら副業として数百万ドル規模の銀行ハッキングでもやっていたのだろうか？

ＦＢＩはさらに調査を進めた。そして、〈yardgen〉というユーザーのアドレス帳になんとかしてたどり着いた（グーグルなどに提出した捜査令状のおかげであるのはほぼまちがいないだろう）。ＦＢＩによると、アドレス帳はきわめて興味深いものだった。『ザ・インタビュー』に出演している三名の俳優の名前に対応する一七通りのユーザー名が綴られたメールアドレスが登録されていたのだ。ということは、このアカウントの持ち主は本当にセレブが大好きで、メールアドレスを手探りで推測し、俳優本人に連絡を取ろうとしていたのかもしれない。

ＦＢＩはその後、〈yardgen@gmail.com〉のアカウントで、映画の俳優の一人に宛てたスピアフィッシングを発見、メールはフェイスブックのログインアラートを装っていた。さらにそのアカウントがアンドソン・デイビッドのアカウントにリンクしていた事実を突き止めている。アンドソン・デイビッドは、『ザ・インタビュー』の関係者をだまし、ウイルスに感染したセレブのヌード写真をダウンロードさせようとしていたあの人物だ。

さらに、同じGメールアドレスが、ハッキングの方法をオンラインで検索するために使われていたこともわかった。

調べれば調べるほど、バングラデシュ銀行の収奪事件と、ソニーのハッキングに使われたさまざまなメールやソーシャルメディアのアカウントとのあいだには関連性がある事実にＦＢＩは気づいた。「それぞれの事件に使われたアカウントにはつながりがあると同時に、双方の襲撃で被害者を標的にする際に使われていたアカウントもあった」とルイスは言う。

使用されたウイルスのコードにも類似点があった。バングラデシュ銀行への襲撃では、ハッカーたちは通信を《マックトラック》を使って暗号化したレイヤーに潜ませていた。ＦＢＩはウイルスのコードのなかに、暗号化の際に使われた三つのＩＰアドレスを含むテーブルを発見している。また、ソニーのハッキングで使われたウイルスのなかにも、同じＩＰアドレスのテーブルがあることが解明された。

たしかに、サイバー犯罪を手がける者がたがいのコードをコピーしあう場合もなくはない。一般的にはＩＰアドレスの共有はしない。そんなことをすればせっかくハッキングしたデータが、同じＩＰアドレスを使用する別のハッカーの手に渡ってしまうかもしれない。それではハッキングの意味がなくなる。ＦＢＩにとって、双方の攻撃で同じＩＰアドレスが使われていた事実は、同一の組織が背後にいることをさらに裏づける証拠となった。

この時点でＦＢＩは、ソニーとバングラデシュ銀行の襲撃はラザルスグループによる犯行であると考えるようになっていた。驚くべき事件の展開だった。北朝鮮のエリート・ハッカーチームが、エンターテインメントではアメリカでも屈指の企業に大損害を与えることに成功したばかりか、難攻不落と見なされてきた国立の中央銀行から何億ドルもの金を盗み出そうとしていたのだ。しかも、両者の犯行のあいだにはわずかな時間の経過していない。

しかし、ＦＢＩの捜査官を待ち受けていた新事実はこれだけではない。二件の攻撃で使用された大量の電子メールやソーシャルメディアのアカウントをさらに調べていくにつれ、彼らは信じられないような事実を発見する。それまでラザルスグループのハッカーは謎めいた匿名の存在で、偽のペルソナを使ってデジタル戦争を繰り広げてきた。それが一変しようとしていた。ＦＢＩの話では、証拠が集まったことで、組織の主要メンバーと捜査官たちは（文字通り）真っ正面から向き合うことになった。そして、ＦＢＩが訴えた法廷で語られる主要メンバーの物語は、北朝鮮のハッカー集団の複雑で興味をそそる進化とともに、組織犯罪とのつながりにも光を当てることになる。いまや、ラザルスグループはその正体を明らかにしようとしつつあった。

第8章　サイバースレイブ

中国に派遣された男

二〇一一年、朴鎮赫《パクジンヒョク》の生活は多忙を極めていた。朴は北朝鮮生まれの三十六歳の男性で、この国の大多数の人民とは異なり、彼は国を出ることができ、外の世界の生活が祖国といかに違うかを体験している最中だった。こうした生活が送られるのも、朴が持っている余人にかえがたいスキルのおかげだった。

朴はITに関して優れた能力があり、複数のプログラミング言語を使いこなせた。野心的な若い技術者が集まる平壌の名門大学金策《キムチェク》工業総合大学で学び、誰もがうらやむようなキャリアを積んで、現在は北朝鮮政府でコンピューターの専門家として働いている。北朝鮮のような階級社会では、このような評価は朴本人にとどまらず、彼の家族の生活も一変させることができた。

実際、最終的に朴の才能は報われた。それはこの国の政権が与えうるもっとも胸躍る特典のひとつである国外への渡航だった。北朝鮮との国境から数百マイル離れた中国の大連に派遣されたのだ。北朝鮮にとって中国は長年の同盟国であり、政権が選べるごくかぎられた海外勤務先としてはきわめて一般的な赴任地だった。とはいえ、朴にとっては、とほうもないカルチャーショックだったはずである。大連にはコスタコーヒー［イギリスのカフェチェーン］の店舗があれば、マクドナルドやテスコ［イギリス最大手の小売チェーン」のスーパーマーケットも出店している。[1] 広々とはしているが、平壌の空虚な街並み、そこに建つかぎられた店での買い物とは何から何までまったく違っていた。

表向きは、大連のオンラインゲームの制作会社で働き、電子メールのアカウントやコンピューターのサーバーの設定、技術的な脆弱性の研究など、朴のような職業に携わる人間にとっては、そうしたすべて一日の仕事だった。だが、捜査当局の話では、朴は二重生活を送っており、ゲームとはまったくかけ離れた仕事にコンピューター技術を利用していたという。

しかし、二〇一一年当時、朴の頭は別のことで占められていた。婚約者（彼女については「同志」と呼んでいた）と結婚するため、九月には北朝鮮に帰国する予定だった。その後、中国に戻って仕事を続けることになっていたが、それから先のことについては誰にもわからなかった。政権にきちんと仕えていれば、いずれ平壌にそれなりの大きさのマンションが与えられるかもしれない。いい家具も用意してもらえるだろう。大きなテレビもある。家庭生活をスタートさせる者には、またとない人生のキップにほかならなかった。

しかし、その前に長年にわたる教育と海外赴任で得た成果を政府に捧げなければならなかった。朴のネット上での行動を追跡した捜査当局によると、彼はその技術を使って世界でもっとも破壊的なサイバー攻撃を実行しようとしていた。朴の活動を追跡するため、FBIの捜査官はデジタルという森の下生えのなかで、曲がりくねって続く道を進んでいかなければならない。だが、朴が自分の足跡を消すことにどれほど長《た》けていても、秘密の生活を永遠に隠すことはできなかった。

謎をつないだメールアドレス

検察官にとってサイバー捜査とは、犯罪と犯人と思われる人物につながる証拠の連鎖を構築し、その人物が責任を逃れる機会を排除することにつきるだろう。物理的な犯罪なら、指紋やＤＮＡ、衣服の繊維など、犯人と犯行現場を結びつける有無を言わせない有力な証拠となるものが存在する。それに比べ、サイバー犯罪の場合、キーボードを打つ手と犯人を結びつけるのは至難の業《わざ》だ。

たとえば、私から怪しげなメールを受け取り、その結果、詐欺に遭ったとしよう。当然、あなたは私を告発しようとする。だが、私には無関係だと言い張れる根拠が山ほどある。私のメールアドレスがハッキングされたのかもしれない。私がメールのパスワードをほかの人間と共有しており、その人物がログインして問題のメールを送ったのかもしれない。だましたのがまぎれもなく私だと、どうすれば異論の余地なく証明できるのだろう?

二〇一六年、ソニー・ピクチャーズエンタテインメントとバングラデシュ銀行のハッキングを調査していたとき、連邦検事補のトニー・ルイスとＦＢＩの捜査官に突きつけられた問題がこれだった。攻撃の主体はラザルスグループと指摘するだけでは充分ではなかった。それだけでは影のハッカー集団に刑事責任を問うことはできない。そのためには実行犯の名前が必要だった。ハッキングの背後にいる個人を特定しなければならなかった。

そこで彼らはデータをさかのぼり、証拠の連鎖が始まる場所をあらためて探した。それは一本の糸であり、その糸をたぐり寄せれば、事件を解明して、個々のハッカーの身元を突き止めることができるかもしれない。

いずれの襲撃事件でも、ハッキングの際に使われていたＧメールのアドレスを覚えているだろうか。

例の〈yardgen@gmail.com〉である。ＩＴ企業への令状のおかげで、ＦＢＩはこのアドレスをはじめとするメールアカウント、またこのアドレスでログインの際に使用されたコンピューターのＩＤ、そのコンピューターがオンラインする際に使用していたＩＰアドレスなど、豊富なデータを蓄積してきた。そして、二〇一四年九月六日に同じＩＰアドレスを使用した同一のコンピューターが、〈yardgen@gmail.com〉と別のメールアドレス（tty198410@gmail.com）の双方にアクセスしていた事実に気づいた。

この事実は、双方のアカウントが同一の人物、もしくは複数の人間に使用されていた事実を示唆している。二つのメールアドレスのあいだでメッセージがやりとりされていたのだ。しかも、やりとりされていたのはただのメッセージではない。のちに『ザ・インタビュー』のキャストとクルーを標的にした偽のフェイスブックのメッセージとまったく同じタイプのものだったのである。これではっきりした。二つのアカウントの所有者は、ハッキングにいたるまでの数週間、このアカウントでフィッシングメールを作成していたのだ。〈tty198410@gmail.com〉は、ソニー・ピクチャーズをハッキングするために使われたオンライン・ネットワークの一部に組み込まれていた。

〈tty198410@gmail.com〉とサイバー攻撃の関連性はこれだけではない。このアドレスは『ザ・インタビュー』の出演者にメッセージを送り、ウイルスを仕込んだセレブのヌード写真をダウンロードするように誘導していた人物が、「アンドソン・デイビッド」名義でフェイスブックのアカウントを開設する際にも使われていた。この事実は、このメールアカウントとハッキングをむすぶ一連のつながりのひとつにすぎなかった[2]。

〈tty198410@gmail.com〉のメールアドレスをさらに詳しく調べた結果、ＦＢＩはこのアドレスが

「ワトソン・ヘニー」なる人物のGメールアドレス（watsonhenny@gmail.com）のバックアップアドレスとして使われていることを突き止めた。この事実にＦＢＩが警戒したのは（watsonhenny@gmail.com）の連絡先には二件のハッキングに関する複数のリンクが残されていたからだ。バングラデシュ銀行の職員三十七名のメールアドレスが残されていただけではなく、北朝鮮に関するドラマを制作していたイギリスのテレビ制作会社にフィッシングメールを送るためにも使用されていた。この制作会社もソニーと同時期にハッカーに狙われていたのだ。ハッカーのネットワークにおいて、〈watsonhenny@gmail.com〉というアドレスがもうひとつの重要な拠点であるのは明らかだった。

メールアドレスの調査を始めたＦＢＩは、さらに驚くべき手がかりを見つけていた。二〇一五年四月から五月にかけ、このアドレスを使い、北朝鮮政府の代表を名乗る人物から送信されたメッセージを発見したのだ。その人物はオーストラリアにいる相手とメッセージを交換し、石炭や金属の取引についてやりとりを交していた。そのなかでオーストラリア側の人物は、自分は北朝鮮が手がける海外ビジネスの世界では大立者で、自分の報告は貴国の指導者である金正恩に直接届けられると語っていた[3]。

ソニーのハッキング事件で令状を取った時点で、ＦＢＩの捜査チームは、北朝鮮の政治とビジネスをめぐる会話を盗聴できるようになっていた。ハッキングの背後に北朝鮮が存在しているとＦＢＩはにらんでいたが、〈watsonhenny@gmail.com〉の線を調べていくと、このメールアドレスはソニーのハッキングとは無関係であるのはほぼまちがいなかった（オーストラリア側の窓口はたしかに実在していた。六十二歳になる崔燦韓《チャンハンチョイ》という人物で、国連制裁に反して北朝鮮のミサイル部品をインドネシアに売ろうとした罪で二〇一七年にシドニーで逮捕、三年以上の禁固刑を言い渡される[4]）。

実行犯の顔写真つき履歴書

ＦＢＩの捜査官は、ソニーへのハッキングで使われた〈tty198410@gmail.com〉のメールアドレスの調査にふたたび取り組んだ。アドレスの背後にいる人物が突き止められれば、容疑者を見つけ出すことができるかもしれない。そして、その通りだった。「金孝祐《キムヒョンウー》」名義で開設されたほかのメールアドレスをはじめ、フェイスブックやツイッターのアカウントのネットワークの存在が明らかになり始めた。リンクしていたアカウントはそれだけではない。ソニーとバングラデシュ銀行の攻撃で使われていたメールアカウントとソーシャルメディアなどの二〇ものアカウントのうち、その半分は「金孝祐」という謎の人物に結びついていたのだ。

では、金孝祐がハッカーの正体なのだろうか？　そうではなかった。手がかりを集めていくうちに、金はサイバー犯罪者が作り出した単なる操り人形の一人にすぎない事実が明らかになる。ロシアのマトリョーシカ人形のように、ソニーとバングラデシュ銀行をハッキングした者は、何層もの偽装のなかに自身を埋め込み、追っ手を振り切るためのデジタルの煙幕を張っていた。しかし、金孝祐は興味深い手がかりを与えてくれた。今回、捜査は袋小路に誘導されるのではなく、ハッカーたちの実像に迫る驚くべき手段が残されていたのだ。

金孝祐が使っていたアカウントのいくつかは〈surigaemind@hotmail.com〉というメールアドレスにリンクしていた。そしてＦＢＩが発見したように、このアドレスは二〇一〇年九月二十三日に「ジン・ヒョクパク」（Jin Hyok Park）という名義で作成されていた。その数カ月後には、やはりこのアドレスで同名義のフェイスブックのアカウントが作成され、さらにその後、「パクジンヒョク」（Park Jin Hyok）というユーザー名で、〈@ttypki〉というハンドル名のツイッターのアカウントを開設するために使用されている（「朴《パク》」は欧米の「スミス」に相当するほど多い姓で、韓国や北朝鮮の場合、姓と名前の順番を変えて表記できる）[5]。ＦＢＩの捜査官に幸いしたのは、二〇一一年四月二十九日、〈surigaemind@hotmail.com〉のアドレスの所有者が「現在地」と題するメールを自身に送っていたことが明らかにされた点だ。ＧＰＳの座標は、北朝鮮との国境から数百マイル離れた中国の港湾都市大連の高架道路に隣接する、これといった特徴のない建物だった。ＦＢＩは朴鎮赫《パクジンヒョク》に狙いを定めていった。だが、この時点では、「朴鎮赫」の名前が偽名に見せかけたネット上の架空の人物でないとは言い切れなかった。

〈surigaemind@hotmail.com〉のアカウントをさらに調べていくと、「ジンヒョク」と署名されたメールが見つかる。いずれも朴鎮赫が「朝鮮万博合弁会社」という会社のために取り組んでいるプロジェクトに関するメールだった。この会社は大連に本社があり、メールアカウントの持ち主が伝えた所在地と同じだった。捜査は徐々に核心へと迫っていき、北朝鮮とのつながりはますます強まった。朝鮮万博《エキスポ》はもともと、北朝鮮と韓国が共同で事業を手がける実験的な合弁会社として設立されたが、韓国はある時点でプロジェクトから手を引いている。同社のホームページに残された記録を見ると、松茸や花瓶などの販売から、コンピューター・プログラミングの受託開発まで、これという一貫性のない企業活動が続けられてきたことがうかがえる[6]。

しかし、朝鮮エキスポという企業は本当にハッキングと関係があるのだろうか？　もしかしたら、この会社と朴鎮赫、ハッキング攻撃との関連性については、もっとたわいのない説明がつけられるかもしれない。朴鎮赫は、朝鮮エキスポで合法的なコンピューター・プログラミング・プロジェクトに従事する社員だが、不正行為に手を染め、〈surigaemind@hotmail.com〉のアカウントを使い、ソニーとバングラデシュ銀行のハッキングに使われた巨大ネットワークを上司に知られることなく構築していたのかもしれない。

捜査はさらに続けられた。その結果、朝鮮エキスポのログインしたアカウントに北朝鮮のＩＰアドレスが使われており、しかもそのＩＰアドレスはハッカーたちが使っていたメールアカウントのネットワークにアクセスしていたのと同じＩＰアドレスであることが判明する。この事実は、同社のウェブサイトを運営する人物もまたサイバー攻撃に加担していることを示唆していた。さらにＦＢＩは、朝鮮エキスポと直接取引をしていた証言者を探し出していた。この人物によると、朝鮮エキスポの社員は北朝鮮の大使館員に監督されており、給与の大部分は祖国に送金されているという(7)。調べれば調べるほど、北朝鮮はもちろん、ソニーやバングラデシュ銀行の襲撃事件と朝鮮エキスポの関連性が浮かび上がってきた。ここにいたってＦＢＩもついに、この会社は北朝鮮ハッカーの隠れみのだと考えるようになる(8)。

そして、ＦＢＩはついに大当《ジャックポット》たりを引き当てる。朝鮮エキスポの部長の一人と、同社のプログラマーサービスを利用している顧客との会話記録だった。二〇一一年一月、その部長は大連のチームに新しい開発者が加わったと書き送り、新たな担当者の名前として「Pak Jin Hek」――パクジンヒョクの音訳表記――と記していた。朴の履歴書も添付されていた。金策工業総合大学を卒業後、二〇〇二年に朝鮮エキスポに「オンラインゲーム開発者」として入社と書かれている。履歴書には朴のプログラミング・スキルも列記されていた（そのなかにはラザルスグループが攻撃で使用していたマルウェアの一部をプログラムする際に必要な開発環境〈Visual C++《ビジュアルシープラスプラス》〉も含まれていた）。

捜査当局にすれば息を呑むような成果だった。朴鎮赫はネットに出没する正体も定かではない怪しい人物などではなく、血も肉もある生身の人間だったのだ。「朴の名前、出身校、何語を話し、得意なコンピューター言語は何か？　誕生日も書かれていた。朴がまちがいなく実在する人間であることを示す、詳細をつくした経歴のようなものだった」と語るのは、当時検事補としてＦＢＩともども捜査に当たっていたトニー・ルイスである。

しかし、朴鎮赫の履歴書にはさらに驚くべきものがあった。朴本人の写真が添付されていたのだ。ＦＢＩの「最重要指名手配《モーストウォンテッド》」の「最重要指名手配：サイバー犯罪」のリストにアクセスすると、青地を背景にこちらを見つめる朴鎮赫の写真を見ることができる。[9] 履歴書に記載されている生年月日は一九八四年八月十五日、それを踏まえると年齢相応の三十代の男性だ。無表情で、黒ストライプのしゃれたシャツに茶色のジャケットを着込んでいるが、街ですれ違ってもすぐに忘れてしまうようなタイプだ。

だが、この男こそ、数々のサイバー犯罪で使われてきたあらゆる偽名を使ってきた人物の素顔だとＦＢＩは主張する。ソニー・ピクチャーズのコンピューター・システムをダウンさせ、バングラデシュ銀行から数百万ドルもの預金を奪ったのもこの男だ。「ラセル・アラハーム」の名前で銀行に職務経歴書を送りつけ、「アンドソン・デイビッド」名義でセレブのヌード写真をダウンロードさせようとし、「ワトソン・ヘニー」なる名前でＧメールのアカウントを開設、「金孝祐」としてネットワークを構築していた。すべては、キーボードの向こうから、朴鎮赫が偽のペルソナのネットワークを使って演じていたのだ。この時点でラザルスグループはもはや顔のないデジタルの脅威ではなくなっていた。名前と写真、そして人生の記録を持つ実態に変わっていた。「それまで手がけてきたあらゆる調査活動に、突然顔が備わった」とトニー・ルイスは言う。

しかし、ある意味でこの真実は素朴な疑問をさらに深めることになった。朴鎮赫はどのようななりゆきで中国の会社で働くことになったのか？　北朝鮮では若者の数学的能力がいかに重視され、その能力にしたがって政府のハッカー要員を選抜し、育成しているのかについてはすでに触れた。しかし、北朝鮮の偏執的な孤立主義を考えると、なぜ北朝鮮政府はこうした者たちを国外に送り出すのだろう。実は、これにはもっともな理由がいくつもある。朴鎮赫の話には、さらに大規模な戦略的なアプローチが反映されている。北朝鮮から大勢のハッカーが国境を越えて派遣され、国外の奇妙な場所に出没するのはそうした理由からなのだ。

北朝鮮企業のビジネスモデル

遼寧省の省都瀋陽は、人口九〇〇万人強の中国有数の大都市である。その中心部に近いところに七宝山飯店《チボルサン》というホテルがある。外観はアジアのビジネスホテルの典型で、玄関の両脇には石造りの虎のオブジェが置かれている。

二〇一七年、マークというアメリカ人が瀋陽に出張した際に宿泊したのがこのホテルだった（実名は「マーク」に変えてある。彼の会社は中国で手広く事業を営み、外国人ジャーナリストと話すことについてはいい顔をせず、彼もまた将来の仕事を危うくすることは望んでいない）。宿泊の手配は同僚がしてくれたので、到着するまでホテルについては何も知らなかった。第一印象は悪くはなかった。「きれいなロビーで、スタッフの身だしなみもきちんとしており、チェックインする客にとても気を配っていた」

しかし、チェックインを済ませてからというもの、自分を盗み見るスタッフの視線が気になってしかたがない。ひどかったのはエレベーターに乗ったときだった。「途中階でとまって扉が開くと、待っていたほかの宿泊客の何名かが立ちすくみ、『誰だ、こいつは』という顔をしている。そのうちの一人は文字通り後ずさりして、激しく動揺していた。エレベーターには乗り込んできたが、私の側には寄ってこようとはせず、少し離れて立っている。みんな押し黙ったままだった」

マークがチェックインしたホテルは、北朝鮮が経営しているホテルだった。夕食の席でそうした事情が少しずつわかってきた。壁に掛けられたテレビを見ると、朝鮮戦争の映像が流れている。愛国的な内容の映像で、アメリカの戦車が攻撃されているところを映している。いっしょに宿泊していた社員に、「『何て言ってる?』と聞いてみた。彼らの話では、『翻訳するなら、朝鮮戦争で北朝鮮がどれほど巧みにアメリカを撃退したのかとこのシーンでは言っている』という。私はこのホテルのレストランのテーブルに向かい、食事をしながら、北朝鮮がどうやってアメリカに勝ったかという愛国的な画像を見ていた」。

しかし、エレベーターのなかでマークが怪訝な表情を浮かべていたのは、このホテルの所有者が北朝鮮の人間であるという事実のせいだけではなかった。FBIの捜査官の話では、七宝山飯店には暗い秘密が隠されている。ソニーのハッキング事件の捜査で、FBIは攻撃者が使用したIPアドレスの跡をたどっていたが、そのなかにはこのホテルに直接たどり着くものもあった。二〇一九年までソウルのアメリカ大使館にあるFBIのオフィスを率い、現在はFTIコンサルティング*訳註でサイバー・セキュリティを担当する金京鎮《キョンジンキム》によれば、北朝鮮に起因するサイバー攻撃が判明したのはこれがはじめてではなかったという。「われわれが持っている状況証拠、また長年集めてきた情報では、(北朝鮮の)サイバーハッカーが七宝山飯店を活動拠点としているとわれわれはにらんでいる」

部屋に戻ったマークは七宝山飯店について検索を始め、このホテルに秘められたもうひとつの活動に関するネット上のゴシップにたどり着いた。「ここが『ハッカーホテル』として知られている事実はこのときに知った」と言う。

とはいえ、この時点では一夜の宿をほかに探すにはすでに遅すぎたので、マークはその夜はここで過ごすことにした。その前に、携帯電話のＷｉ－Ｆｉをオフにするという、賢明な予防策は講じておいた（マークはこのホテルのレビューについて、星四つ評価をしているが、七宝山飯店にはそれだけの価値が本当にあると思ったからだ。「その評価にふさわしい理由があった。料金は五〇ドルくらいで、おそらく同等のホテルの半分程度だった」）。

中国で活動する北朝鮮のコンピューターの専門家に気づいていたのは、マークとＦＢＩだけではない。北朝鮮から逃げ出す前、李賢勝《リヒョンスン》はビジネスマンとして成功を収め、幅広い人脈にも恵まれ、まちがいなくこの国の支配層に属する一人だった。生まれは平壌だが、大連で何年も勉強と仕事をして過ごしてきた。大連には前述した朝鮮エキスポがあり、北朝鮮の高官だった李の父親もこの港町で何年も暮らしてきた。大連では若い技術者たちとの親交を深め、祝祭日には彼らといっしょに遊んでいた。ＢＢＣワールドサービスのポッドキャスト「ラザルス・ハイスト」の共同司会ジャン・Ｈ・リーが彼に質問したところ、若い技術者たちが大連でどんな生活を送っていたのか、垣間見る機会があったと答えている。「コンピューターを教えてもらおうと、彼らのアパートに何度か行ったことがある。総勢二〇人ぐらいが同じ住居に住んでいて、一部屋当たり四人から六人で暮らしていた。リビングルームをオフィスのように使い、すべてのコンピューターはそこに置かれていた」

リビングルームに置かれたコンピューターを使い、彼らは何をしていたのかというリーの質問に、李は合法的なITプロジェクトに取り組んでいたと答えている。「当時は携帯電話用のゲームを作っており、ブローカーを通じて日本や韓国に売っていると話していた。年間一〇〇万ドルほど稼いでいると言っていた。たった二十人の人間でだ」

なるほど、北朝鮮のプログラマーを雇うことに目をつぶる（あるいは、誰が働いているのかをあえて無視するような）企業は世界のどこにも存在しており、料金が安ければなおさらだ。しかし、こうした合法的なプログラマーが一線を超えてサイバー犯罪に手を染め、母国の政権のために不正に金を稼ぐことは、どうやら驚くほど簡単なようである。二〇一一年、韓国の警察は、北朝鮮のハッカーと共謀し、オンラインゲームサイトを通じて数百万ドルを盗んだとされる五名を逮捕している[10]。

この詐欺事件は、韓国で開発された『リネージュ』という大人気のビデオゲームを舞台にしていた。ゲームそのものは、中世を舞台に騎士や王子がモンスターを倒したり、城の攻防をめぐって戦ったりするファンタジー・アドベンチャーだ。プレイヤーはゲーム内でポイントを貯め、特別な武器やグッズを購入することができる。ほかのゲームコミュニティの多くがそうであるように、『リネージュ』のファンのあいだにも、ポイントを増やすために実際に現金を払うような加熱した市場があった。

そこに目をつけたハッカーは、モンスターを自動的に退治するプログラムを作ってポイントを獲得し、そのポイントをゲーマーに売って現金化していた。ソニーやバングラデシュ銀行のハッキングに

---

*訳註：FTIコンサルティングはアメリカの金融コンサルティングファームのひとつ。司法機関や研究機関、シンクタンク、法律分野やIT分野、メディアなどといった専門性を用いて、リスク軽減の分析やコンサルティングサービスを提供している。

比べれば、エルフや魔法使いになって鬼退治に走りまわるプログラムの作成など、取るに足りないと思われるかもしれない。だが、そうではない。韓国の当局者の話では、ハッカーたちはこの手口で約六〇〇万ドルの利益を得ていたのだ。[11] 警察の主張に誤りがなければ、利益の大半は平壌に送られていた可能性がある。

こうした手口こそ、アメリカの捜査当局が指摘している朝鮮エキスポのビジネスモデルにほかならない。朴鎮赫が取引先企業に送っていたメールに見られるように、表面上は顧客にサービスを提供する合法的なコンピューター・プログラミング会社だったが、裏ではこの会社のインフラとスタッフが世界中のターゲットへの攻撃に利用されていた。

先述した元北朝鮮担当のアナリストだったプリシラ森内は、「私たちが何度も目にしてきた手法がこれだった」と言う。「表向きは国外のフロント企業のスタッフとしてハッカーを派遣し、その実、フロント企業のインフラを利用して、彼らにサイバー攻撃を実行させていたのです」

なぜ北朝鮮のために働くのか

ところで、北朝鮮政府はなぜハッカーを国外に送り出そうとするのか？　どうして国内にいて攻撃を行おうとしないのか？（何重にもおよぶオンライン難読化の背後に隠れているにもかかわらずだ）。それには技術的な理由がいくつかある。これまで見てきたように、北朝鮮のネット環境は非常にかぎられている。[12] ネットへの接続はロシアと中国に拠点を置く企業から提供されており、国全体としてIPアドレスの保有数は約一〇〇〇にすぎない（イギリスやアメリカなどでは何千万という規模で使用されているIPアドレスは必然的に世界でもっとも監視されている）。[13] そうなれば、北朝鮮のIPアドレスになってしまう。北朝鮮のハッカーが、詮索好きな人間の目を逃れて計画を進めようとすれば、国境を越えて中国に移動し、何千万ものIPアドレスのなかに身を隠すことはきわめて理にかなっている。

とはいえ、ここまで見てきたように、この戦術は絶対に確実なものではなかった。FBIの分析が正しければ、母国にいるラザルスグループの仲間は、北朝鮮のIPアドレスで攻撃対象のネットワークの一部にアクセスしていたようだ。こうしたリンクが決定的な証拠となり、FBIは朴鎮赫と彼の共犯者を訴追する理由を固めることができた。

しかし、北朝鮮が国境を越えてハッカーを送り込むのは、この国ならではの興味深いもうひとつの理由がある。こうやって国外に人を派遣することが、自国以外の世界のほかの国の考え方やコミュニケーションの方法を学ぶ機会になっているのだ。攻撃相手をだますために効果的なフィッシングメールを送るには、相手が属している文化に精通していなくてはならない。だが、情報が厳しく管理された北朝鮮のような隔離社会ではそれはできない。李賢勝が目にしていたような、ノートパソコンとケーブルでいっぱいのリビングルームがある〝ハッカー寮〟は、この国のハッカーにとって、ほかの国の人間がどのように生活を営み、インターネットを使ってどうやって社会化したり、他者とネットワークを結んだり、銀行と取引をしているのかを学ぶ教育の場にもなっている。

プリシラ森内が言うように、「(どちらかと言えば) 派遣先の国の社会とは距離をとった日常を送っているとはいえ、彼らの仕事はインターネット社会や相手国の文化に溶け込み、オンラインゲームやインターネットカジノ、あるいはSWIFTのような銀行間取引などからどうやって祖国の政権に収入をもたらすか、その方法を考えることなのです」。

こうした文化に直接触れる現実を享受できるため、北朝鮮の軍事工作員のなかでもハッカーたちこそもっとも危険な存在だと考える者もいる。圧倒的多数のこの国の同胞とは異なり、彼らはオープンなインターネットにアクセスすることができた。アクセスはそれぞれの担当者（朝鮮エキスポに配属された大使館員のような存在）によって厳しく監視されていたのは事実だが、祖国で暮らす者に比べれば、情報にアクセスできる裁量権が必然的に授けられており、その自由度は、インターネットへの接続が指導教員によって指示されている大学生さえ比べものにはならなかった。

たとえば、FBIが言うように、北朝鮮のハッカーが『ザ・インタビュー』の出演者にメッセージを送り、有名人のヌード写真をダウンロードするようにうながしていたという話が正しければ、それは、その数カ月前に起きていたファプニング——歌手のリアーナや女優のジェニファー・ローレンスなど、何十名ものセレブの個人アカウントから、ごくごくプライベートな写真が流出——をハッカーたちも知っていたことになる。北朝鮮のようにきわめて保守的な社会では、男女が手をつなぐことさえ恥知らずな行為と見なされ、そのような国で暮らす多くの者にとって、女性が自分の裸の写真を送るという行為そのものが、考えられないほどスキャンダラスなのだ。西側の人間のこんな振る舞いを知ることができる北朝鮮のハッカーは、この国では非常にかぎられた少数派に属している。このような例など、世界のほかの国の仕組みや標的にアクセスする操作法を調べるうちに、ハッカーがおのずと知ったにちがいない、自国の壁を越えた数々の洞察のほんの一例にすぎない。

その過程で彼らは、必然的にこの国の政権が人民に説いてきた嘘や、世界の大半の国々と比べて祖国が絶望的な貧困のもとで暮らしている現実を知ることになった。おそらく、この国の社会で、ハッカーほど政府の偽善と欺瞞、残酷さを知っている者はいないはずだ。しかし、それにもかかわらず、彼らはともかく国のために働き続けてきた。なぜ働くことができるのだろう？　理由はひとつではない。つねに「ニンジンと棒」がいっしょに使われてきた。

選り抜きのサイバー兵士たち

まず、コンピューター・ハッキングの世界に入ることは、この国の厳格な階級制度から逃れられる手段であるという点だ。第2章で触れたように、北朝鮮の社会では人びとは三階層の「出身成分」に分類されており、分類はそれぞれの家族の出自と、国の創設者である金日成とその後継者との関係にもっぱら基づいている。一度その身分に分類されると、抜け出すことはまず不可能だ。しかし、前出の元駐英北朝鮮公使で脱北者の太永浩《テヨンホ》によると、この運命から逃れる方法はいくつかあるという。生まれながらにして少しでも有利な人生を送るためには三種類のゴールデンチケットがあるらしい。

ポッドキャストのインタビューで太永浩が答えているように、階級を変えるドアは、「まず、スポーツの分野に対して開かれている。サッカーのプレイヤーとしての才能に恵まれていること（略）、あるいはオリンピックもしくはそれに相当する国際大会でメダルを取ること。二枚目のチケットは音楽で、ピアニストやダンサーとしての成功だ。そして、三枚目がコンピューター科学だ。数学が得意なら、平壌から遠く離れて暮らしていても、首都以外でも数学の大会が開かれる機会がある。下層階級の子弟として、それでも平壌に行きたいとか、あるいは身分階層を向上させたいなら、そのときは死にものぐるいで数学の勉強をしなければならない。本当の競争が可能なのがこの分野だ。そして、優秀であると証明できれば、ほかの者には進めない特別な学校に選抜される」。

太永浩の話では、数学の才能に恵まれている者なら、コンピューターの世界に進むことができるという。「学校ではコンピューター教育は、十一歳か十二歳で始まる。『サイバー戦士』を育成するため、北朝鮮には非常に洗練された教育システムが用意されている」

金策工業総合大学で学んだ朴鎮赫は、このルートを経て出世を果たし、頭脳を駆使することで自分と家族のためによりよき生活を築いて、一族の出身成分を向上させたのだろう。

数学とコンピューターの才能があれば、もうひとつ別の恩恵にもあずかれる。海外旅行だ。ハッカーになる以前の段階で、北朝鮮の数学の天才児たちは、もっとも分野が絞られた世界的コンテストの「国際数学オリンピック」に参加し、外の世界を体験することができる。例年、世界中の国から高校生の代表チームが集まり、「凸四角形」「外心」「内点」などといった難解な数学概念を含む問題を解いている。北朝鮮も代表チームを結成して大会に派遣しており、この国の「数学戦士」はトップ10に入ることも珍しくない。中国やアメリカなど、人口も資源も豊富な国と並んで、非常に優秀な成績を収めている（しかし、北朝鮮はやはり北朝鮮だ。数学という無機質な世界でも、予想もつかない奇妙な対応を示してきた歴史がある。不正行為の疑いで二度の大会で失格になっている[14]）。

国際数学オリンピックの参加者で、その後脱北した人物は、開催国ではじめて目にした街灯のまぶしさ、行き交う大量の車を見たときの驚きの光景について語っている。このような体験は通常、平壌のエリート層だけにしか許されていない。そして、数学オリンピックは参加する北朝鮮の若者たちが緊張を解き、世界の人たちと交流する機会にもなっていたようである。北朝鮮の参加メンバーについて、ネットの掲示板に「パーティーアニマル」と書き込んだ者もいたぐらいだ[15]。

しかし、ゆくゆくはサイバー兵士となる北朝鮮の数学の天才児たちは、時には望外の特権を享受できるとはいえ、それに見合うだけの数々の苦難に耐えなければならない。この国のコンピューターの専門家は、西側の世界で見られるような、しゃれた装飾が施されたカフェでくつろぎながら、パーカーを着込んでマックブックを叩いているようなコンピューター技術者とは違う。北朝鮮のハッカーの大半は、何百万人もの同胞と同じように、この国の軍隊の一員であり、そのような存在として扱われている。

太永浩が言うように、「サイバー兵士に選抜されたら、たしかに配給はよくなるだろう。だが、生活が大変になるのはやはり軍隊だからだ。たとえば朝は六時に起床。一睡もしないまま十時間、十五時間、二十時間、働き続けられるだけの体力もいる。そうした理由から、サイバー教育の分野では、政府はとくに優秀で才能を備えている青年を選んでいる」のだ。また、政府直属のハッカーの多くは北朝鮮国内で働いているという。「彼らの全生活は北朝鮮のほかの社会から隔離されている。軍の施設から簡単に出られないよう、彼らは閉鎖された空間で働いている」

軍のハッカーと中国で交流があった脱北者の一人は、彼らのことを「サイバー奴隷《スレイブ》」と評していた。彼らハッカーには、年間少なくとも一万ドルの利益をあげる任務が課せられていた。稼いだ金の大半は最終的に平壌に送られていく。大連に暮らしていた李賢勝が言うように、「彼らは月に三〇〇ドルの給料をもらい、それは彼らの報酬となっていたが、残りはすべての上層部の人間のところに直接流れていった」。

彼らはこのように政権から扱われているが、国の命令で国外に派遣されてきた点では、ハッカーもこの国の何十万人の人民となんら変わりはない。シベリアの建設現場からミャンマー[16]の朝鮮レストランまで、この国の労働者には世界のあらゆる土地に出向いて働いてきた長い歴史がある。彼らはハッカーよりさらに厳しい管理のもとに置かれ続けるが、国外に送り出されていく目的はただひとつ——政権のために現金を稼ぎ、一ウォンでも多くの金を本国に送金することだ。アメリカの国連代表部は、北朝鮮政府がこのやり方で年間五億ドルの利益を得てきたと主張している。[17] これは明らかに国家が支援する奴隷制度だと考える者がいれば、低迷する経済を立て直すため、政権が行ったもうひとつの絶望的な試みと考える者もいる（これに対して北朝鮮政府は、強制労働などの人権侵害に関する疑惑はアメリカがでっち上げた嘘にほかならないと答えている）。

国外で働く北朝鮮国民の状況に懸念を抱く者にとって、この慣行が終わりを迎えるかもしれないのはやはり朗報だろう。北朝鮮が核実験を続ける事実を受け、二〇一七年に可決された国連決議で、北朝鮮国民の国外就労が禁止されたのだ。ただし、単に地下に潜って続けられているだけだと考える者もいる。[18]

ハッカーにすれば、北朝鮮はこの決議を機に、制裁を回避する巧妙な方法を見つけていたのかもしれない。というのも、北朝鮮以外の世界にとって、彼らハッカーは北朝鮮の人間ですらなかった。太永浩が説明するように、「彼らの大半は北朝鮮のパスポートを使ってはいなかった」からである。北朝鮮政府は他国の公的文書を購入して、ハッカーに隠れみのを与えることができると太永浩は言う。「中南米諸国のパスポートの購入は非常に簡単だ。しかも、（ハッカーたちは）スパイのように活動している。どこの国に何人もぐり込んでいるのか追跡するのは非常に難しい。中国に北朝鮮のサイバー部隊が置かれていても、北朝鮮大使館とは完全に切り離されている」

しかし、ラザルスグループの中心人物としてＦＢＩに告発された朴鎮赫が使っていたのは北朝鮮が発給したパスポートで、他国から購入したものではなかった。太永浩が語る偽装のレベルを踏まえると、朴が名乗っていた「朴鎮赫」という名前は実際には偽名で、中国への派遣に際して擬装用の身分証明の一部として、北朝鮮政府から与えられていた可能性が非常に高い。それが本当なら、私はここで読者のみなさんに謝罪しなければならない。本書の前半で朴鎮赫について触れた際、偽装がことごとく暴かれ、その素性がついに明らかになったかのように勘違いさせてしまったからだ。どうやら、「朴鎮赫」という名前はマトリョーシカの最後に残った人形である可能性が高いようである。

北朝鮮外務省はこの件に関して、「(アメリカの)司法省が言及しているサイバー犯罪行為はわが国とは一切無関係」であり、「朴鎮赫」なる人物は「実在しない」と述べている(厳密に言うなら、「朴鎮赫」が偽名を使っていたとしたらこの声明通りで、「朴鎮赫」なる人物はたしかに「実在しない」)。

そして、太永浩が言うように、北朝鮮のハッカーが偽のパスポートを使って人目につかないように活動を続け、在外公館の治外法権というシステムの枠外に置かれているとすれば、彼らは信じられないほど無防備な状態にあることを意味する。偽造した一〇〇ドル紙幣を売買した嫌疑をかけられた北朝鮮の外交官とは異なり、ハッカーが摘発された場合、外交官特権をかざしてその国から逃げ出すわけにはいかない。

人質として拘束される家族

ここで、いささか朴鎮赫の立場で物事を考えてみたい。履歴書に記された生年月日がほぼ正確なら、朴鎮赫はまだ多感な少年だったころ、一九九〇年代半ばに北朝鮮を襲った大飢饉を目の当たりにしていたはずだ。そして、並はずれた数学的才能によって、名門大学への入学をめぐる激しい競争を勝ち抜き、その結果、家族の運命を変えられるかもしれないチャンスを手に入れた。しかしいま、彼は国外にいる。おそらく、仲間のハッカーとともにコンピューター機器が散乱する寮に押し込められて生活しているのだろう。一挙手一投足が政府の監視下に置かれ、北朝鮮のほかの国民と同じように、彼もまた定期的に「自己批判」を繰り返し、党の教えにしたがっていない自分のあやまちを告白して、同僚の失敗を告発しなければならない。

インターネットにアクセスできるので、外の世界がどうなっているのか、母国とはどのように違うのかについては、本人が想像する以上の見識が得られたはずだ。政権が教え続けている嘘も知っている。北朝鮮の生活が、ほかの多くの国が享受できる水準よりはるかに低い事実にも気づいている。脱北者の話も聞いたことがあるだろうし、彼らがどんな手段で国を逃げたのかも知っているかもしれない。それにもかかわらず、なぜ朴鎮赫は脱北者の一人に加わろうとはしないのだろうか？

そこで登場するのが〝棒〟だ。〝ニンジン〟――つまり、海外旅行や自由な生活、出身成分の改善といった恩恵とは対照的に、北朝鮮のハッカーは、脱走を防ぐことを目的とした厳格なシステムによって抑え込まれている。

まず、脱北を試みて朴鎮赫が捕らえられた場合、連れ戻された北朝鮮で地獄のような獄中生活に直面することになる。たぶん、家族も巻き添えになるだろう。少なくとも、それまでキャリアによってもたらされたいかなる特権も失われる。

さらに、パスポートは発給されてはいるものの（発給されること自体が北朝鮮の大半の国民にとってきわめてまれ）、ほぼまちがいなく監視者の手で保管されている。逃亡の可能性を排除するのが目的だ。しかし、それ以上に、脱北を夢見る北朝鮮の国民に立ちはだかる恐ろしい理由があり、脱北の意志そのものが挫かれてしまう。李賢勝がジャン・H・リーに話していたように、「政府は国内に残る家族の一人をかならず人質として拘束している」のだ。

つまり、脱北に成功したらしたで、故国の親族に厳しい処罰が下されることを脱北者本人が一番よく知っている。

李賢勝は運がよかった。彼が脱北したころ、家族一人は北朝鮮に残すという政府方針が一時的にせよ変更されていたと李は言う。しかもビジネスエリートだった李は、身近な家族を連れて中国に行くことができ、いっしょに逃げおおせた。だが、ほかの者たちは李ほど幸運ではない。脱北に成功して他国で夢のような生活を送れる代償として、故国では自分に近しい人間を苦しめていることを知りながら生きていかなければならない。自由の代償として、心に傷を負い続けるような罪悪感を抱えなくてはならないのだ。

だが、朴鎮赫の場合、脱北は考えつかなかったようだ。FBIが確認したといわれるメッセージのなかで、「永久に国に戻っていられる方法を探している」と朴は書いている。[19]

国外生活を経験したにもかかわらず、北朝鮮に帰りたがる人間などいるのだろうか？　彼のような経験をした人間なら、できるだけ長く大連での暮らしを延ばしたいと願うのではないのか？

理由はひとつだけではない。第一に、すでに見てきたように〝ハッカー寮〟での生活は決して贅沢を極めたものではなかったからだ。たしかに、祖国で暮らすことに比べれば大幅な自由と仕事に見合った報酬を享受できるとはいえ、政府の職員に絶えず監視されている。そのうえ国外での勤務で実績を残した者には、故国での特典が待っている。食糧の配給量が増えて、さらに恵まれた地域でもっと大きな住居が用意され、昇進のチャンスもある。異国で暮らす寂しさに耐える必要もなくなる。どれほど厳しい生活を強いられているように見えても、そこで育った人間にとって北朝鮮はまぎれもない故郷なのだ。それに朴鎮赫の場合、国には花嫁が待っていた。

そして、朴はついに念願を果たして故郷に帰れたようだった。二〇一四年二月、朝鮮エキスポのある取引先企業に送られてきたメールには、「朴鎮赫」なる人物が解雇されたと書かれていた。[20]ソニーのハッキング計画が水面下で進められていたころ、朴は祖国に戻っていたようである。だが、彼が立ち上げたインフラは活動を極めてとてつもない被害をもたらす。

ＦＢＩによると、朴鎮赫は前出の「金孝祐《キムヒョンウー》」というペルソナを使い、偽のメールやソーシャルメディアのアカウントからなる広範なネットワークを構築すると、今度はそのネットワークを利用してソニーとバングラデシュ銀行を標的に攻撃を始めた。この攻撃で撮影スタジオはデジタルの廃墟と化し、最高幹部の何名かが職を失う。バングラデシュ銀行も一億一〇〇〇万ドルの損失を被ることになった。

捜査当局は二つの襲撃事件を結びつけ、犯人と奪われた金の行方を猛烈に追い詰めてきた。ラザルスグループは、朴鎮赫のような狡猾なハッカーの助けを得て、バングラデシュ銀行をハッキングしたばかりか、送金にもまんまと成功している。私たちはこうした危機からまだ脱してはいない。それどころか状況はまったく変わらないままなのである。

バングラデシュ銀行への襲撃は二〇一五年初頭に始まった。一月二十九日、「ラセル・アラハーム」という人物から求職に関する丁重なメールが銀行の受信トレイに届く。しかし、ラザルスグループのハッカーが銀行のシステムからＳＷＩＦＴのコンピューターに忍び込み、一〇億ドルの送金を試みたのは二〇一六年、ちょうど一年後のことだった。あらためて考えてみれば、一年間の待機はハッカーたちには非常にリスキーだったはずだ。

彼らの活動がいつ銀行に発覚してもおかしくはないし、そうなれば銀行はウイルスを取り除いて、彼らを締め出していただろう。あるいは、待機中に銀行がＩＴの更新時期がきたと判断していた可能性もあった。機器が置き換えられれば、意図しないままハッカーの努力は水泡に帰していたかもしれない。いずれにせよ、一年のあいだ銀行のネットワークに潜伏していたことは、ハッカーにとって致命的な遅延となる可能性があった。これだけの時間を耐え続けるには、鋼鉄の精神力も必要だったはずだ。では、なぜ彼らはそうまでして待たなければならなかったのだろうか?

実は、サイバー作戦を一時停止するだけの充分な理由があったことが明らかになる。ほかにもやるべきことが山積していたのだ。ハッキングは、バングラデシュ銀行の金を単に盗むだけでなく、盗み取った金を決して取り戻せないような方法で持ち出すことを目的とした、複雑で世界的な規模の計画の一端にすぎなかった。

ラザルスグループはいまや、コンピューターを使った手口のみならず、マネーロンダリングというリアルな世界にも踏み込んでいかなければならなかった。その結果、襲撃をめぐる話は予想もしない場所へと飛び火していき、(私自身を含め)事件を追う捜査官たちは世界中を旅することになる。強盗の次の段階は、それまで以上に思いがけないものであり、北朝鮮と裏社会の結びつきがますます深まっている別の側面が明らかにされる。

第9章　逃走迷路

五つの銀行口座

一見すると、ジュピター通りは数百万ドルもの犯罪が演じられた舞台には見えない。通りはマニラの金融街から少し入ったところにある。近くのオフィス街で働く人たちを相手にした小売店やレストラン、カフェが軒を連ねるにぎやかな裏通りだ。電線や電話線が頭上に張りめぐらされた歩道を歩いて、通りの一二二番地の建物に向かう。テナントにとくに変わった様子はうかがえない。最上階にはエコホテルと歯科医院があり、下の一階部分にはフィリピンの大手銀行であるリサール商業銀行（RCBC）の支店が入居している。

私が訪れたその日、ガラス張りの正面ドアの向こうにあったのは、マニラの一流会社や金融機関でよく見かける光景だった。恐ろしく大きなポンプアクション式のショットガンを携え、退屈そうに立っている警備員の姿だ。私にとってこの光景こそ、すべての物語を語りつくしていた。この物語の真相を知るため、私はこうしてマニラまで足を運んできていた。この光景が示していたのは、ほかの多くの機関同様、銀行も正面玄関から押し入ってくる強盗、あるいは従来型の物理的な犯罪に対しては備えが整っているという事実だ。しかし、コンピューター・システムの内部から始まるデジタル犯罪については、万全の対策がなされていないように思えた。もっともその点については、世界中の企業の大半ももどかしいほど対応が立ち遅れているだろう。

なぜなら、二〇一六年二月、ジュピター通りに建つRCBCの小さな支店が、ラザルスグループがバングラデシュ銀行から盗んだ資金の痕跡を消し去り、その行方を必死に追う各国の捜査当局の手配から逃れる計画の拠点として利用される手はずになっていたからである。

ハッカーがバングラデシュ銀行にフィッシングメールを送り始めて数カ月が経過した二〇一五年五月十三日、RCBCのジュピター通り店の支店長は五つの新規口座の開設の依頼に応じた。いまにして思えば、この口座開設には当初から不審な点があった。五名の口座名義人はそれぞれ別の会社の経営者でありながら、職業はまったく同じで給料も同じだった。支店長は新規顧客の五名に礼状を送ったものの、手紙は未開封のまま返送されてきていた。提示された住所に該当する人物が住んでいないのは明らかだった[1]。

しかし、誰もその怪しさに気づかなかったようである。公正を期して言うなら、この時点では疑う理由などほとんどなかったからだ。口座はその後何カ月も休眠状態のまま置かれ、最初の入金（現地通貨のペソで五〇〇ドル相当）は手つかずのままだった。もしかしたら、口座の名義人が町を離れ、口座を開いたことを忘れてしまったのかもしれず、あるいは万一の場合に備え、いくばくかの金を銀行に預けただけにすぎなかったのかもしれなかった。

しかし、それから九カ月を経た二〇一六年二月五日金曜日、口座名義人のうち四名が一瞬にして億万長者になっていた。〝マイケル・クルス〟の口座の残高はなんの前触れもなく六〇〇〇万二九ドル一二セントになり、〝ジェシー・ラゴロサス〟は三〇〇〇万二八ドル七九セントを手に入れ、〝アルフレッド・ベガラ〟は一九九九万九九九〇ドル、〝エンリコ・バスケス〟の口座には二五〇〇万一五七三ドル八八セントもの大金が振り込まれていた(2)。

ラザルスグループによって盗まれた資金でいずれの口座も膨れ上がっていた。言うまでもなくニューヨーク連邦準備銀行の口座から盗まれたバングラデシュ銀行の預金だ。この口座から盗まれた一億一〇〇万ドルのうち、八一〇〇万一六六二ドル一六セントがマニラの裏通りにあるRCBCの支店の四つの口座に振り込まれたのだ。

ここに記した合計金額を確認するように念入りに読み進める読者なら、以上の四名の口座への送金額を合計すると、フィリピンに送金された合計金額のうち、四〇ドル三七セントがすでに不足している事実に気づいたかもしれない。この差額については、国際的な金融取引の複雑さ、ハッカーによる手続きの曖昧化、一部の関係者のどうしようもない無能さのせいで、現実には数字の端がきれいに並ぶほうがまれだと知っておいたほうがいいだろう。

また、RCBCの支店に開設された五つ目の口座になぜ入金がないのか、首をかしげている読者もいるだろう。それについては、第7章ですでに触れたように、ニューヨーク連銀がハッカーの違法な取引を見破り、支払指図の大半を事前に停止していたからだ。ハッカーの計画では、バングラデシュ銀行の口座にあるはずの一〇億ドルのほぼすべてをRCBCの五つの口座に移して洗浄することになっていた。残高の大部分を三〇〇〇万ドルぐらいずつの額で、順次それぞれの口座に送金しようともくろんでいた(3)。しかし、ニューヨーク連銀の介入のせいで支払指図書のうちの三十件が頓挫して、マニラにまで金が届いたのは四件だけだった(五件目はどうなったのか? ご心配なく。きわめて興味をそそる話で、これは別の章で後述することにする)。

では、口座の名義人である〝クルス〟〝ラゴロサス〟〝ベガラ〟〝バスケス〟の四名は、自分の口座に突如として出現した大金を引き出すため、ジュピター通り店に駆けつけたのか。彼らが現れることはなかった。そもそも存在しない四名だったのである。その後の捜査で判明するように、口座自体がいずれも偽造書類に基づいて開設されていた。書類の偽造もハッカーの共犯者が、資金洗浄のために準備していた複雑なプロセスの一部だった。さらに、このときの調査で二〇一六年二月の週末、RCBCのジュピター通り店で何が起きていたのか、それに関する詳細が続々と明らかにされ、小さな銀行支店がバングラデシュの公金を盗むハッカーたちの計画において、どれほど重要なリンク先になっていたのか、その事実が暴かれていく。そして、FBIによれば、北朝鮮の組織犯罪の世界が、いまやどこまで触手を伸ばしているのか、その実態を見せつけることになった。

紛糾するフィリピンの公聴会

「ベイビュー・パークホテル・マニラ」は、ジュピター通りの喧騒から五マイル（約八キロ）ほど離れたところにある。マニラベイを望む地所に建つウッドパネル張りの豪華な施設で、内部には大きなホールが併設されている。二〇一六年三月十五日、この日、ホールは満員の人いきれでむっとしていた。しかし、部屋を埋めつくしていたのはダンスや酒宴の客ではない。ホールは上院議会による一連の特別公聴会のために使われていた。公聴会なら、なぜ上院の施設を使わなかったのだろう。使える場所がほかになく、しかも公聴会は緊急を要していた。十名の上院議員が集められ、バングラデシュの資金がどのようにしてマニラに流れ着き、次に何が起こったのか、その真相を究明するのが公聴会の目的だった。

バングラデシュ側はこの時点ですでに、フィリピン当局に対して、盗まれた金のほとんどがフィリピンに送金されている事実について注意をうながしていた。バングラデシュ当局は、フィリピンの裁判所に資金の凍結を要請しており、その結果、それと意図しないまま、強奪事件の規模を世界に知らしめることになってしまった。

今度はフィリピン側がどのように応じるか考えなければならない。しかし、紛糾は避けられそうにもない。上院の公聴会は対立が絶えず、荒れがちで、暗い笑いを誘ってきたことも一度や二度のことではなかった。

このときの公聴会で、関係者をもっともいらつかせていたのがRCBCの応対だった。秘密保持法を持ち出し、質問には答えない自行の正当化を何度も図ろうとしていた。たとえ口座の名義人が架空であるにせよ、預金そのものは秘密保持法の適用を受けると銀行側の弁護士が主張する場面もあった。上院議員の一人は怒った勢いで、「口座の名義人が偽者でも、彼らには存在しない人間を保護する義務があるそうだ」ときつい冗談を飛ばしていた。

「公聴会に対しては、本当に心からご協力をしたいと願っています」とRCBCで反資金洗浄チームを率いる弁護士のローリンダ・ロジェロは答えた。「守秘義務に関する国の法律に縛られてさえいなければ、存じ上げていることは洗いざらいお話ししたいのです。ですが、私たちはその法律を制定した上院議員に対しても義務を負っているのです」

ロジェロはここで決定的なミスを犯していた。彼女には気の毒だが、よりにもよって相手にしてはならない相手にケンカを売っていた。「これらの秘密保持法を通過させた上院議員こそわれわれにほかならない」と公聴会の議長を務めていたテオフィスト・ギンコナはぴしゃりと言い返した。「あの法案は私が中心になって進めた。だから、私に向かってそんなことは言ってほしくない」(4)

守りに入った銀行の反応は、これから起こることを予感させた。委員会はこのあとフィリピンの金融システムを経由し、バングラデシュ銀行の資金を送金して洗浄しようという今回の犯罪にかかわった者から真実を聞き出すため、へとへとになるまで力をつくす。故意かどうかは関係がなかった。

公聴会がまず確認したのは、四名の口座名義人本人が証人として公聴会に出席できない事実だった。当局者が口座開設の際に使われた運転免許証から彼らを追跡したところ、関係書類が偽物である事実が判明する。

当然、ひとつの疑問が頭をもたげる。では、そもそもどうやって口座を開設できたのか？　この問いについてはこれ以降、二人の人物が登場して話は進んでいく。キム・ウォンとマイア・サントス・デギトの二人だ。

マイア・デギトはRCBCのジュピター通り店の支店長だった女性だ。盗まれた金が振り込まれた四つの口座の開設を監督したのが彼女で、資金が動いた決定的な日にも銀行にいた。

キム・ウォンは、中国系フィリピン人の男性で、マニラの繁華街でカジノ関連の会社を営んでいた。公聴会の証言によると、二人はこの華やかな世界で出会い、ビジネス関係を築いたという。

実際、二人の関係はおおむね証言通りだった。

デギトは、自分は口座の持ち主に直接会い、相手の身分証明書の写真を確認したと言い張った。四名の男性はキム・ウォンから紹介され、彼らの口座への入金はウォン自身が監督し、四名の「委任代理人」として彼女に指示を与えていたと答えていた(5)。

ウォンが公聴会で行った証言では、デギトは四名に一度も会ったことがないまま、カジノにある自分のオフィスにいるときに、銀行の口座開設を偽造したという。デギトが共犯者とともに口座を開設

する際、自分は通訳をしていただけだとウォンは話していた。(6)

二人のうちどちらが本当のことを話しているのかは不明なままだが、偽造された運転免許証のうち二枚に使われていた写真が実はデギドの元同僚の写真だったことが判明して、彼女の信用は地に墜ちた。どうやら、彼女はその事実を公聴会では見落としていたようである。

RCBCの職員は、デギトが口座開設者に送った礼状が、未開封で返送されたことを知らせるメールを受け取っていた事実を証言している（デギドは受け取っていないと否定）。

もちろん、四つの口座が休眠状態のままならこんな問題は起こらなかっただろうし、実際、二〇一五年五月の口座開設以来、数カ月にわたってそんな状態が続いていた。しかし、二〇一六年二月五日金曜日、巨額の資金がそれらの口座に前触れもなく流れ込んできたのだ。いずれもきわめて疑わしい状況のもとで開設された口座で、いまでは明らかにされているように、バングラデシュ銀行から盗み出された資金だった。このとき、ジュピター通り支店では何が起きていたのだろうか？ 支店長のマイア・サントス・デギトはどう応じていたのか？ ある行員の驚くべき証言から、彼女のそのときの様子を薄々察することができるかもしれない。

深まっていく支店長への疑惑

ロムアルド・アガラドはジュピター通り店の副支店長で、デギトは彼の直属の上司に当たる。上院公聴会に召喚されたアガラドは、三月十七日、証言を行うことになる。当日、スーツにネクタイ、RCBCの役員の隣にぎこちなく座っているアガラドは、そこにこうして座っていること自体におびえているように見えた。彼を落ち着かせるため、議長が割って入った一幕があったほどである。そして、アガラドが証言を語るうちに、彼がなぜそれほど過敏になっているのか、間もなくその理由が明らかになる。

アガラドの証言によると、送金があった二月八日月曜日、フィリピンでは祝日にもかかわらず、ジュピター通りの支店はとてつもなく多忙を極めていたという。

上司のデギトも銀行にいたが、四つの口座に突然流れ込んできた巨額の資金をめぐってすでに支店内では不安が高まっていた。ＲＣＢＣ側は、同行では人手を介さない「ストレート・スルー」システムが採用されており、送金は審査を経ずに直接口座に振り込まれると主張した。とはいえ、それでチェックが終わりというわけではない。本店の役員がこの取引について、支店長のデギトに問い合わせたところ、彼女からは妥当な取引という返事が返ってきたという。デギトはこの証言に反論、送金について確認するように誰も連絡はしてこなかったと委員たちに証言している。それどころか、送金には問題ないと報告するようにというメールが銀行から自分に送られてきたと彼女は話していた。

これに対してＲＣＢＣ側は、本店の職員が送られてきた資金についてデギトに電話をした。だが、本人はつかまらなかったので、そのかわり、副支店長のアガラドと話をしたという。このときからアガラドは、次々に展開していく出来事に徐々に巻き込まれていくことになる。そして、彼が目撃したという支店長の挙動のせいで、彼はますます不安を募らせていった。

アガラドは支店長のところに行き、本店では送られてきた金を凍結する考えだと話したという。デギトは無表情なまま彼を見つめるだけだった。しかし、そのあとでデギドが口にした言葉がアガラドをひどくおびえさせた。「私や私の家族が殺されるくらいなら、こうしたほうがまだまし」(7)

その日、時間とともに支店内の展開はさらに奇妙で、不安が高まっていく状況におちいっていった。

銀行のキャッシュセンターに現金二〇〇〇万ペソ（約四〇万ドル相当）の手配を依頼、現金が支店に届けられたとアラガドは話している。現金はデギトのオフィスで段ボール箱に入れ換えられ、しばらくすると一台の車が支店の前に到着、窓が開いて現金を詰めた段ボール箱が積み込まれていった。RCBC側は、その車はデギトのものだと主張している。もちろん、この主張を確認する簡単な方法がある。銀行に設置されている監視カメラだ。しかし、残念ながら、この間のできごとはまったく映像に残っていなかった。カメラが作動していなかったのである。送金前日の二月四日木曜日、監視カメラの故障を支店は報告していたが、銀行が休業していたため監視カメラがふたたび作動したのは翌週火曜日の午後二時だった。

証言を聞けば聞くほど、マイア・サントス・デギトに対する公聴会の疑いは深まっていく。通常とは異なるやり方で新規の銀行口座を開設、しかもその管理を口座名義人ではなく、キム・ウォンに任せていた。架空の口座名義人の一人から、そのように指示されたフリをしていた事実はある時点で認めたが、そんなフリをしたのはキム・ウォンの名前が表に出てこないようにするのが目的だった。それだけではない。RCBC側の話を信じるなら、この巨額の送金は疑わしいから凍結すべきだという本店の警告をデギトは意図的に無視したことになる。また、副支店長の証言が正しければ、現金の一部はデギトの車に積まれたあと走り去ったことになる。そうしているあいだも、デギドが支店長を務める店舗の監視カメラは、偶然にも作動していなかった。彼女にとって状況は、やはり好ましいとは言いがたかった。

デギトにインタビューを申し込んだが本人は拒否、かわって彼女の弁護士であるフェルディナンド・トパシオが取材に応じた。トパシオ自身、なかなか特異なキャラクターの持ち主で、事務所にはアドルフ・ヒトラーの巨大な肖像画がかけられており、その絵を背景にインタビューを受けたこともあるような人物だった(8)。

依頼人に対するトパシオの擁護は思った通り強烈だった。デギトは脅迫など受けたことはないと断言していた。また依頼人は、口座開設者の身分証明書をチェックするのは自分の仕事ではなく、本店の仕事だとも言っている(身分証明書の写真が元同僚のものである事実もデギトは否定している)。防犯カメラの修理も本店の仕事であり、自分は関係ないと彼女は言っている。トパシオによると、彼女は支店長ではあるが、その仕事は日常的な管理業務ではなく、見込み客を口説くのが本業で、言うなれば彼女は〝稼ぎ頭《レインメーカー》〟なのだとトパシオは言う。

本店からの送金が正当なものであることを伝えるメールを、デギトはたしかに受け取っていたとトパシオはあらためて主張していた。そのメールのコピーを私にも送ると言っていた(その後何度もメールのコピーを送るように求めたが、トパシオはいまだに実行してくれない)。

現金が車に積まれた事実について尋ねると、トパシオは、これは単に顧客の役に立とうとしたからだと言っていた。「この国の銀行のカルチャーについて理解しておく必要がある。大切な顧客の場合、銀行のマネージメントに携わる者は、相手の口座の日々の平均残高をつねに意識しながら、その顧客のためを考え、必要以上のことをするのがこの国の銀行なのだ」と話していた。

しかし、今回のケースの場合、そこまで考えて職務以上の仕事を手がけるのは、巨大な詐欺行為に加担することではないかと私は指摘した。

「結局、起きてしまったことは詐欺だった」とトパシオも認めている。「私の依頼者に罪がないとは言わない。だが彼女は、肝心な場面に彼女一人しかいないと思わせるような出来事が次々に重なってしまった犠牲者でもあるのだ。彼女にも脇が甘かったところがあったかもしれない。顧客を信用しすぎたのかもしれない。しかし、事件の規模を踏まえれば、銀行の支店長一人にできるような真似ではないはずだ」と断言した。

この発言はデギトが公聴会で主張していた話と変わらない。「私は、国際的な銀行や大金融界の大物による一か八かのチェスで使われた駒にすぎない。その指し手を委員会が探しているのなら、それは私ではない。いまになって思えば、私は知らず知らずのうちに自分がスケープゴートにされるのを許してしまった。私が望んでいたのは、キャリアを積み、夫とともに家族を養うことだけだった」[9]とデギトは委員長に訴えていた。

公聴会のあいだを通してデギトはやつれ、神経をすり減らしていくように見えた。目のまわりには黒いクマができ、不安のせいなのか額には深くしわが刻まれていた。結局、彼女は七件の資金洗浄容疑で有罪となる。判決は懲役五十六年、一億九〇〇〇万ドルの罰金が科された（言うまでもないが、この金額はバングラデシュ銀行から盗まれた総計金額をうわまわっている）。

デギトは判決を不服として現在控訴しているが、フェルディナンド・トパシオは、これまでにも法の網を逃れた者がいると主張して譲らない。「この国では、法律はクモの巣のようなものだ。網に捕まるのは小物だけ。大物はまんまと網の目をかいくぐっていく」

途切れてしまった資金の行方

ところで、この原稿を書いている時点では、バングラデシュ銀行の送金事件を通して有罪判決を受けたのはマイア・サントス・デギトただ一人である（ちなみに、この事件にかかわっている数少ない女性の一人でもある）。

ＲＣＢＣは私の取材には応じてくれなかったが、同行は以前から適切な手続きをもれなく踏んできたと主張してきた。それにもかかわらず、このスキャンダルのあと、ＲＣＢＣの頭取兼最高経営責任者が辞任しており、同行に対してはフィリピン中央銀行から過去最高金額となる二〇〇〇万ドルの罰金も科されている[10]。

では、肝心のバングラデシュ銀行の資金はどうなったのだろう。だが、資金が流れていく旅はまだ始まったばかりだった。

デギトは四つの口座から八一〇〇万ドルを「ウィリアム・ゴー」名義の口座に移した。送金が完了した二月五日の金曜日に開設されていた口座だ。ほかの口座の名義人とは異なり、「ウィリアム・ゴー」は実在しており、デギトのもうひとつの接点となる人物だった。だが、公聴会がゴーの存在にたどり着いたとき、ゴーの署名は口座を作るために偽造されたものだと主張している[11]。

ゴーの口座を使うことに大きな意味があったのは、ＲＣＢＣが委員会で説明していたように、銀行が凍結できる資金は最初に入金された口座の資金にかぎられるからだ。いったん資金が四名の架空名義の口座からゴーの口座に移されてしまえば、ＲＣＢＣとしてはその後の資金の流れをとめるのが難しくなる。

実際、送金された四つの口座の資金を凍結するのにＲＣＢＣは数日を要している。遅延の一因として、行内の委員会で「疑わしい取引の届出」*訳註（ＳＴＲ報告書）を検討しなくてはならなかったことがあげられる。この作業には数日かかる場合もある。しかし、これまで見てきたように、時間との戦いが最優先される金融詐欺に対応するうえで、こうした措置は理不尽なようにも思えてくる。

ＲＣＢＣがようやく四つの口座を凍結できた時点で、当初あった約八一〇〇万ドルの送金のうち、残っていたのは六万八三三五ドル六三セントになっていた。[12] 空いてしまった金庫の扉に吹き込んだ風で、紙幣が一枚また一枚と舞い散っていくようだった。金庫に残っていた金は正規の手続きを経て、バングラデシュ銀行に返還された。何百万ドルもの資産を失ったのに、正規とはいえ、これっぽっちの額の小切手しか受け取れなかったバングラデシュ銀行の役員たちの反応は想像に難くない。

八一〇〇万ドルはウィリアム・ゴーの口座から、マニラを拠点とする「フィルレム」という通貨両替サービスを手がける会社に移されていた。フィルレムの経営者たちも上院委員会に召喚され、なぜ、開設された直後の見も知らぬ個人口座から多額の資金を受け入れたのかと問いただされた。この質問にフィルレムの経営者は、銀行が提示した保証が信用できたからだと答えている。この返答を受けて、上院委員会のメンバーの一人であるセルヒオ・オスメニャ議員は、「もし、私が御社に一〇〇〇万ドルを送金して、その金はロックフェラーの金だと私が太鼓判を押したら、あなた方は私の話を信じてくれるということでまちがいないか？[13]」と厳しく追及した。

だが、それまでと同様、この段階でも盗まれた金はフィルレムに長くとどまっていない。そして、この時点で送金されたドルは現地通貨のペソに換金されていた。実際に換金された紙幣はとてつもない量になっていた。八一〇〇万ドルは約五億ペソに相当する。上院委員会の委員長ロドルフォ・キンボは、「一〇〇万ペソは紙幣にして約一キロの重量がある。したがって五億ペソは約五〇〇キロにもなるのだ」と話していた。

言い換えると、この時点で誰が段取りを仕切っていたにせよ、その人物はグランドピアノに相当する重量の札束を相手に奮闘していたことになる。いったい、それだけの紙幣をどうしようというのだろう？

「車に積み込むため、二人の中国人が助っ人としてかかわっていた」とクインボは言う。「トラックも手配しておかなくてはならない。五〇〇キロの紙幣は一人で運べるわけはないので、そのためにも人手が必要だった。相当大がかりな作戦だったはずだ」

現金の受け取りにかかわった中国人はいったい何者なのか？　上院委員会の調査によると、少なくとも一人については身元がわかっている。フィルレムのデリバリー担当者は、三〇〇〇万ドル分については、ウェイカン・シュウという中国人に届けるようデギトから指示されたと証言していた。

この証言を受け、オスメニャ議員の口からあっけにとられるような言葉が飛び出した。デギトに向き直ると、議員は「ウェイカン・シュウなる人物をご存じか？」と尋ねた。デギトは「いいえ」と答える。その彼女に向かって、議員は「では、次に金を届けるときには、私に届けてほしいものだな」とからかっていた。

つまり、盗まれたバングラデシュ銀行の資金の大半は現在、ウェイカン・シュウのところにあるのだ。金の行方はみごとに解明された。おそらく彼なら、RCBCとフィルレムの不正行為の真相を突き止めるうえで委員会を助けてくれるだろう。だが、残念なことにそのようにはならなかった。政府のマネーロンダリング規制当局にウェイカン・シュウについて照会すると、次のような答えが返って

＊訳註：「疑わしい取引の届出」はマネーロンダリングの防止対策のひとつで、金融機関などから犯罪収益に関係する取引をめぐる情報を集め、捜査に役立てる。金融機関のサービスが犯罪者に利用されるのを防止し、金融機関や金融システムの健全性と信頼を確保することを目的にしている。

きた。「ウェイカン・シュウ氏に関して当局が問い合わせたところ、氏が自家用機で出国したらしいとの情報を得た」

この報告に公聴会の議長テオフィスト・ギンコナは、「自家用機でも、出国管理は受けなければならないはずだ。管理局はなんと言っていた」とただした。この質問に当局者は、「氏が出国した記録はないそうです、議長」と答えている。

言葉を換えて説明するなら、つまり、ウェイカン・シュウなる人物が誰であれ、この男はバングラデシュ銀行から盗まれた三〇〇〇万ドルをまんまとせしめると、フィリピンからひそかに姿をくらまし、以来、なんの音沙汰もない。

マネーロンダリングの三段階

本章を通じてずっと気になっていた疑問がある。なぜ、犯人たちはここまでしなければならなかったのか？　次から次に新規の口座を作り、手間をかけてあちこちに金を運び、通過両替サービスのフィルレムを通じてまで金を持ち出す必要があるのだろうか？

マネーロンダリングについて専門家の話を聞いてみるにはいいタイミングだ。教えてくれるのは、カリフォルニア州にあるドルベリー国際大学院モントレー校（ＭＩＩＳ）で金融犯罪マネジメント・プログラムを教えているモヤラ・ルーセン教授だ。「犯罪者にとってもっともやっかいな問題がマネーロンダリングです。犯罪で得た利益は残らずきれいな現金に換えなければ、使うことができない」と教授は言う。

教授の話では、マネーロンダリングの鍵は、収奪された金を追跡する者の邪魔をするため、可能なかぎり多くの障害を設けることにつきるので、「そのためには金の流れを混乱させ、できるだけ曖昧にしなくてはならないのです」。

ところで、マネーロンダリングに関する重要な秘訣をここで明かすつもりはない。資金洗浄の大まかな手口はよく知られているが、それを知っていることと、実際に用いることには雲泥の差があることは、これまでの話からもわかったはずだ。

「第一の段階は『プレイスメント』といい、汚れた収益を金融システムに〝置くこと《プレイスメント》〟、つまり組み込ませなくてはなりません。しかし、犯人にすればこの段階が最大の関門なのは、捜査当局に疑わしい行動と判断される可能性が高いからです」と教授は言う。

バングラデシュ銀行に侵入したラザルスグループのハッカーは、捜査当局のこうした警戒について熟知していた。すでに当局の警戒に触れていたからである。当初の計画はニューヨーク連邦銀行にある口座から九億五一〇〇万ドルを送金して盗み出すというものだった。だが、送金先の銀行に記された「ジュピター」という文字に連銀の保全システムが反応したことで計画は頓挫した。

この時点を境に、ハッカーはこれ以上当局の目につくような真似は避けるようになった。盗み出した資金を金融システムのなかでスムーズに通過させることが彼らの望みだ。共犯者がマニラで築いた足場のおかげで、盗み出した八一〇〇万ドルの金を地球の反対側までまんまと移動させ、その間、銀行口座を転々と経由させることで汚れた金を洗浄し、現金に換えていた。

しかし、これで彼らの仕事が完了したわけではない。わずかとはいえ、この時点でもまだ奪われた金を取り戻せる可能性が残っていた。バングラデシュ銀行の役員はダッカにいて資金の流れを必死に追いかけている。マニラでは上院委員会が依然として調査を続けていた。資金洗浄に使われた銀行口座を特定したのもフィリピンの上院議員だった。どの口座にいくら入り、その金がどこに動いたのか正確に把握している。通過両替サービスの会社を経由させて現金に換えても、追っ手を振り切るには充分ではなかったようである。戦利品を抱えたまま無罪放免となるには、まだまだやるべきことがあった。金と犯行とのつながりを彼らは完全に断ち切らなければならない。

そして、マネーロンダリングは次の第二の段階――「レイヤーリング」――に進む。

「マネーロンダリングの段階でもいちばんわくわくするのが、『階層化』を意味するこの『レイヤーリング』の段階でしょう」とルーセン教授は言う。要はお金を別のものに交換することで、当初の犯罪と結びつかないようにすることを意味する。「交換できるものはいくつもあります。ドルを暗号資産（暗号通貨・仮想通貨）に換える、ドルを英ポンドに換える、あるいは金《きん》やほかの種類の資産に変えることができるでしょう。不動産や株に買い換えて、あとで売却することもできます」

だが、不動産と株についてはここでは忘れてほしい。バングラデシュ銀行の事件では、盗んだ資金をレイヤーリングするうえで、ハッカーたちにはもっと心踊る選択肢があった。襲撃はもっとも劇的な局面を迎えようとしていた。収奪した現金が消える最後の逃走という段階、マネーロンダリングでいう「インテグレーション」（統合）の段階を迎え、追跡する捜査官は置き去りにされていく。

もちろん、逃走と言っても映画とは異なる。足が速い車も出てこなければ、悲鳴をあげるタイヤの音もないし、緊張を盛りあげるサウンドトラックも鳴っていない。だが、収奪した現金を持って逃げる過程は、あらゆる点で映画のように緊迫したものになるはずだった。そして、逃走専門の逃がし屋《ドライバー》のように、万事そつなく逃走を進行させていくには、彼ら襲撃犯にも綿密な計画と鋼鉄の精神だけではなく、カミソリの刃のような鋭さでタイミングを見計らなければならなかった。

第10章　バカラ三昧

カジノに持ち込まれた現金

さて、ふたたび舞台を変えるときがきた。次に向かう先はマニラベイにあるカジノホテルだ。「ソレアリゾート&カジノ」は、マニラベイを一望するウォーターフロントの一等地にあり、キラキラと光る十二階建ての白いビルが、海岸線の平地からサメの歯が突き出たように建っている。

トニー・ラウはカジノの一階で、シフト勤務の最中だった。[1]VIP専門の応接係として、ラウはここに来る客のなかでもとくに富裕層のゲストをもてなしている。二〇一六年二月、ハッカーがバングラデシュ銀行の口座から一〇億ドルの残高を盗み出そうとした翌週のことだった。しかし、ラウはそんな事件など何も知らない。ゆっくり休める日が来るのをひたすら楽しみにしていた。

ここ数日、気が狂ったような毎日が続いている。旧正月――アジアでもっとも盛大に祝われる祝日のひとつ、旧暦の正月は、カジノにとっても多忙を極めた時期になる。普段通りの日に早く戻ってほしいとラウがそろそろ思い始めていたころ、中国語を話す六名の男性客が彼の担当するVIPエリアに入ってきた。この業界で働いてすでに何年にもなるラウは、応接することになった新しい客に何か妙な違和感をその場で感じていた。

「見た目はどこにでもいる普通の客だった」ことをラウは覚えている。「服の着こなしからしてVI

Pには見えないし、ありあまるほどの金を持っている上客とはどうしても思えなかった」

高級車に乗り、デザイナーズ・ブランドの服を着ているような、つまり、ラウがいつも接客しているような類いの賓客とは明らかに違う。二億ペソ――一〇〇〇万ドル――を保証金としてポンと差し出した上客もいた。お察しの通り、そんな大金を払えば最高級のサービスを期待する。それを提供するのがラウの仕事だ。

「ホテルのVIPルームは贅をつくした一軒家のようなもので、ラウンジがあり、ダイニングテーブルが置かれ、ミニバーもあって、注文に応じて好みの食べ物や飲み物が楽しめる。専用のバスルームもある。いたれりつくせりで、格別な客としてもてなされているのを心から感じていただけると思います」

このような特別待遇は、カジノがもっとも大切にする上客にだけ与えられる。しかし、その点が問題だった。ラウには、中国語を話しながら担当するVIPエリアに入ってきた六名の男たちが、どこか違うような気がしてならなかった。VIPとはどうしても思えなかったのだ。しかし、彼の第一印象はまちがっていた。彼らが正真正銘の大金持ちであることが間もなくわかる。VIPエリアという区画の裏には、「ケージ」と呼ばれる両替所が置かれている。安全性の高い部屋で、そこで客の金を預かり、カジノで使うチップに交換する。男たちが到着すると、ケージのなかはたちまち現金でいっぱいになり始めた。

「一行が到着したとたん、突然金が現れた。しかも、すべて現金だ。数え終えるまでしばらく時間がかかるほどの大金で、数え上げると高く積み上がった現金の山ができていた。VIPの応接係として、『いやはや、このグループはとてつもない大金持ちだ。見事なものだ』と考えていた」とラウは言う。

だがラウは、感じ入ると同時に怪しんでもいた。筋の悪い金かもしれないと思えたのは、男たちが「ソレア」の常連客ではなかったからだ。「うちのＶＩＰゲストは、たいていの方が世間でも知られているような人たちばかりです。調べれば素性はわかります。でも、彼らは何者なのだろう？　どうしてこんなに金があるのだろう？　しかも、聞いたこともない人たちですよ」

ラウとカジノのスタッフたちが、やはり奇妙だと思ったのは、彼らが実際にギャンブルを始めてからである。まず、遊び方が変わっていた。会社勤めのようにカジノに出勤していたのだ。「ほぼ毎日、日課にしたがうように金を賭けていました。朝八時から十一時半まで遊んで、ランチタイムになると引き上げ、チップをホテルの部屋に持ち帰る。次の日も同じ」

しかし、やはり際立っていたのは、金を賭けているときの反応だった。勝とうが負けようが気にしていないように思えた。異様な雰囲気だったという。「賭けごとの最中は、誰もが普通かなり落ち着きをなくします」とラウは言う。「勝ちたい一心のせいです。負ければがっくりと肩を落とし、勝てば勝ったですっかり舞い上がる。しかし、あの人たちの反応はそのどちらでもなかった。決して熱くならなかった」

彼らが奇妙な行動をとるのには、それなりの理由があった。秘密を隠していたのだ。ギャンブルに使っているのは彼らの金ではない。ケージに保管されている現金はバングラデシュ銀行の金で、「ソレア」に持ち込まれた理由はただひとつ、銀行が決して金を取り戻せないようにするためだった。

マネーロンダリングの第二段階

バングラデシュ銀行から盗まれた八一〇〇万ドルの資金がフィリピンに到着していたと判明したと

き、資金はすでに一連の銀行口座で洗浄され、「フィルレム」という通貨両替サービスに送られていた。そのうち約三〇〇〇万ドルが現金に換えられ、ウェイカン・シュウという名前の中国人の手に渡り、シュウは現金を持ったまま行方をくらませていた。八一〇〇万ドルのうち残った約五一〇〇万ドルはその時点で二分され、それぞれの目的地へと向かっていった。

ひとつが「ブルームベリー・リゾーツ・コーポレーション」が運営する「ソレアリゾート&カジノ」で、ここに運びこまれたのは約三〇〇〇万ドルである。残りの二一〇〇万ドルは「イースタン・ハワイ・レジャー」という会社で、ここの経営者がキム・ウォンである。前述したようにキム・ウォンは、盗まれた金が振り込まれたリサール商業銀行（RCBC）で偽の銀行口座の開設を手伝ったとされる人物だ。そして、「イースタン・ハワイ・レジャー」に振り込まれた金は、それから「マイダス」というカジノに送られている。このカジノが、マネーロンダリングの次の舞台となる。

いずれのカジノにも私は行くことにした。マニラに来てからというもの、それまでの時点で、資金が振り込まれたRCBCの支店を訪れたり、フィリピンの上院議会に行って公聴会の委員たちにインタビューしたりして、事件の真相について究明してきた。調査報道の流儀にのっとり、私はこのまま資金の行方を追い続けたいと考えた。そして、その次に向かったのがカジノホテル「ソレア」だったのである。

カジノホテルを訪れたことがない人に、「ソレア」のような最高級カジノがどれほどの豪華さで溢れかえっているのかを説明するのは至難の業だ。ホテル内には「ブルガリ」「プラダ」「バング&オルフセン」などのブランドショップが出店しており、ショッピングも楽しめる。私が訪れたときは、カジノに併設された劇場で『オペラ座の怪人』の公演が行われていた。「ソレア」の印象が私に焼きついた決定的な理由は、世界で唯一「バッグスツール」なるものを勧められた店だからである。「プラダ」のハンドバッグを買ったばかりなら、床に置きたくはない気持ちは私にもわかるが、自分のバックパックが専用の小さなスツールに置かれているさまはかなり奇妙な光景に思えた。

カジノのなかを歩きまわっているうちに、犯人たちが盗んだ資金をどうしてここに持ち込んだのかが、私にもなんとなくわかってきた。フィリピンではこの十年で、実入りのいいカジノ産業がさかんになり、大金持ちのギャンブラー、とくに賭博が違法とされる中国から多くの富裕層が訪れるようになった。バングラデシュから盗まれた数千万ドルの資金も、このような場所ならあまり目立たないのだろう。金の出所がどこであれ、大金を持つ人間たちが紛れ込むには、華やかなカジノほど最適な場所はない。

「プライバシーが守られているうえに、サービスも申し分ない。自分にふさわしいと思える個人的な気遣いも期待できる」と言うのはカジノ産業の専門家で、『インサイド・アイアン・ゲーミング』誌の編集主幹ムハンマド・コーエンだ。コーエンは長年にわたってカジノ業界を取材し、カジノで大金を賭ける大金持ちがどんな要求をするのかに通じている。

「私にはヘネシーのXOをボトルで。妻にはまずマニキュアとペディキュアを。それが終わったらショッピングに連れていってほしい。市内の観光も頼む。私が遊んでいるあいだ、これで妻も退屈はしないだろう。それから、小腹が空いたころを見計らって私の好物を作ってくれ」。このようなバカ騒ぎが繰り返されているさなかなら、数百万ドルもの資金をだまし取った詐欺師がいても、気づかれずに済むのかもしれない。

詐欺師たちにすれば、マニラのカジノにはほかにも決定的な利点がいくつかあった。まず、事件当時のマニラのカジノはマネーロンダリング規制の対象外で、現金の出所についてやっかいな質問を受ける面倒をほとんど避けることができた。(2) 第二に、旧正月のタイミングがふたたび有利に働いていた。銀行が休みの月曜日のおかげで、ハッカーはＲＣＢＣを介して資金を洗浄できる時間をさらに稼げたばかりか、今度は現金を動かし続けている際にその痕跡を隠しておくうえでも役に立った。旧正月のお祭り騒ぎで、マニラの街はギャンブラーと彼らが落とす金であふれかえっていた。そうした背景のもとなら、「ソレア」や「マイダス」に送られた大金は、人目にはたいして怪しいとは映らなかったのかもしれない（それでも、トニー・ラウの目に留まっていたのは言うまでもない）。

というわけで、見方によってはこのような大規模ギャンブル施設に大金が届いても、決して驚くようなことではないのだ。しかし、これだけの恩恵にあずかれるのはわかったが、それでもなぜ犯人たちが大変な思いをしてまで、大切な金をそもそもカジノで賭けなければならないのか、私にはその理由がどうしても理解できなかった。複数の銀行口座に次々と資金を移していき、現金に換えてきた――それだけで充分ではないのか。なぜ、わざわざこうした特別のひと手間を彼らはかけていたのだろうか？

マネーロンダリングを研究する前出のモヤラ・ルーセン教授は次のように説明する。「私が大量の汚れた現金を所持している犯罪者としましょう。まずカジノへ出向き、その現金のチップに変えます。しかし、大々的に賭けるのではなく、賭けはあくまで控え目、大きな損を被らないように気をつける。賭けを終えたら、チップを残らずカジノの小切手で精算、これでカジノで儲けた金のように見せることができる。あとは、扉を開けて、堂々とカジノから出ていくだけ。小切手のお金をどこに預けても、誰も何も聞いてはきません」

言い換えるなら、カジノに出向くことは、マネーロンダリングの第二段階である〝レイヤーリング〟において、決め手となる最後のステップなのだ。このステップによって、追跡調査を可能にする連鎖が断たれ、最終的に犯罪と金が切り離される。犯人たちが盗んだ金を「ソレア」や「マイダス」で賭けてしまえば、追っ手は現金とハッキングを結びつけることに悪戦苦闘し、その結果、資金を回収することが不可能になってしまうのだ。

決して負けない賭け方

しかし、この説明では、そもそもなぜ彼らはカジノを利用しなければならなかったのかという疑問が依然として残ってしまう。公聴会で明らかにされたように、ウェイカン・シュウは三〇〇〇万ドルもの現金を手にしたまま国外に逃げ出せたのだから、なぜ犯人たちは残りの金も同じようにして持ち出さなかったのか？　わざわざカジノに行かなくともいいはずだ。

その理由はこうだ。捜査官が言うように、二〇一五年にラザルスグループのハッカーが経験したような状況に自分の身を置いて考えてみるといい。バングラデシュ銀行へのハッキングに成功して、一〇億ドルの預金が送金できることがわかった。だが、自分の口座に直接送金することができないのは、ただちに足がついてしまうからである。

そこで共犯者が必要になってくる。マネーロンダリングの一環として、資金を受け取り、その金を動かせる仲介人だ。彼らにはどうやって話をつければいいのだろう。「われわれは北朝鮮のハッカー集団で、バングラデシュの銀行から一〇億ドルを盗む予定だが、手伝ってくれないか？」。こんな話ではもちろん通用しない。何千万ドルという資金がフィリピンに送金され、その金をきれいにしなくてはならないことを納得させる、もっともらしい理由を考えなくてはならない。そして、つじつまを合わせるためにギャンブルをめぐる話をでっち上げ、その筋書きにしたがって全員がそれぞれの役割を演じることになる。

ＲＣＢの支店長マイア・サントス・デギトに対して、キム・ウォンはこの金がギャンブルで使われる金だと話していた。両替サービスのフィルレムの社長らもそう言われていた。そしてたいていの場合、こうしたやり方は、本人の意図にかかわらず、収奪事件にかかわってしまったさまざまな関係者に報酬を与える手段にも使われていた。かかわった相手に支払われる委託料や手数料は、表向きはギャンブルの報酬のように見えるが、実は資金の洗浄に参加したことに対する報酬だった。

もちろん、関係した者のなかには、何から何までいかがわしい話だと気づいていた者もいたはずだ。しかし、うさんくさいと思っても、犯行の全容は知らなかったので、自分は金をありあまるほど持っているギャンブラーを助けただけだと納得できただろうし、そう言って捜査当局にも説明できると考えていたのだろう。

偽装工作を行い、そのカバーストーリーに基づいてロンダリングのネットワークを組織したら、問題はラザルスグループの工作員がそれを最後までやり遂げることにつきた。ＲＣＢの支店に届いた資金がカジノに移されたら、その金を使い、曲がりなりにもギャンブルをしているように見せかけなければならなかった。そうしなければ、疑われてしまうかもしれないからだ。しかも、ギャンブルという計略は仲介者への支払い手段にもなる。報酬が支払われなければ、彼らも流れにしたがって金を動かしてはくれなかったかもしれない。

そこで、ラザルスグループとその手先は、今度は「ソレア」と「マイダス」で五一〇〇万ドルの金を動かさなければならなかった。ギャンブルとは言うが、これは言うほど楽しいことではない。カジノで多額の現金を洗浄しようとすると、現実的にはかなりの難題と向き合うことになる。難題のひとつは、汚れた金を賭けることについて言及していたルーセン教授の「大金を失わないようにする」という言葉に示唆されている。ほかの人はともかく、カジノ通いは私の趣味ではない。何度か行ったことはあるが、チップをテーブルに置いて、サイコロやカードに何かが起こると、私のチップがなくなっていた。言うまでもなく、私はハスラーではない。かりに、バングラデシュ銀行の資金を洗浄していた者が、私よりはるかに腕利きのギャンブラーだったにせよ、大きな損を出さないまま、どうやって何千万ドルもの金を賭け続けることができるのだろう？　だが、うまくやる方法がないというわけではない。

私と二人でカジノに行ったとしよう。それぞれ一〇〇ドルの現金を手に、この金をできるだけ減らさないようにしたい。現金をチップに変え、大きなルーレットに向かう。私は一〇〇ドルのチップをボールが赤いポケットに落ちることに賭ける。一方、あなたは黒のポケットに一〇〇ドルを賭ける。結局、ボールは黒のポケットに落ちたので私は賭け金を失う。だが、あなたは一〇〇ドルを獲得、手元のチップは二〇〇ドルになっている。私とあなたはとても仲のいい友人なので、手元のチップの半分を私に渡してくれる。二人はチップを現金に戻して、来たときと同じように一〇〇ドルずつを持ってカジノをあとにする。

もちろん、カジノ側の総取りである緑のポケットにボールが落ちれば二人とも負けになるが、緑のポケットは回転盤にひとつか二つしかないので確率としてはかなり低い（回転盤の区切りはプレイする国によって異なる）。ほとんどの場合、ボールは赤か黒のどちらかに落ちるので、このシステムはうまく機能することになる。

ただし、このやり方は、たがいに正反対の目が出るものに賭ける場合にのみ有効だ。ほとんどの場合、収支はトントン、どちらも利益を得ることはできないし、ほとんどの人にはギャンブルに出向く意味もまったくなくなる。ギャンブルとは詰まるところ、負ける恐怖と勝った快感によって成り立っている。

さて、話を戻そう。バングラデシュ銀行の襲撃事件では、カジノに現金を持ち込んだ者たちはギャンブルに興じるのが目的でカジノに来たのではなかった。彼らは別のゲーム――資金洗浄のためにカジノに来ていた。彼らにすれば、収支さえ合えばそれでよかったのである。だから、トニー・ラウが担当したVIPルームの男たちはすっかりリラックスしていられた。一人が負けてもほかの仲間が勝つと知っており、その逆もまた同じだ。賭けでの儲けにはこだわっていなかった。なぜなら、マネーロンダリングをたくらむ首謀者から金をもらい、彼らの汚れた金をギャンブルというシステムで洗浄していたからである。

しかし、このような勝ち負けをイーブンにする方法を成功させるには、賭けのルールがきわめて単純で、しかも選択肢と賭けの結果がかぎられ、何が起きているのかが自分の目で確認できるゲームが理想的で、そういうゲームでなくてはならない。これらの条件にぴったりなのが、アジアでもっとも人気があるカードゲームのバカラだ。前出の『インサイド・アイアン・ゲーミング』誌のムハンマド・コーエンは、「バカラは中国のギャンブラーに人気のあるゲームで、客のスキルは関係しない。すべて運しだいのゲームだ。人によっては、これは自分と自分の運命との戦いと考えている人もいる。自分の運命に勝てるかどうか試してみたがっているのだ」と話している。

バカラというカードゲームで客が賭けるのは、「胴元《バンカー》」と、「客役《プレイヤー》」仮想の二人による勝負の結果だ。(3)ディーラーはバンカーとプレイヤーに二枚ずつカードを配り、カードの合計が「9」にもっとも近いほうが勝ちになる。ゲームそのものはとても単純でスピード感にも富み、マネーロンダリングのように、大金をコントロールしながら動かしたい者には最適なカードゲームだ。

しかし、問題がないわけではない。損失を最小限に抑えることを目的に、仲間と示しあわせたうえでバカラをやっているときに、見知らぬ客がテーブルにつき、彼らといっしょに賭け始めたらどうなるのだろう？　そうなると、勝ち負けの均衡を踏まえた計画は台なしになってしまう。かといって、彼らに向きなおり、どう賭けるのかを命じることができないのは言うまでもない。そんな真似などすれば、何か善からぬことをたくらんでいると見抜かれてしまう。

マネーロンダリングに必要なのは、詮索好きな目を逃れられる場所、つまり、すべての活動が監視でき、関係する者をコントロールできるようなプライベートが担保された場所だ。その意味では、「ソレア」と「マイダス」はまさに願ってもない場所だったのである。

溶けていく金

私たちのような一般人がカジノのフロアでギャンブルをするのに対して、〝ハイローラー〟と呼ばれる何百万ドル単位の金を賭けるような客には、トニー・ラウのようにＶＩＰ専門の応接係が担当するような専用の部屋が与えられている。このような許された者しか入れないギャンブルルームには名前がある。「ジャンケット」［語の意味は〈もてなす〉］だ。トニー・ラウが働いていたのは「ソレア」が運営するジャンケット《ジャンケット》だが、ほかのカジノのジャンケットは外部の仲介業者によって運営されている。

このような会社は富裕層の顧客とコネクションがあり、場所を提供するカジノ側は手数料や使用料金も得るかわりに、ギャンブル用の個室を貸し出す。ジャンケットは、事実上、「カジノのなかのカジノ」と言っていいだろう。ムハンマド・コーエンの話では、「仲介業者は自社の人間をスタッフとして配置しており、ケージも自社の人間が面倒を見ている。カジノ側の人間も部屋には立ち会っているが、基本的には仲介業者が仕切り、カジノ側とはなんらかの条件に基づいて利益を分け合っている」。

こうしたジャンケットでは途方もない額の金が飛び交っているので、いまではカジノ業界で働く者すべてがジャンケットにかかわっている。部屋の手配をする業者がいれば、ハイローラーにジャンケットを紹介する業者もおり、そうやって手数料を得ている。そして、キム・ウォンもそうした世界で生きてきた。(4) 彼がカジノの世界に精通したベテランだったことも、盗まれた金を「ソレア」や「マイダス」にすんなりと流していくうえで役に立っていたのかもしれない。キム・ウォンがいたことで、カジノ側も安心していたとも考えられる。キムは以前から大富豪といっしょにカジノに出入りしており、今回も大金が動く週末になるとカジノ側が考えても無理はなかった。

バングラデシュ銀行から盗まれた資金が、「ソレア」と「マイダス」の双方でこの種のジャンケットルームに注ぎ込まれたのははっきりしている。それらの部屋はジャンケット業者の社名である「ゴールドムーン」と「サンシティ」というエキゾチックな名前がついていた。ハッカーの共犯者たちが損失を最小限に抑えることを目的に、注意深く勝ち負けイーブンの賭けをするには、世間の目から離れた完璧な場所を提供していた。しかし、ジャンケットにはやっかいな点もあった。プライベートは担保されているものの、貸与されるチップは「デッドチップ」と呼ばれ、賭けでしか使えず、勝手に換金することはできない（理由はジャンケット事業者が状況を把握し、全員が精算を済ませて部屋をあとにする前に手数料を算出するためだ)。

これではマネーロンダリングには不都合だ。賭けのねらいは汚れた金をチップに交換し、そのチップをきれいな現金と換えてカジノをあとにすることだ。だが、ジャンケットルームで顧客が最後に受け取る賞金は、現金に交換できる通常のチップで支払われる。「ソレア」と「マイダス」のカジノになんとか五一〇〇万ドルを持ち込んだ洗浄役は、今度は文字通りカジノで勝負をしなければならない。デッドチップを使って賭けを続け、最終的に通常のチップを獲得する。そのチップなら現金に換えることができる。

資金洗浄をする者にとってありがたいのは、バカラにはもうひとつ決定的な利点がある。専門家に聞いた話によると、腕がよければ、バカラでは投入した金の約九〇パーセントが取り戻せるというのだ。マネーロンダリングをたくらむ者にすれば夢のようなリターンだ(私が訪れたダークウェブのサイバー犯罪に関する掲示板では、その確率は六〇パーセント以下と説明するところが何カ所かあった)。もちろん、このようなリターンを得られるのは、それなりに長時間にわたり、非常に慎重にプレイができた場合のみにかぎっての話だ。最初のゲームで五一〇〇万ドルの全額を賭けていたら、彼らは大損していたかもしれない。

したがって、この資金洗浄法を効果的に運用するには、長い時間がどうしても必要となる。さらに複数の人間からなるチームも欠かせない。その結果、洗浄にかかわった何人もの中国人ギャンブラーは、「マイダス」や「ソレア」のジャンケットルームに何週間も逗留を続け、ただ酒を心ゆくまで飲みながら、次から次へと賭けを繰り返していた(だが、彼らも計画の全容はほぼまちがいなく知らなかったはずだ)。トニー・ラウが目撃していた、彼らの腑に落ちない挙動はそれで説明がつく。彼らは決まった時間に来ては席を離れていった。まるで日課にしたがうように金を賭けていたが、実際、彼らにとってギャンブルは定時の仕事のようなものだった。

おそらく、この襲撃事件の一連の出来事でもっとも際立っている点は、ハッカーがもし当初の目的通り、バングラデシュ銀行の九億五一〇〇万ドルをすべて引き出し、そのうえで逃げおおせていたらどうなっていたのかと想像することにつきるだろう。実際に起きた事件では、五一〇〇万ドルの不正送金を洗浄するため、彼らは四つの銀行口座、堕落した支店長、通貨両替サービス会社、現金の運び屋として二名の中国人と輸送用のトラック、そしてジャンケットで現金を洗浄する十数名のギャンブラーを集めなければならなかった。三〇〇〇万ドルの現金はウェイカン・シュウに渡していたが、それでも、これらの作業に数週間を要している。当初の計画は九億五一〇〇万ドル、実際の作業の二十倍もの規模で犯行を計画していたのだから、開いた口がふさがらない。

ところで、数週間にわたってカジノで資金洗浄が行われていたあいだ、被害を受けたバングラデシュ銀行はずっと何をしていたのだろう？　この時点では銀行の役員たちも何が起きていたのか正確に把握はしていた。彼らはフィリピンに乗り込み、上院委員会に同席して証言に耳を傾け、今回の計画についてはじめて知った。だが、遠ざかっていく自分たちの資金に追いつくには、彼らは何をすればよかったのだろう。

すでに触れたように、バングラデシュ銀行の関係者は当初、この問題を解決すれば資金は回収できると高をくくり、ハッキングされていた事実を政府には伏せていた。しかし、その事実が公になったことで、バングラデシュ政府が事件に乗り出し、盗まれた資金の行方を猛烈に追いかけていた。さらに、盗まれた資金を取り戻すため、政府の代表団をフィリピンに派遣していた。

バングラデシュ国籍のアジマルール・ホセンも代表団のメンバーの一人だった。ホセンはイギリスで法廷弁護士《バリスター》として活動、これは祖国の法曹界では上級弁護人に相当する。祖国政府の依頼を受け、この時点でホセンは資金の回収を手伝っていたのだ。バングラデシュ政府としては、法曹界の重鎮をこの一件に引き込んでいたことになる。

だが、依頼を受けたホセンはただちに問題に突き当ってしまう。「ただただ驚くしかなかった。最初の数週間、第三者としてハッカーが関与している事実を誰もが頭から否定していたのだから」。送金に関係していたほかの銀行も、送金が合法的なものだと信じていたとホセンは言う。「どの銀行も本物の取引として扱っていた。だから、そうではないとまず説き伏せなくてはならなかった」

最終的に資金がフィリピンに送られていた事実が明らかになると、ホセン自身、六回にわたってフィリピンを訪問している。だが、バングラデシュ銀行の担当者はそれ以上の回数でフィリピンに渡っていたとホセンは言う。しかし、まともには相手にされなかった。「完全に否定された。フィリピン側は、バングラデシュ銀行の関係者が関与していると言うばかりで、しまいには『いいですか。これはすべてあなたがたの問題だ』とまで言われた。資金が盗まれたという事実に、まったくかかわろうとはしてくれなかった」

しかし、事態が変わり始める。これが犯罪活動である事実が明らかになると、フィリピンに資金が到着したあと、犯人たちがどのように金を動かしていたのかがそれまで以上に明らかになった。バングラデシュ銀行も、フィリピンに到着してからの資金の流れを把握することができ、現在、金がどこにあるのかも特定することができた。盗まれた金はカジノに置かれていたのだ。

だが、フィリピンでは資金洗浄法が整備されていないため、バングラデシュ側の調査もそこまでだった。カジノ側について言うなら、何千万ドルの現金を携えてやってきた者はれっきとした上客で、その金を賭け続けるあらゆる権利がある。その金が盗まれたものであると証明されるまで、カジノ側は何もせず、それを証明するには数週間におよぶ調査が必要だった。その間、彼らは金を自由に使い続けることができた(5)。

バングラデシュ銀行の役員たちには、カジノのテーブルの上で自分たちの資金がどんどん減っていくのが目に見えるようだった。しかし、それを止めようにも彼らにはなす術《すべ》がない。

フィリピンから中国へ

事態に困惑していたのは、バングラデシュ銀行の関係者だけではなかった。「ブルームバーグ・ニュース」のヨーロッパ向け金融調査担当編集者であるアラン・カッツもそうした一人である。襲撃事件が目に留まって以来、カッツはこの事件を間近で追い続けてきた。「ハッキング事件が起きて反射的に思い浮かんだのは、『ここまではいいだろう。だが、どうやって金を手に入れるつもりだ』だった。実際、その点からこの犯罪を追跡することに興味をひかれていた」とカッツは言う。

ギャンブラーたちがマニラに留まり、盗んだ金でまだ遊んでいることを知ったとき、カッツにはそれがどうしても信じられなかった。何週間もカジノに居すわり続けている連中はいったい何者なのだ？　この話は誰もが知っていた。「ブルームバーグ」も「ロイター」も記事を配信し、『ニューヨーク・タイムズ』も記事に書いていた。もちろん、フィリピンの新聞も記事にしている。それにもかかわらず、男たちはそこにいてひたすら金を賭け続けているだけで、誰も彼らに手出しをしようとはしない。そのかたわらでは、彼らをめぐって新聞の見出しが渦を巻いていた。

フィリピン上院委員会の公聴会は続いており、委員会もこのような異様な状況は打開すべきと問題のひとつとして取り組んでいた。委員会は、マイア・サントス・デギトとともに事件にかかわっていたジャンケット・プロモーターのキム・ウォンを召喚して証言させた。ウォンは、バングラデシュ銀行の襲撃計画などまったく知らないと主張、さらに彼の会社「イースタン・ハワイ・レジャー」に送金されていた二一〇〇万ドルのうち、一六〇〇万ドルについては返還している（ウォンは起訴されたが、告訴はのちに取り下げられた）。

しかし、それでウォンの嫌疑が晴れたわけではなく、そもそもなぜ彼がこんな犯罪にかかわるようになったのか、委員会に対してその経緯を説明する必要に依然として迫られていた。ウォンは新たに二名の名前を公聴会で明らかにしている。ガオ・シューハーとデン・ゼクシーである。(6) この二名の中国人が今回の計画で重要な役割を果たしていたとウォンは主張した。

ウォンが言うには、ガオ・シューハーも自分と同業のジャンケットのプロモーターで、彼とは古くからの付き合いがあった。そのガオが「ソレア」のカジノで大きな穴を空ける。だが、めぐりめぐってその借金をウォンが負うことになる。そこでガオは、RCBCに届くはずの金でウォンに返済すると言っていた。バングラデシュ銀行から盗まれた金を受け取るために、銀行の支店長とともに怪しげな口座を作るのを手伝ったのはガオだとウォンは訴えていた。

ガオはその後、やはりジャンケット・プロモーターのデン・ゼクシーをウォンに紹介、デン・ゼクシーも今回の取引の一端を担うことになったと証言した。

こうして舞台は整った。ウォン、ガオ、デンの三名で数千万ドルを受け取り、それをカジノで使ってきれいにする。ウォンはその金で負債を返済しようと考えていたが、計画そのものを進めていたのはガオとデンの二人だとウォンは言う。

調査報道を手がけるアラン・カッツには、これはなんとも興味をそそる手がかりだった。「だって、奇妙だろう？　話では北朝鮮のハッカー集団がバングラデシュの金を狙っており、その金をニューヨークの連銀からフィリピンに動かしていたとしたら、この中国人たちはどこから事件にかかわってきたのだろう？　彼らはそこで何をして、そして、なぜそんなことをしようとしているのだろう？」

この疑問を解き明かすため、カッツはマネーロンダリングに全面的に関与したとされる二名の中国人男性の背後関係を探る物騒な旅に出る。もうひとつ、さらに大きな疑問があった。彼らがラザルスグループのために金を動かしていたなら、ハッカーや北朝鮮にいる首謀者たちと二人はどのような関係があるのだろうか？

そうしているあいだも、「ソレアア」のカジノでは、トニー・ラウが依然として働いていた。ある日、ラウは例の中国人のギャンブラーたちとばったり出くわす。数週間前、山のような現金とともに彼のVIPエリアに入ってきたあの中国人たちだ。しかし、このときはそれほど羽振りのいい様子ではなかったという。「現金を持っていなかった」とラウは振り返る。実際、食事をする金さえなかったようである。食事と煙草を勘定につけておいてくれと言われ、ラウがその求めに応じたのは、建前のうえでは彼らは自分の客だったからだ。だが、大富豪であるはずの彼らの生活ぶりはどうなってしまったのか。

彼らの不審な挙動を見て、ラウと同僚らは自分たちの不安をマネージャーに報告した。バングラデシュから奪い去られた資金のマネーロンダリングに加担していると疑われる一味の動きを封じるために、ついにカジノ側も動き出した。「ソレアア」側は一行が宿泊しているホテルの部屋に乗り込み、ギャンブル用のチップとパスポートの情報を差し押さえている。カジノのスタッフはなんとか約二〇〇万ドルを回収できたが、そのほとんどはデッドチップでまだ使われておらず、通常のチップとは未交換のままだった(7)。

スタッフがジャンケットルームに踏み込んだとき、ほかの人間に交じって一人の男がいた。驚いたことに、その男こそガオ・シューハーだった。キム・ウォンの証言によれば、マネーロンダリングの計画そのものに手を貸していた人物である。その男を「ソレア」のスタッフたちは捕らえたのである。だが、その後、ガオ・シューハーは解放されている。この時点でガオは起訴されておらず、逮捕令状も出ていない。もちろん、カジノには彼を逮捕する合法的な権限などはない。ほかのギャンブラーたちとともにガオ・シューハーも「ソレア」をあとにしていった。

その後、カジノはフィリピン当局に彼らのパスポート情報の詳細を提出している。男たちはいずれも中国籍の人間だった。当局は中国大使館に問い合わせたが、彼らを追跡して逮捕するうえで役に立ちそうなことは何も教えてもらえなかった。

ガオ・シューハーとデン・ゼクシーは法の網をくぐり抜けていた。ウォンが証言した通り、二人がフィリピンのマネーロンダリング計画の首謀者なら、彼らはどこに消えたのだろう。それが、アラン・カッツの頭を占めている疑問であり、そのために二人のあとを追って、なんらかの答えを得ようとしている。

もちろん、バングラデシュ銀行から盗まれた数千万ドルの大部分も行方不明のままだ。それらの資金はどうなったのだろう。

だが、そうした話はあとであらためて説明しよう。その前にやり残しの疑問を片づけておかなければばならない。最終的にハッカーたちは、連邦銀行の口座から一億一〇〇万ドルを送金させていた事実を覚えていると思う。これまで、フィリピンに送金された八一〇〇万ドルにかかわる話を追ってきたが、今度は残りの二〇〇〇万ドルがどうなったかを調べなくてはならない。それは私たちをふたたび異国情緒あふれる別の舞台へと誘う物語であると同時に、北朝鮮と国外の犯罪組織との別のつながりを明らかにする物語でもある。

第11章　陰謀の解明

寄付を申し出る「日本人」支援者

二〇一六年、シハール・アニーズは調査報道ジャーナリストとしてスリランカで働いていた。ほかの記者が書いている低レベルの記事――そんな記事についてアニーズは〝毒にも薬にもならない話《ボーイスカウトストーリー》〟といまでも言っている――を読むのにも飽き飽きしていた。彼が求めていたのはもっと複雑なもの、つまり、自分が本気で取り組める、ずっしりとした内容のある大きな物語だった。そして、その願いは間もなくかなえられることになった。

その年の二月、旧首都コロンボにある大手通信社「ロイター」に勤務する彼のもとに、異例のタレコミが舞い込む。情報源である銀行の関係者によると、数千万ドルの資金をめぐり、銀行と顧客が激しく争っているというのだ。話にはいくつか、アニーズの好奇心をそそる点があった。第一に金額があまりにも大きい点だ。スリランカのような国には似つかわしくないほどの大金だった。二つ目は、両者が慈善団体への寄付金をめぐって争っていた点である。慈善団体への善意の寄付なら、どうして密告されるほど険悪な争いになってしまったのだろう。アニーズには奇妙に思えた。

ほかの情報源にも当たり、なんとも説明がつかない、数千万ドルの預金をめぐる紛争の真相を探ろうと試みた。その結果、銀行と争っていた顧客はシャリカ・ペレラという女性であることがわかる。

アニーズは彼女の行方を追っていくが、やがて自分が調べているのは、単なる資金の奪い合いではなく、けた違いに大きな問題だという事実に気づき始める。

アニーズはまだ知らなかったが、彼はラザルスグループによるマネーロンダリング作戦のスリランカ版の事件に遭遇していたのだ。そして、彼が探そうと取り組んでいた女性は、世界中に張りめぐらされ、絡みに絡み合った犯罪の網の中心におり、その網はいま彼女に向かって急速に迫りつつあった。

＊　＊　＊

シャリカ・ペレラにとって人生はひと筋縄でいくようなものではなかった。彼女は三十代後半の実業家で、いつか政治家になるという大きな夢を持っていた。その一方で、建設、自動車部品、出版、ケータリングなど、さまざまな業種の会社を次々と立ち上げてきた。だが、どの事業も思わしくなかった。とくに出版の赤字がひどく、コンピューターを残らず売り払わなくてはならなくなるまで追い込まれた。

そこで方針を転換して、慈善活動の道を歩むことにした。二〇一四年十月、ペレラは自身の名前を冠したシャリカ財団という慈善団体を設立、貧しい人たちのために家を建てたり、社会奉仕を提供したりするなどの支援活動を行うと話していた。(1)

おそらく、これこそついに自分の人生を変える事業になるとペレラは考えていただろう。たしかに変わりはしたが、それは彼女が考えてもみなかったかたちで実現することになる。

ペレラはスリランカ人の仲介役と仕事を始めた。仲介役は驚くほど仕事に通じた人物で、多額の資金を持つ投資家を紹介してくれた。シャリカ財団のウェブサイトに書かれている慈善活動の話が信用できるなら、それは大きな利益を生み出せる協力関係だった。まず、イスラエル人の篤志家が住宅プロジェクトに五〇〇万ドルを寄付すると、次に《トミヤマタカシ》なる日本人が、発電事業に三〇〇〇万ユーロを提供してくれた。このころのペレラは絶好調だったようである。魔法使いのような仲介役のおかげで、彼女の自慢の慈善活動は、設立からわずか数カ月で数百万ドルもの資金が一気に手にできるようになっていた。

しかし、物事は見かけによらないものである。たとえば、《トミヤマタカシ》は、外面は日本の大金持ちに見えたかもしれないが、少し調べてみると、実は東京の北にある茨城県の工業用塗装装飾会社に勤めていることがわかった。《トミヤマタカシ》という名前も本名ではないようだ。この男がなぜ数千万ドルもの大金を持ってスリランカに現れたのかは不明だ。説明を求める声にも応じてくれなかった。この事実をペレラ自身がどの程度把握していたのかもはっきりしていない。はっきりしているのは、シャリカ財団のウェブサイトに掲載されている画像と現実が食いちがっている事実だった。

そしてその背後には、突然財団に殺到するようになった謎めいた篤志家という、さらに懸念すべき問題が潜んでいた。《トミヤマタカシ》は寄付にいくつかの条件をつけていた。ペレラとおぼしき人物の署名が記された文書には、三〇〇〇万ユーロのうち、実際財団に寄贈されるのはその半分だけで、残りの半分はシンガポールとマレーシアと日本にある四つの銀行口座に振り込まれることになっていたとある。[2] 異例であるばかりか、きわめて疑わしい取り決めで、彼女の慈善事業が第三者の金を動かすために使われていることを示す最初の兆候だった。本来なら警鐘を鳴らすべきところだが、どうやらそうではなかったようだ。ペレラはそのまま突き進んだ。

財団の次の重要なプロジェクトは酪農場の建設で、場所はコロンボにある財団から数百マイル離れた中部州のマータレーという町にあった。計画では地元の需要に応えるだけでなく、国外への輸出も予定していた。(3) しかし、多額の費用がかかるプロジェクトだったので、彼女はまたしても援助を必要としていた。

ふたたびスリランカ人の仲介役が手を差し伸べてくれ、二〇一四年後半、巨額の資金を持つ別の日本人支援者《ササキタダシ》を紹介してくれた（仲介役は、自分は日本で暮らしていたことがあるので、日本とはパイプがあると言っていた）。ペレラは日本語が話せないので、交渉はすべて仲介役を介して行われている。

裁判記録によると、《ササキタダシ》と名乗る篤志家は、当初、九〇〇〇億ユーロという途方もない金額を寄付するという話をしていたらしい。資金はいわゆる外国の政府系ファンドによって用意されたものなので、出資を成功させるにはスリランカ政府の援助が必要だとペレラにほのめかしていた。(4) 彼女は全力をつくしたが、交渉をまとめることはできなかったと証言している。

しかし、話し合いは続き、《ササキタダシ》は大金を寄付する約束を反古にはしなかった。二〇一六年一月には、間もなく多額の寄付金を渡せるとシャリカ・ペレラと仲介役に告げている。寄付金は二〇〇〇万ドル、最初に言っていた途方もない金額に比べればはるかに見劣りはしたが、それでもシャリカ財団にとっては大きな後押しとなる。(5) どうしても寄付金がほしかったペレラは、ふたたび例の条件――資金の一部を彼女の慈善事業に使い、残り約半分については仲介役の会社の口座に入れるという話に同意していた。

ペレラの証言によると、このとき《ササキタダシ》から入金のために口座を作るように言われたという。またしても警告の赤信号が発せられていた。なぜ、財団の既存の銀行口座を使おうとはしないのか？　ほかの口座に金を移すパイプ役として、なぜ財団を使うことをふたたび許してしまうのか？

しかし、ペレラはこれらの警告をことごとく無視していたようである。二〇一六年一月二十六日、彼女はコロンボのパン・アジア銀行で口座を開設すると、詳細を《ササキタダシ》にメールした。間近に予定されていた寄付の入金を彼女が心待ちにしていたのは疑いようがなかった。

ペレラが安心していられたのは、その寄付がまちがいなく本物で、正当な出資元からの金であることを裏づける文書を仲介役が渡していたからだ。

文書は〈JICA〉というレターヘッドの便箋に書かれていた。ロゴマークは日本の「国際協力機構」のもので、通称「JICA《ジャイカ》」は世界中の開発プロジェクトに投資している政府の援助機関である。文書には「上記のプロジェクトについて資金を提供させていただくことを喜んでお知らせします」と書かれており、ペレラが実現しようとしていた酪農事業に言及していた。[6] 表向きは完璧に筋が通っているように見える。《ササキタダシ》は日本人で二〇〇〇万ドルの寄付を約束しており、日本の国際協力の実施機関が円借款を裏づけ、その貸付先としてペレラのプロジェクトと結びつけていた。

いまにして思えば、文書が本物でないことは一目瞭然だった。そこに記されていたプロジェクト名は「農村の電化促進プロジェクト」だったが、「電化」の英単語のスペルもまちがっていた。また、二ページ目に掲載されている緑色の帯封がしてある札束の画像には、コピーアンドペーストされた粒子の粗い画像が使われていた。政府系ファンドが手がける数百万ドル規模の資金協力にふさわしい文書とはとうてい思えなかった。だが、ペレラはこのときも警告のサインをやり過ごしている。

そうしているあいだも、仲介役からまたもや朗報がペレラのもとに届く。二五〇〇万ドルの別の寄付が、二〇〇〇万ドルの直後に振り込まれることになった。ペレラと財団にとって、この一週間はまたとない一週間になりそうだ。二月四日木曜日にはパン・アジア銀行を訪れ、最初の二〇〇〇万ドルの寄付が間もなく到着する旨を伝えると、銀行側にどうするか指示を与えている（そのなかには、彼女の預金口座に七〇〇万ドルを振り込むというものもあった）[7]。翌日、資金が銀行に到着。すべてが計画通りに進んでいるように見えた。《ササキタダシ》も送金の確認メールを仲介役に送っている。

しかし、ここで問題が生じる。銀行のスタッフが不審に思ったのだ。あまりにも金額が多すぎるからである。銀行側は送金をいったん保留し、確認が取れるまで口座への入金は拒否されてしまう。

二日後の二月六日土曜日、ペレラはパン・アジア銀行の支店にあらためて出向いた。今度は仲介役がいっしょで、二人は銀行に送金停止の解除と、仲介役の口座に一一〇〇万ドルを振り込むように要求した。だが、要求は拒まれる。銀行が送金書類を精査してみると、ささいではあるが、やっかいなミスを発見していたのだ。振込先である「シャリカ財団」の「財団」を意味する「foundation」の綴りが、まちがって「fundation」と記されていた。

警告の赤信号が今度はパン・アジア銀行で鳴り響き、銀行はバングラデシュ銀行とドイツ銀行の双方に緊急の問い合わせを行った。ドイツ銀行はこの取引を扱っていた仲介銀行である。バングラデシュ銀行も至急の回答を送り、二月九日火曜日の時点でパン・アジア銀行に対し、送金停止解除は行わないように伝えている[8]。もちろんこの資金は、ハッカーがニューヨークの連邦銀行の口座から送金しようとたくらんだ九億五一〇〇万ドルの一部だった。当初の九億五一〇〇万ドルの送金は、送金先の「ジュピター」の名称が保全装置に疑わしいと判断されるという、まったく予期しない展開で頓挫した。そして今度は、ささいなスペルミスのために二〇〇〇万ドルの損失をハッカーたちは被っていた。

結局、スリランカ側はすみやかに資金をバングラデシュ銀行に返還している。

驚くのがペレラの反応だった。警察の報告によると、二週間後、ペレラはふたたび銀行を訪れ、まだ受け取れる見込みがあると本人が考えている二五〇〇万ドルをどう振り分けるか指示しており、金の一部は二つある彼女の個人口座に分割して入金するように手配していた。(9) もちろん、金など送られてくるはずはない。この時点で、ペレラの慈善事業がマネーロンダリングに利用されているのは明らかとなり、事態が露見したことで、数百万ドル規模の寄付は前触れもなく立ち消えてしまった。

「JICA」を騙る文書

慈善団体の場合、悲しいことにさまざまな理由から、このような犯罪にともなうマネーロンダリングの経路として利用されてしまいがちだ。こうした団体は、経費を抑えなくてはならないケースが多いので、大規模な組織のように、法令遵守に必要なインフラをもれなく整備する余裕がない。それどころか、団体のなかには定期的にほかの国から寄付を受け、活動資金として国外に送金しているところもあり、資金洗浄をたくらむ者にとっては利用価値の高い存在になっている。

数年前、ダークウェブの金融犯罪に関する掲示板サイトを訪れたとき、バーミンガムにある小さな慈善団体の内部関係者が、まさにこの手のマネーロンダリングを請け負っていると書き込んでいるのを見つけた。サービスを宣伝しつつ、「当団体の口座では大量の国際取引が行われているので、気づかれる恐れがないまま、洗浄した現金を送ったり受け取ったりすることができる」と見込み客に請け合っていた。シャリカ・ペレラの慈善事業は、ハッカーが盗んだ大金の逃走経路として計画されていたのだ。問題は、その事実を彼女がどこまで知っていたかという点だ。

「ロイター」のシハール・アニーズは、ペレラが銀行と揉めていると聞き、その後、事件の詳細を調べ上げ、ついにペレラを見つけ出して彼女の言い分を聞いている（取材は容易ではなかった。警察がペレラの慈善団体の所在地とされる住所を訪ねると、彼女の姉の小さな家があるだけで、姉は財団の所在地ではないと否定していた(10)。ペレラは《ササキタダシ》という日本の篤志家と会って仕事をした事実は認めたが、言葉の壁があったため、交渉の大半は仲介役を通じて行われ、《ササキタダシ》にはあまり質問しないように釘を刺されていたという。あらためて考えれば、寄付を受け入れた判断に対する彼女の弁明には明らかな矛盾がある。財団のウェブサイトには、酪農場の建設費用は一〇〇万ドル弱と書かれていたが、《ササキタダシ》からはその二十倍に相当する資金を喜んで受け取っている。きわめて不審な点ばかりだが、法律は犯していないと彼女は言い切った。「マネーロンダリングとはいっさい関係なし。そんな真似は金輪際していない」とアニーズには答えている。

シャリカ財団の一件をめぐる詳細が明らかになり、スリランカ当局は、ペレラをはじめ財団の全理事と仲介役のパスポートを差し押さえた(11)。当局の犯罪捜査はいまも続いているが、この原稿を書いている時点ではペレラの消息は不明だ。彼女はもう私のメッセージに返事をしてくれない。アニーズも彼女の行方を追ったが無駄だった。ひとつだけはっきりしているのは、シャリカ・ペレラの人生は取り返しのつかないダメージを負った事実だ。

その点では、彼女の話はマイア・サントス・デギトに重なる。マニラのリサール商業銀行(RCBC)の支店長だった女性だ。この支店を介して八一〇〇万ドルの資金洗浄が行われていた。二人とも決定的な判断ミスを犯し、はっきりとわかる赤信号のサインを見抜けず、想像していた以上に巨大で、危険な計画に巻き込まれてしまった。その結果、二人の人生は根底からくつがえる。そして、どちらも女性だった。ラザルスグループがたくらむ世界的な陰謀の歯車に巻き込まれる者には、ジェンダーをめぐる特質が関連していると言わざるをえないようにも思えてくる。

フィリピンとスリランカの資金洗浄の類似点はそれだけではない。マニラに八一〇〇万ドルを動かす際に使われていたSWIFTの送金でも、コロンボへの送金と同じ説明が使われ、インフラプロジェクトに対するJICAの融資を装っていた。[12] バングラデシュ銀行とJICAとのあいだには、二〇一二年にまでさかのぼるつきあいがあることは明らかにされている。[13] ラザルスグループのハッカーたちがこの事実を知っていたはずだと思われるのは、フィリピンとスリランカへの送金に際して、JICAの名前を隠れみのに使っていたからである（誤解のないように言っておくなら、JICA側は名前が使われている事実を知らず、この件とは無関係だとしている）。

その一方で、両国への送金には決定的な違いもある。その違いを知れば、この事件でスリランカ側の調査を掘り下げていくことが、いかに重要であるかが徐々にわかってもらえるだろう。

ニューヨーク連銀の口座からバングラデシュ銀行の一〇億ドルを送金するため、ハッカーは支払指図書を送っていたのを覚えていると思う。すでに触れたように、その際彼らはほぼすべての取引で仲介銀行を指定するのを忘れていた。ただし、唯一の例外があった。それがシャリカ財団への送金だったのである。

両国への送金をめぐっては、もうひとつ興味をそそる違いがある。フィリピンへの送金に記載されていたJICAのプロジェクト――エンジニアリング・プロジェクト、橋梁建設、公共交通機関の整備などは、JICAが実際に支援した案件だった。この事実は、バングラデシュ銀行をハッキングしたラザルスグループが、その後、同行が行った過去の送金記録をさかのぼっていくうちにJICAの融資案件の存在を知り、その詳細をコピーしていたことを示唆している。ハッカーたちにすれば、フィリピンへの送金をさらに合法的に見せかけるのが狙いだったのだろう。

だが、スリランカの場合はそうではない。グループのハッカーは、シャリカ・ペレラに送った文書のなかで、JICAに関する架空の計画、酪農場向けの「農村の電化促進プロジェクト」という事業計画をでっち上げていた。なぜ、こんな真似をしたのか？　それは、ペレラがなんとかして資金を得ようとしていたプロジェクトだったからだ。しかし、ハッカーたちはどうやってその事実を知ったのか？　ちょっと考えてみればわかるように、彼らはシャリカ・ペレラ本人か彼女の仲介役、あるいは日本の篤志家だと称する《ササキタダシ》から、このプロジェクトの存在を聞いていたにちがいなかった。

もうひとつ、スリランカの事件が際立っているのは展開の早さの点だ。フィリピンのケースでは、不正な銀行口座の開設、カジノでロンダリングを行う手配、仲介者のリクルートなど、計画の実行にハッカーは一年の時間をかけていた。だが、スリランカの場合、一連の流れははるかに早く展開していた。シャリカ・ペレラが銀行口座を開設するように告げられて、入金が確認されるまではわずか十日。そして、そのわずかな期間のうちに、ペレラにはJICAを騙《かた》る文書が渡され、送金が正当なものと装うために使われていた。グループのマネーロンダリングに手を貸していたのが誰であれ、フィリピンのネットワークに比べると、彼らはさらに迅速に、さらにダイレクトに首謀者とつながることができた。

そして最後に、両者の送金総額の違いだ。計画通りに事が進んでいれば九億三一〇〇万ドルがフィリピンに送られていたはずだが、それに比べてスリランカへの送金はわずか二〇〇〇万ドルにすぎない。この違いはなぜか？　スリランカへの送金は買収に必要な費用だったのか？　それとも手違いだったのか？　フィリピンの予行演習にすぎなかったのだろうか？

これらの問いに答えられる者がいるとすれば、篤志家を名乗り、この国に大金を持ち込もうとした《ササキタダシ》をおいてほかにはいないだろう。ペレラや財団の理事、仲介役はパスポートを差し押さえられて出国を禁じられていた。だが、《ササキタダシ》はそんな目に遭うことはなかった。《ササキタダシ》なる人物はすでにスリランカを出国していた。私自身、出国したという情報が彼に関する最後の消息になるはずだと考えていた。しかし、それはまちがっていた。その話については追って話すとして、その前に、そもそもなぜ日本人が北朝鮮の工作にかかわっているのか、という大きな疑問が残っている。

日本と朝鮮半島の二つの国のあいだには何十年も前から深いつながりがあり、一連の犯罪も長い時間をかけ、そのつながりのなかに織り込まれてきた。

日本と北朝鮮を結ぶ点と線

前述したように、朝鮮半島は一九一〇年の韓国併合から一九四五年まで日本の統治下に置かれていた。そのころ、半島に暮らす多くの者が、みずから進んで募集に応じたり、あるいは労働力として徴用されたりして日本に送られ、日本で生活することになった。第二次世界大戦が終わったあとも多くの者が日本に残ったが、一九五三年、朝鮮半島が南北に恒久的に分断されると複雑な状況が生まれる。日本に留まった者のなかには、北につく者、南につく者がいれば、どちらかにつくかで揺れる者、さらに統一されればあらゆる論争が終結すると考える者などさまざまな人たちがいた。南北朝鮮の関係がますます険悪になるにつれ、日本に残ったコミュニティ間でも亀裂が生じる。韓国と北朝鮮の統治者はこうした論争をむしろ歓迎し、折に触れては対立をあおってきた。

一九五九年、当時、北朝鮮の最高指導者だった金日成《キムイルソン》は、故国に帰ることを考えている半島出身者に向け、帰還の特典――無料の住宅や教育、医療――を与えるという演説を行った。この呼びかけに応じて、北朝鮮に移住した一家があった。一家には幼い娘がおり、その娘が長じて金日成の息子金《キム》正日《ジョンイル》の目にとまり、その後、金正日とのあいだに三人の子供をもうけている。そして、彼女が生んだ二番目の子供が現在の北朝鮮の支配者金正恩《キムジョンウン》にほかならない（もちろん、北朝鮮の国民はこの事実を知らされていない。金一族は全員北朝鮮で生まれ、この国で育ったと教え込まれている）。

北朝鮮の支配層は、帰還者に社会主義の理想郷での恩恵に満ちた生活を約束していたが、現実はまったく違っていた。のちになって、帰還者のもとに日本から会いに行った親族は、北朝鮮が外の世界に隠しつづけてきた現実を知る。その現実こそ食糧難であり、国民の弾圧、そして世界からの孤立だった。日本が世界をリードする経済大国として台頭しはじめるようになると、この国にいた北朝鮮のシンパは、北朝鮮に物資や資金を送って政権の支援を始めるようになる。

日本では、数十万人の朝鮮半島出身者が、ひとつには植民地時代の遺産としてその後も差別を受け続けてきた。彼らは日本に暮らす外国人を意味する〝在日〟というレッテルを貼られながらも、社会の主流で受け入れられるよう苦闘してきた。北朝鮮を研究するある専門家は、私の共同司会者ジャン・H・リーに、彼らは日本という、「世界のなかのもうひとつの世界」に住んでいると語っていた。

在日朝鮮人のなかには、朝鮮語で授業を行い、朝鮮語で歌を歌う特別な学校に通い、金日成や金正日の肖像画を仰いで勉強した者もおり、このような環境で育った者は、北朝鮮という国家に忠誠を誓い、金一族に心から仕えるよう教え込まれたと話している。在日朝鮮人のコミュニティはやがて「朝鮮総聯《チョソンチョンニョン》」として知られるようになる。専門家の話では、朝鮮総聯は独自の企業や銀行、学校や大学校、出版部門を傘下に置き、「自己完結型の外部から閉ざされた集団[14]」であると言う研究者もいる。日本社会の主流から排除された結果、この国で暮らす朝鮮半島出身者のなかには社会の周辺に追いやられた者がおり、人によってそれは、犯罪が横行する裏社会にすり寄っていかせることになった。

東京のあまり華やかではない場所に行ったことがある人なら、パチンコ・パーラーを目にしたことがあるかもしれない。パチンコは、日本版のスロットマシンのようなゲームだ。店内には人がずらりと座った列が何列も続き、まるで点滅する光と音に心を奪われているようにパチンコ台に向かって、金属製の小さな玉をピンボールのような盤面に次々と入れている。ひたすら考えているのは穴のなかに玉が入って、もっと多くの玉を獲得することである。こうやって「ルディック・ループ[15]」という状態が延々と続いていく。

しかし、このような魅惑的なパチンコ・パーラーと欧米のカジノには決定的な違いがある。この違いがわかれば、なぜ日本ではスロットマシンのような硬貨ではなく、小さな金属の玉を入れて賭けているのかが理解できるだろう。日本ではほとんどの場合、現金を賭けるギャンブルは違法とされているのだ[16]。金を払ってパーラーから玉を借り、玉がなくなったらゲームは終わりだが、増えていたら賞品がもらえる。賞品はペンだったり、ライターだったり、金色の小さなアクセサリーだったりする場合がある（ジャン・H・リーは、そのようなパーラーを訪れてパチンコを試してみたところ、なんとか儲けることができた）。景品を考えると、わざわざ出向くほど儲かるギャンブルとは思えないかもしれない。しかし、ここでひとひねりが加えられている。店を出て近くの角を曲がると、都合よくそこに小さなブースがあり、パーラーで出された賞品を買い取ってくれるのだ。なんという偶然だろう（ジャンは交換せずに、そのまま賞品を持っていることにした）。

法の裏をかくにしてはあまりにも明けすけだ。だが、驚くほど儲かる。ビジネスモデルが意図的に不透明にされているので、どの程度儲かっているのか試算するのはいささか難しい。[17]利益は年間二〇〇〇億ドルと試算する者もおり、これはラスベガスがギャンブル産業で得ている年間利益の三十倍、ニュージーランドのGDP（国内総生産）をうわまわる。[18]この数字が信じられないと思うなら、より検証可能な資料に記載されている数字をとくと見てほしい。パチンコの大手メーカー「セガサミー」は、二〇一七年、わずか九カ月間で、パチンコ台の販売で一〇億ドルを稼いだと財務報告書に記載している。[19]いずれにせよ、パチンコは巨大ビジネスであるのはまちがいない。

法律的には際どいところで営業しているので、パチンコ・パーラーは昔から犯罪集団との関係が取りざたされてきた。〝ヤクザ〟は日本の組織的犯罪集団で、この国の社会で古くからパチンコ業界にかかわってきた（日本の警察も取り締まりには力を注いではきた）。そして、在日コリアンの一部には、日本社会の主流に入れないせいで、結局この業界に行き着いた者もいる。パチンコ・パーラーの五軒に四軒が在日コリアンによる経営で、そのうち約三分の一が北朝鮮とつながりがあるという推計もあるぐらいだ。[20]この業界が生み出す金と、在日朝鮮人の一部が祖国に送っている恩恵を踏まえると、一風変わった小さな賭博場が、金正恩政権のために何百万ドルもの金を生み出している可能性もありうる。

在日コリアンとヤクザが関係を深めていくうえでかかわってきたのもパチンコだった。日本の公安調査庁の元部長が二〇〇六年に行った講演が動画に残っており、それによると、ヤクザの構成員の三分の一は在日コリアンで、さらにそのうちの三分の一は北朝鮮系のヤクザだと明言している。[21]また、北朝鮮と北朝鮮系のヤクザは密接な関係にあると報道されており、北朝鮮系のヤクザが平壌の政権の

ため、日本でのマネーロンダリングに関与している事実も明らかにされている。(22)

しかし、これは日本で生きる在日コリアンが負った宿命ではない点ははっきりさせておかなければならない。彼らの大半は裏社会とはまったく関係のない人たちで、これ以上ないほど法律を守りながら日々の生活を送っている。とはいえ、日本で培われた組織犯罪と北朝鮮との密接な関係を踏まえると、《ササキタダシ》がスリランカの事件にかかわっていたように、日本人も北朝鮮のマネーロンダリングに巻き込まれる可能性があるのではないかと思えてくる。本当のところ、《ササキタダシ》という人物はどのような素性の人間だったのだろう？　どういう経歴の人物で、どんな経緯であの事件にかかわってしまったのか？

《ササキタダシ》へのインタビュー

話を二〇一六年のスリランカに戻そう。すでに《ササキタダシ》は出国していたが、われわれがたどっていける唯一の手がかりを残していた。名刺である。もちろん《ササキタダシ》という名前が記された名刺だが、名前そのものはあまり役には立たない。私の協力者の話だと、《ササキタダシ》という日本名は〝吹き出しそうになるほどありきたり〟な名前で、欧米で言うなら〝ジョン・スミス〟のようなものだと教えてもらった。しかも、本名ではないことも考えられる。前述した差別の結果、在日コリアンが日本に溶け込むために日本名を名乗ることがあるのだ。《ササキタダシ》が偽名で、身元もインチキであるなら、その裏に隠された本当の名前は絶対に見つけられないと私も考えていた。

だが、名刺にはほかの内容も記されていた、電話番号、ホームページ、メールアドレスだ。調査報道のジャーナリストには金《きん》の鉱脈にも等しい情報である。そこで、現地のジャーナリストのシハール・アニーズとBBCの日本支社の協力を得て、その手がかりを追った。最終的に私たちは、フェイスブックのとあるアカウントにたどり着いた。どうやらそのアカウントはフェイクではなく、同一人物の男性が異なる時間、異なる場所で撮った複数の写真が掲載されていた。タイムラインをスクロールしていくと、スリランカへの旅行が投稿されている。日付は二〇一四年八月、《ササキタダシ》がスリランカに滞在して、あの仲介役を通してシャリカ・ペレラに紹介されたとされる時期に重なる。

しかし、だからといって決定的な証拠にはならないだろう。たまたま同姓同名の日本人観光客だった可能性もある。さらに調べた。どうやらドライブにも出向いていたようである。フェイスブックには埃っぽい風景の地方を旅している写真が投稿されており、そのなかにティッサマハーラーマという町の写真も残されていた。スリランカ南部にある人口数万人の町だ。町の名前にピンと来るものがあった。ティッサマハーラーマは仲介役が住んでいる町だったのである。まさしくその名前を名乗る男が、まさにそのタイミングで、それにふさわしい町に姿を現していたのだ。偶然にしてはあまりにもできすぎている。《ササキタダシ》は実在していた。

これまで、本書の物語に登場してきた人物のほとんどは、ラザルスグループのハッカーといわれる朴鎮赫《パクジンヒョク》のように、何重もの偽装工作のなかに姿をひそめ、必死になって正体を隠してきた者ばかりだった。それに対して《ササキタダシ》は堂々と自撮り写真を投稿し、せっせと更新してきた。しかし、スリランカで何が起きていたのかを知った現在、《ササキタダシ》はマネーロンダリングに深く関与しており、バングラデシュ銀行に侵入したハッカーと直接つながっているように思えた。

《ササキタダシ》に連絡を入れ、インタビューに応じてくれるように何度も口説いたが、どうしても聞き入れてもらえなかった。《ササキタダシ》からメールがあり、「事件については何も知らない」と否定している。ところが、何度も頼み込んでいるうちに、なんとついにインタビューに応じてくれたのだ。これには私たちのほうが驚いていた。

奇妙と言えばいささか奇妙なインタビューだった。コロナウイルスが世界中で猛威を振るっているさなか、面談は通訳を介してオンラインで行われたので、通信環境を整えるのもひと筋縄ではいかなかった。だが、《ササキタダシ》は少しずつ自分について語り出した。彼にすれば、報道を前提としたはじめてのインタビューである。二〇一四年、彼は日本にいた。自分はミャンマー向けに中古車を販売する会社の役員を務めるかたわら、ある種のコンサルティング業に携わっていると話していた。その彼に、ある日本人が「預金振込小切手《デポジットリー・トランスファー・チェック》」（DTC）という特定領域の送金システムを使い、スイスの銀行から大金を受け取れる人間を知らないか」という話を持ちかけられたという。その男と仲間が予定している送金は一〇億ユーロ、ドルに換算すれば一〇億ドルを優に超える金額の送金で、そのうちの一パーセントは《ササキタダシ》への手数料として払ってもいいと彼らは話していた。

ここで思い出してほしいのが、彼と慈善団体代表のシャリカ・ペレラが最初に交わした話である。ペレラは、相手が九〇〇〇億ユーロの巨額の寄付金を振り込むと話していたと言っていた。だが、インタビューのなかで、《ササキタダシ》はそのような金額はいっさい口にしていないと断言している。この話について私は、ペレラが九〇〇〇万ユーロと九〇〇〇億ユーロを混同していたのではないかと考えている。

これほどうまい儲け話を受けた《ササキタダシ》はいろいろと聞いてまわった。日本人のある知人から、スリランカに送金を手伝ってくれる人間がいることを教えられ、あいだをつないでもらう。しかし、現地に着くと、「金は直接受取人に渡すのではなく、慈善団体を経由させてから渡す」という指示を受ける。送金の一パーセントを彼と協力者の分として受け取ったら、慈善団体に三〇パーセントを渡し、残った分を受取人が手にする。その慈善団体がシャリカ財団であるのは言うまでもない。

《ササキタダシ》はスリランカでシャリカ・ペレラと会い、二人で銀行にも行ったと話していた。預金振込小切手を使って一〇億ユーロの金を銀行に受け取らせようとしたが、彼によれば銀行側から拒まれたと言う。これは驚くようなことではないだろう。私も金融の専門家に確かめたところ、預金振込小切手は送金方法としてはかなり古い手法で、マネーロンダリングに利用される懸念が多分にあるのだ。たとえば、通常の小切手とは異なり、預金振込小切手には署名すら記されていないため、司法関係者でさえ誰が振り出したのか突き止めるのは容易ではないという。

送金は無理だと悟ったので自分はスリランカをあとにしたと《ササキタダシ》は言う。結局、この話はそれでおしまい。だが、彼の話はペレラの証言と矛盾している。ペレラが警察に語っていた話では、その後、《ササキタダシ》から送金に関する連絡があり、金額はもはや一〇億ユーロではなく、二〇〇〇万ドルというはるかに少ない額になっていたのだ。

すべてはマカオに

《ササキタダシ》の話を聞いていると、次々に疑問が湧いてくる。そもそもこの送金計画にかかわるように話を持ちかけてきた謎の日本人たちは何者なのだろうか？　二人ともすでに死んでいると《ササキタダシ》は言う。スリランカ人とも音信不通になった。

中古車のセールスマンである自分に一〇億ユーロの取引の仲介を依頼すること自体、どうしようもないほど怪しい話とは思わなかったのだろうか？　思わなかったと彼は言う。法令手続きはスイスの銀行がすべて処理してくれると考えていた。

金の使い道についてすら聞かなかったのか？　聞かなかった。考えていたのは自分の取り分だった。

「金が嫌いだと言う人間などいない」と言う。

ヤクザとの関連は否定していた。北朝鮮とのつながりについて聞くと、北朝鮮は経済制裁に直面し、手段を選ばずに外貨を手に入れようとしている。あの国を甘く見てはいけないだろうと話していた。

私自身、昨日今日仕事を始めた駆け出しのジャーナリストではないし、これまでにも狡猾なハイテク企業の役員やネット詐欺の首謀者など、癖の強い人間を相手にインタビューをして、それなりの結果を残してきた。だが、《ササキタダシ》と話をするのは、ゼリーを壁に釘で打ちつけているようなものだった。問い詰めてもらちが明かず、話は行き詰まる。彼と接点があった人間は都合よく姿を消しているので、彼の話の裏を取ったり、矛盾点を問い詰めたりすることもできない。相手からは何も聞いていないので、取引をめぐる状況についてまったく何も知らない。関与していた状況はどこから見てもきわめて怪しかったが、彼がその疑惑を無視したからといって、かならず起訴されるとはかぎらない。そして、彼の罪を問う点でいちばんの難題は、不正な送金が実際には行われていなかった点につきる。資金の流れが、口座に入る前の時点で向きを反転させていた[23]。

質問していくうちに行き詰まってしまったのは、私だけではなかったようだ。《ササキタダシ》の話では、ＣＩＡからも事情聴取をされたが、それ以上の動きはなかったという。

だが、インタビューを通じて私は興味深い一致に気づいた。彼はもともと約一〇億ドルの金を扱うと聞かされていた。そして、一〇億ドルと言えば、バングラデシュ銀行の襲撃でハッカーたちが当初狙っていた金額とほぼ同じだ。つまり、ハッカーのそもそもの計画は、預金振込小切手を使い、スリランカ経由で収奪した全額を移動させる考えだったのかもしれない。フィリピンでの工作では不正な銀行口座を用意し、ギャンブラーを仕込むなどの手間がかかり、その複雑さと比較すれば、この推測も理にかなう。しかしその一方で、《ササキタダシ》が一〇億ドルという金額を聞いたのは二〇一四年、ハッカーがバングラデシュ銀行に侵入したのは二〇一五年初頭とされている。銀行のシステムに侵入する以前から、彼らは自分たちがいくらの資金を狙っているのかすでに知っていたのか？　ニューヨークの連邦銀行にあるバングラデシュ銀行の口座の残高がいくらなのか、なんらかの方法で知ることができたのだろうか？

いずれにせよ、過去の可能性に考えをめぐらせてもそれでどうにかなるわけではない。実際に何が起きていたのかわかっている事実は、バングラデシュ銀行から最終的に八一〇〇万ドルが盗まれ、フィリピンのカジノで洗浄され、このマネーロンダリングを組織したとされるガオ・シューハーとデン・ゼクシーという二名の中国人も姿を消したことだった。この点に関して、《ササキタダシ》に対するさらなる質問は、最後ではあったが興味深い手がかりを差し出していた。その手がかりによって、資金の流れを追う方針を立て直すことができた。《ササキタダシ》に対して接触者に関する質問を行っていたスリランカ人ジャーナリストのシハール・アニーズは、接触者たちの何名かに共通しているリンクに気づいた。アニーズは「彼らはマカオにいた」と言う。

単なる偶然のつながりではない。マカオにつながっていたのは、《ササキタダシ》のネットワークだけではなかったのだ。間もなくわかるように、事件に関連するさまざまな糸が、中国南部の国境にあるこの町へと次々と結びついていき、否応なく目につくようになる。北朝鮮にとってもこの町は、国外にあるもうひとつの重要なリンク先である事実が浮かび上がってくる。そして、ここを拠点に文字通り奇っ怪な事件が一度ならず起ころうとしていた。

第12章　東洋のラスベガス

二人の中国人

「ブルームバーグ・ニュース」の記者アラン・カッツと出会ったころ、彼はガオ・シューハーとデン・ゼクシーに関する事件の真相について調べている最中だった。二人はバングラデシュ銀行の襲撃事件で、中心的な役割を果たしていたといわれる中国人だ。

二人がマニラにいたとき、バングラデシュ銀行から盗まれた資金がカジノで洗浄されていた。さらにキム・ウォン——金の一部を自身が経営する会社の口座に振り込ませた前出の中国系フィリピン人男性——の証言によると、一連の段取りを仕組んだのが二人だった。

フィリピン上院委員会の公聴会で、事件の真相と二人の関与がさらに明らかにされる。マニラに送金された八一〇〇万ドルのうち約三〇〇〇万ドルは、ウェイカン・シュウという謎の人物とともに消えており、また三〇〇〇万ドルが「ブルームベリー・リゾーツ・コーポレーション」が運営する「ソレアリゾート&カジノ」に持ち込まれていた。公聴会で「ブルームベリー」の代表は、この金がデン・ゼクシーによって〝前払い金《フロントマネー》〟として使われていた事実を認めていた。つまり、金はカジノのチップに両替され、ジャンケット《ジャンケット》業者が仕切る個室の賭博に使われていた。(1) ジャンケットのプロモーターとして三社がかかわっていた。「サンシティ」と「ゴールドムーン」そして「ソレア」で、「ソレア」は自社が運営するカジノのVIPルーム（中国人のギャンブラーが到着したとき、トニー・ラウが働いていた部屋）で賭博を行っていた。上院委員会によって、さらにデン・ゼクシーが十八人の中国人を手配し、その金を使ってギャンブルをさせていた事実に関しても証言を得ることができた。(2)

残りの約二一〇〇万ドルは、キム・ウォンが経営する「イースタン・ハワイ・レジャー」に送られていた。「マイダス」のカジノで使うためだった（ウォンはそのうちの一六〇〇万ドルを返還しているが、会社の口座に振り込まれたのはそれが全額だと言い張った）。さらにウォンはガオ・シューハーとは長年の知り合いである事実を認めたうえに、彼がギャンブルで負った借金を返済するため、ガオ・シューハーと二人で今回の送金の話を進めてきたと訴えていた。

以上が公聴会で行ったキム・ウォンの証言である。ガオ・シューハーとデン・ゼクシーの二人の証言はどうだったか？　上院委員会に対して二人が証言することはなかった。当局は二人の追跡を試みたが、中国大使館の協力はほとんど得られなかった。上院議員の一人は、カッツの取材に対して、フィリピンの入国管理局は二人の出国の痕跡はつかんでいないと話している。ウェイカン・シュウ同様、彼らも金を持ったまま忽然と姿を消していた。そして、公聴会の申し立てによって、二人が何千万ドルもの資金洗浄に手を貸した事実が明らかにされる。どうやって汚れた金をきれいにしていたのか？なぜ、こんなにもやすやすと逃げおおせることができたのか？　カッツは「ブルームバーグ・ニュース」の同僚記者といっしょに男たちの行方を追った。家族に話を聞き、法律文書を探し、かつていっしょに働いていた人間をたどり、徐々にではあるが、とらえがたい二人の姿を浮かび上がらせていった。(3)

最初に浮かび上がってきた二人の姿は、ガオもデンもコンピューターについてはずぶの素人だということだ。ガオの妻は、夫はまったくのパソコン音痴だとカッツに話していた。デンにいたっては、自撮り写真の投稿すら自分ではできないほどの初心者だったと、彼の元ビジネスパートナーは話した。しかし、彼らがハッカーと共謀していたなら、こうしたことはかならずしも問題ではない。技術的な面はハッカーがカバーしてくれる。カッツの話では、ハッカーが二人を必要としていたのは、一連の段取りを仕切れるガオとデンの実務能力だったという。

彼らについて知れば知るほど、二人が送ってきたそれぞれの人生は、この仕事をやり遂げるうえで、これ以上ないほど理想的な選択であることにカッツは気づいていった。「ガオは荒っぽい仕事も辞さないタイプ」とカッツは言う。「中国の違法ギャンブルの世界では顔役だったらしい。中国では賭博が禁止されているが、ガオは違法カジノを経営しており、大金持ちとしても知られていた」

カッツが見つけてきた裁判資料によると、二〇〇四年夏、ガオの下で働く男たちが、カジノにきた男性のグループを袋だたきにする。てっきり、カジノの襲撃をたくらむ別のギャングと思ったのだが、とんだ人違いとわかる。しかし、ガオにとって不運だったのは、被害者のなかに数名の警察官が含まれていたのだ。この一件でガオは懲役十八カ月の判決を受ける。

法の抵触はこれが最後ではない。二〇一二年、ふたたび当局に逮捕されている。その時点で国内最大規模の賭博ネットワークのひとつを運営していた事実が明らかになる。カッツによれば、そのネットワークは国内二九の省にまたがり、八〇〇〇万ドルを超える利益をあげていたという。

ガオ同様、デン・ゼクシーもカジノの世界では大立者だった。「デンはまちがいなく賭博で大儲けしていたはずだ。夫婦で豪邸も購入している。あるとき泥棒に入られ、六〇万ドルを超える金品が盗まれている。そのなかにはスイス製の腕時計が二つ、一キロの金塊も含まれていた。家には二万五〇

○○ドルほどの現金も置かれていた」ことがカッツの調査からわかっている。
違法なギャンブルの運営こそ、ガオ・シューハーとデン・ゼクシーの主なビジネスだった。そして、このビジネスを通じて二人は、マネーロンダリングに関心を持つ者にとって非常に役に立つスキルを身につけていった。「(彼らは)ほかの人間のために大金を動かす仕事に慣れていた。それが合法であろうと、違法であっても変わりはなかった」とカッツは述べている。

本書の物語にとってとりわけ重大な意味を持つのは、二人をめぐる話がある町へと収束していく点である。そして、その町こそマカオにほかならない。二度目の懲役を務めたあと、ガオはマカオに渡り、二〇一四年にはこの町で会社を設立、キム・ウォンが経営する「イースタン・ハワイ・レジャー」など、カジノでVIPルームを運営するジャンケット企業に投資をしていた。

デンは二〇〇七年にマカオで投資会社を設立している。妻ともども移り住み、夫婦してこの町にしっかりと根を下ろしていった。「高層ビルの区画を購入、いまでは一〇〇万ドルの価値があるという。そこから車で三十分ほどのところにも四階建ての邸宅を所有している。鯉が泳ぐ池、盆栽が置かれ、少なくとも七台の監視カメラを備えた家で、評価価格は土地だけでも五〇〇万ドルはくだらないと地元の不動産業者は見積もっている」とカッツらは「ブルームバーグ・ニュース」の記事のなかで書いている。

バングラデシュ銀行収奪事件が起こったころには、デンはマカオの社会で正式な市民として受け入れられており、フィリピンの上院議員が追跡を試みた約二十名の中国人ギャンブラーのうち、デンはマカオのパスポートを所有するただ一人の人間だった(4)。

銀行強盗とマカオをむすびつけるのは、ガオとデンの存在だけではない。デンが送金したジャンケット企業の「サンシティ」と「ゴールドムーン」はいずれもマカオに拠点が置かれている（両社の代表は上院公聴会に出廷して、事件の情報提供について協力することに同意している）[5]。もちろん、スリランカ経由で資金の移動に関与していた《ササキタダシ》のさまざまな接点も、追跡していくとマカオにたどり着いていた。

マカオは面積五〇平方マイル（一三〇キロ平方メートル）にも満たないごく小さな行政区にすぎない。だが、調べていくにつれ、バングラデシュ銀行の収奪事件に関連する複数のリンクが吸い込まれていく穴こそこの町であり、同じように資金洗浄の関係者や仲介役のネットワークもこの穴へと流れ込んでいることが明らかになる。しかし、ここで暮らしている者はそんな話を聞いても驚きはしないだろう。彼らが言うように、この町の歴史は闇に包まれた、怪しげな話で彩られているからだ。

「マカオの最盛期は十六世紀のころだった」と、前出の『インサイド・アイアン・ゲーミング』の編集者ムハンマド・コーエンは言う。彼もこの町に長く住んでいたことがある。十六世紀、マカオはポルトガル人の商業拠点として活況を呈していた。コーエンによると、「西洋と広東《カントン》——現在の広州市——を結ぶ唯一の貿易拠点だった」という。しかし、その運勢も転機を迎える。「珠江に流れ込む土砂のせいで港が浅くなり、河口の対岸にある香港が深水の良港として台頭する。その後、当時の中国政府が多くの港を欧米の列強に開放するようになると、商都としてのマカオは完全にその地位を失う。また、マカオの宗主国であるポルトガルもヨーロッパの二流国、三流国に落ちぶれていた。そこで、マカオはこうした流れにどう応じたか？」

その答えは「闇の魔術」に頼ることだったとコーエンは言う。「金《きん》の地金取引は世界のほかの地域では違法とされていたが、マカオでは行われていた。売春もここでは合法だった。密輸もさかんに行われていた。いずれもマカオの特産品で、マカオが存在する理由になっていた。そして、彼らがもっとも活用していた〝闇の魔術〟こそ、ギャンブルだったのは言うまでもない」

カジノの聖地と言えば、大方の人はネバダ州ラスベガスを思い浮かべるだろう。だが、市場規模ではラスベガスはマカオに匹敵するどころか、はるかに見劣りしている。マカオのギャンブル市場はラスベガスのほぼ四倍、マカオは世界最大のギャンブルの町なのである。二〇一九年、ラスベガスの売上は九〇億ドルに届かなかったのに対して、マカオは三五〇億ドルだった[6]。マカオは香港同様、中国の特別行政区で、この国で唯一カジノが認められている場所である。その結果、前述した日本と同じような状況が生み出されることになった。法律の抜け道を利用してギャンブルを楽しもうとする人がやってくるようになると、組織犯罪の存在が問題になり始める。

コーエンは次のように説明する。「中国には、ギャンブルで負った借金を回収できる法的手段などない。つまり、借金を取り立てようと思ったら、法を超える手段で回収しなければならない。犯罪組織に依頼して、債務者を脅すように仕向けるとか、そういう手段が講じられるかもしれない」。カッツの調査によると、ガオ・シューハーとデン・ゼクシーはこのような環境のもとで動きまわっていたのだ。

しかし、マカオという大陸の端に位置する怪しげな土地柄につけ込んでいたのは組織犯罪だけではなかった。北朝鮮にとってこの町が重要な役割を担っていることは、いくつかの驚くべきエピソードによってすでに明らかにされている。

金賢姫と金正男

人でいっぱいのテレビスタジオの照明の下で、一人の女性がカメラと集まった観客の前に座っている。二十代後半のひときわ美しい女性で、地味な色をしたスカートスーツと白いブラウスを身に着けている。痛々しいほど恥じ入っている様子だ。時折、囁くような声で語り、自分の膝を見つめている。インタビュアーは徐々に彼女の話を引き出していく。だがその話は、彼女の従順な態度からはほとんど信じられないような内容だった。金賢姫《キムヒョンヒ》という名前のその女性は、ほんの数年前に一一五名の人命を奪っていた[7]。

一九八七年、韓国は翌年のオリンピック開催を目前に控えていた。第2章で触れたように、オリンピックの開催は北の指導者の大きな怒りを買い、彼らのプライドを大いに傷つける原因になっていた。金賢姫によると、北朝鮮の指導者は宿敵を懲らしめる恐ろしい計画に乗り出し、それを遂行するうえで、彼女は重要な役割を果たすことになったという[8]。

彼女が言うには、自分は北朝鮮でスパイの訓練を受け、その後、北朝鮮の別の工作員［金勝一《キムスンイル》］と組み、ヨーロッパでさらに謀略活動の訓練を受けたという。一九八七年、彼女は〝自筆承認〟された命令、つまり金日成《キムイルソン》か金正日《キムジョンイル》のどちらかが直接くだした命令を受ける。彼女と仲間の工作員の二人は、イラクの首都バグダッドからアブダビ経由で韓国のソウルに向かう大韓航空に搭乗することになっていた。計画では爆弾をしかけた携帯ラジオを機内のラックに置き、二人はアブダビに到着したら降りることになっていた。アブダビを離陸したところで爆弾を起動させ、乗客全員を殺害するというものだった。彼女と仲間が発見された場合に備え、タバコのなかに隠した自殺用の青酸毒物入りのカプセルを持っていくことになっていた。タバコはこの作戦のために支給されたものだった。

一九八七年十一月二十九日、二人は計画を実行に移した。計画は完璧に遂行されたが、ただひとつ手違いがあった。アブダビからバーレーンに向かったものの、そこで二人は逮捕される。その際、金賢姫は自殺用のカプセルをかみ砕くことができなかった。結局、彼女は一命をとりとめて生き延びる。しかし、大韓航空機に乗っていた乗員乗客一一五名は全員死亡した。

彼女は偽造された日本のパスポートで渡航していたが、それを不審に思ったバーレーン当局が最終的に韓国側に引き渡した。ソウルに移送され、彼女はついに自白する。旅客機を落とせば韓国を弱体化させ、朝鮮半島の統一が早まると司令から言われたと語っている。[9] 裁判にかけられた彼女は、法廷で有罪を主張し、そして死刑が宣告される。しかし、金賢姫は二度目の死の宣告を免れる。韓国の大統領によって特赦されたのだ。その理由は、金賢姫は北朝鮮政府によって洗脳され、自分の行為がもたらす影響をまったく理解できなかったというものだった。現在、彼女は政府に保護されて韓国で暮らしている。

この話がいったいマカオとどのように関係しているのだろう？　実は取り調べ中、金賢姫は共犯者とともにテロの準備のため、マカオで時間を費やしていたと明らかにしている。日本人になりすますため、スーパーマーケットでの買い物やクレジットカードの使用、あるいはナイトクラブの利用のしかたなど、一般の北朝鮮の国民にはまったく無縁のスキルを身につけなければならなかった。[10]

退廃的な西洋に溶け込むため、北朝鮮政府が工作員の訓練場所としてマカオを選んだとしても何も不思議ではないだろう。マカオにはすでに好都合な拠点があった。「朝光貿易」である。第3章で説明したように、なんの変哲もないビルの五階に入居している小さな会社は、実は北朝鮮のダミー会社で、部屋の壁には金日成と金正日の絵が飾られている。「朝光貿易」の社員は超精密な偽の一〇〇ドル札、「スーパーノート」を流出させようとした容疑で逮捕されたことがある。アメリカの政府当局によれば、スーパーノートはマカオを拠点とするバンコ・デルタ・アジアを通じて洗浄されていたという。(11)

北朝鮮は数十年の歳月をかけて自国を外界から遮断し、国民に対しては主体《チュチェ》思想——「自主、自立、自衛」の理念——で教化する方針のもと、この国を秘密国家として整えてきた。しかし実際には、外界とつながるなんらかのパイプを絶望的なほど必要としていた。北朝鮮にとってマカオはそういう場所だった。この町がギャンブルの金や裏社会の取引であふれかえっていたことも幸いしていた。表向きの政治的な位置づけは、北朝鮮の同盟国である中国政府に統治されているが、特別行政区であるため、北京の影響力が小さいことも有利に働いていた。

北朝鮮がマカオに出入りさせていたのは、工作員や不正な資金だけではない。あるベテラン記者は、マカオ空港を望む丘にテレビカメラのクルーを待機させ、この空港から平壌に向かう定期便(現在は運航していない)に積み込まれる貨物を撮影したことがあった。カーゴにはワイドスクリーンの大型テレビなどの高級品も含まれていることも確認できた。いずれも北朝鮮の支配層の家庭に送られていくのは疑いの余地はなかった。(12)

マカオ、北朝鮮、ギャンブル、犯罪——こうしたさまざまな糸を束ねるひとつの物語がある。それが金正男《キムジョンナム》をめぐる物語だ。

「金《キム》」という姓から察しがつくように、金正男は北朝鮮を支配する一族に生まれた。第二代金正日総書記は映画に夢中で、折に触れては映画の撮影現場にも足を運んでいた。金正日が撮影現場に出向くのは、ほかにもうひとつ理由があったようである。華やかな女優たちの存在だった。一九六六年、金正日は父親が選んだ女性と結婚したものの数年後には離婚、直後に好きになったのが成蕙琳《ソンヘリム》という女優だった。当時、彼女はすでに結婚していたが、金正日によって無理やり離婚させられたと伝えられている。金正日は成蕙琳との内縁関係を父親には秘密にしており（もちろん国民にも）、二人のあいだに息子が生まれてもその状態は長く続いたという。その息子が金正男だった。(13)

隠された存在でありながら、金正男は支配者一族にふさわしい華やかさのなかで育てられた。外交官に命じて買わせてきたダイヤモンドの時計、金メッキの銃、ミニチュアのキャデラックが与えられ、二十四歳のときには朝鮮人民軍の大将の軍服を身につけ、将軍たちは彼に向かって最敬礼をしていた。(14)

金正日は息子を平壌に留め置かず、モスクワやジュネーブで教育を受けさせ、外の世界を経験させている。帰国後、国営メディアに「金正男」という名前が載るようになったことから、後継指導者としての準備が進められていた事実がうかがわれる。

しかし、金正男には、厳格でありながら、国家運営というストレスにさいなまれる生活はまだ早かったようである。二〇〇一年四月、当時結婚して父親になっていた金正男は、息子を東京ディズニーランドに連れていこうと考えた。入国管理局で見とがめられるのを避けるため、ドミニカ共和国の偽造パスポートを使い、「太ったクマ」を意味する「胖熊《パンション》」という偽の中国名で日本への入国を図った。だが、日本の政府当局は入国と同時に金正男を逮捕した。「友好的な外国の情報機関」から、あらかじめ起こるべき事態を知らされていたといわれている。(15) この事件はただちに公表され、北朝鮮は耐えがたい恥をさらすことになった。なにしろ、社会主義を自認する国の将来の指導者が、よりにもよってディズニーランドという西側世界を象徴するような施設で、資本主義ならではの娯楽を満喫しようとしていたのである。(16)

日本政府は起訴することなく金正男ら一行を国外に退去させた。外交問題に発展するのを避けたかったからなのだろう。だが、金正男の人生はこの件で一変する。北朝鮮では特権階級の頂点にいる一族の一人だったが、「隠者の国」から「魔法の国」への旅は、やはりあまりにも行きすぎだった。金正男はみずから国を出ていく。妻と息子を北京に住まわせていたとされるが、結局は愛人と子供を連れて中国の別の町に移り住む。もちろんマカオである。

移住してからというもの、マカオに住んでいることを幸いに、金正男はこの町ならではのあらゆる娯楽を楽しんでいるようだった。「アジアのラスベガスに住んでいる」と二〇一〇年には偽名のアカウントでフェイスブックにも投稿している。(17) マカオでの自由気ままな生活を楽しんでいた。食べ歩き、飲み歩いて、ギャンブルにもちょっとだけ手を出した。ジャーナリストにとっても、彼の夜遊び好きは北朝鮮や金正恩一族を知るうえで都合がよかった。マカオのカジノで待ち構えていれば、インタビューに応じてもらえた。

マカオという安全な場所にいて、金正男は北朝鮮政府への批判を口にするようになり、その内容は徐々に激しくなっていった。彼を追いかける記者は、こうした否定的な意見を折に触れては引用した。金正男の見解に北朝鮮の政府はとくに事を荒立てはしなかったが、その点についてやはり重要だったのは、父親の金正日がこうした発言に目をつぶっていたことだったのかもしれない。

しかし、そうした状況も二〇一一年十二月に一変する。金正日が心筋梗塞で死亡し、金正男の異母弟金正恩《キムジョンウン》が権力を継承した。二人は別々に育てられ、金正男も「弟には会ったことさえない」と発言したことがある。弟とのあいだには兄を守るような絆はなかった。それどころか弟は新しく指導者になったばかりで、その地位は安定しておらず、これまでの章で見てきたように、なんとしてでも自分の権力基盤を固めようと躍起になっていた。たとえ、身内の命を奪うことであっても弟にはかまわなかった。金正男にとって弟の権力継承は決してよいニュースではなかった。

金正男がマカオで楽しく過ごしているとき、彼を永遠に黙らせておく大胆不敵な陰謀がひそかにくわだてられようとしていた。

なぜクアラルンプールで殺されたのか？

二〇一七年二月十三日、マレーシアのクアラルンプール空港——午前九時、なんの変哲もない風貌の男性がマカオ行きのフライトのセルフチェックイン機を利用している。すると、一人の女性がその男性にぶつかっていき、すばやく顔に何かを塗りつけた。困惑した男性が後ずさりすると、さらに別の女性が飛びかかり、男性の口に布を当ててこすりつける。それから二人の女性は平然と立ち去っていった。誰もこの様子には気づいていないようだった。五秒とかからない一瞬の出来事である。

異変を感じた男性が空港の警備員に話すと、空港内の診療所に行くように指示された。診療所に着いた時点ですでに足を引きずり、汗をかいている。防犯カメラの映像には、ソファの上で崩れ落ち、滝のような汗をかき、ほとんど意識を失っている様子が映っている。それから二時間とたたないうちに男性は息を引き取った。その後、この男性は「金哲《キムチョル》」名義の北朝鮮の外交官用のパスポートで旅しているのが判明する。「金哲」は北朝鮮ではありふれた名前だ。マレーシア当局は、北朝鮮大使館に北朝鮮国籍の男性の死亡を知らせたが、どういうわけかその知らせが流出する。空港の診療所の椅子に倒れた瀕死の男の写真が世界中を駆けめぐった。間もなく男性の正体が明らかになる。金正男にほかならなかった。

かつて北朝鮮の政権を世襲するとされながら、その後、この国の批判者の一人となった人物が、巧妙に仕組まれた手口で殺害されたのだ。世界中の目がマレーシアを見詰めていた——犯人を突き止め、事件を解決することがはたしてできるのだろうか？

事件から数日後、マレーシア警察は二人の女性を逮捕している。金正男の顔に致死性の液体を塗りつけている姿が防犯カメラの映像に残っていた女性たちだ。一人はベトナム人、一人はインドネシア人だった。彼女たちは信じられないような話をしていた。二人ともどちらかと言えば貧しい家庭の出身で、芸能界に入ることで人生を一変させることを目ざしていた。彼女たちが言うには、ある日、日本人だと名乗る男性から、ユーチューブのいたずら番組に出てみないかというとても魅力的な話を持ちかけられたという。それからしばらくのあいだ、彼女たちは依頼人の指示にしたがい、無防備な犠牲者に液体を塗りつけるというリハーサルを何度か繰り返した。

動画はいつ配信されるのかと確かめても、曖昧な返事しか返ってこない。それから、その日本人は新たな指示を二人に与えている。クアラルンプール空港に行き、そこである男の顔に液体をかけるのだ。これまでのリハーサルのように、ちょっとした遊び心でやれば、その様子をカメラで撮ってもらえるだろうと二人は考えた。しかし、そうではなかった。この指示こそ暗殺命令だったのである。別々に渡された二つの液体そのものはいずれも無害だが、しかし、混じり合うと史上最強の毒性を持つ神経ガス「ＶＸ」が生成される。数分で神経系を麻痺させる化学兵器だ。毒物検査の結果、金正男はＶＸによって殺害されたことが明らかにされている。

二人とも殺人罪で起訴はされたが、一人は起訴が取り下げられ、もう一人は殺人罪よりも軽い訴因で有罪を認め、結局、最終的には二人とも釈放されている。(18) 捜査の過程でマレーシア当局は、空港で彼女たちが単独で行動していたのではない事実を突き止めた。監視カメラを調べた警察は、犯行時の空港で四名の北朝鮮工作員を特定したといわれている。犯行直後、彼らは国外に飛んだが、その際、逮捕を逃れるため、飛行機が強制着陸させられる空域を避け、わざわざ迂回ルートを取っていたと考えられている。[19] それから数日後、マレーシア警察は北朝鮮を公然と非難した。この非難に北朝鮮政府は激怒したばかりか、事件への関与を断固否定し、一件は大きな外交問題に発展する。北朝鮮は一時、自国にいるマレーシア国民の出国を禁止すると、マレーシアも対抗して北朝鮮人の出国を禁じた。それまで両国はかなり良好な関係にあった（だから金正男も、日本への入国時に使ったような偽造パスポートではなく、北朝鮮のパスポートで渡航できると考えたのだろう）。

さて、ここである興味深い疑問が頭をもたげる。金正男が本当に北朝鮮の工作員の策謀で暗殺されたのなら、なぜ彼が住んでいたマカオで実行されなかったのだろう？　北朝鮮にとってもこの町には古くからパイプがある。マレーシアという数少ない友好国を失ってしまう危険を冒してまで、なぜクアラルンプールで事におよんだのか？　この問いに対して、主要な同盟国である中国を動揺させたくなかったからだと考える者がいる。

また、殺害方法をめぐり、別の疑問も取りざたされてきた。神経ガス「ＶＸ」の毒性がそれほど致命的なら、金正男以外の人間が誰もその影響を受けていないのはなぜなのか？　とくに、毒物と知らないまま実行した二人はなぜ負傷しなかったのだろう？　インターネットでは侃々諤々の論議が繰り返され、大勢の素人毒物学者が議論に割り込んできた。金正男がＣＩＡの情報提供者になり、マレーシアには報酬を受け取るために来ていたのではないかと報じられると、ますます多くの憶測が飛び交うようになった。[20]

もちろん、金正男と彼の家族にとって、そんなことは結局どうでもよかった。一度は北朝鮮という国の支配者になるかもしれないと目された男は、自分の故郷と選んだマカオに生きてふたたび帰ることはなかった。

それぞれの結末

金正男、大韓航空機爆破、スーパーノート、スリランカの仲介役、カジノに出入りしていたジャンケット業者――それらはいずれもマカオに向かってリンクしていた。もちろん、資金を洗浄するためマニラにまで出向き、組織的に賭博を行ったと告発されたガオ・シューハーとデン・ゼクシーも例外ではない。二人はその後どうなったのだろう？　「ブルームバーグ・ニュース」のアラン・カッツたちは、二人の行方を追跡しきれたのか？　「いや、できなかった。その理由は、二人にとってあまりいい結末ではなかったからだ。フィリピンから姿を消してまんまと逃げおおせたあと、彼らはふたたび中国に姿を現した。だが、二〇一七年はじめ、二人とも逮捕されていた」

逮捕時の状況を調べるうちに、カッツらは二人が深刻なトラブルに巻き込まれていることを思わせるきな臭い兆候に気づいた。「ガオ・シューハーを連行する際、彼の妻が警官の一人に、『弁護士に保釈手続きをさせたり、問い合わせさせたりする場合、どこに連絡させればいいのか？』と確認したそうだ。すると、その警官はこう答えたという。『わざわざ弁護士を呼ばなくてもいい』。警官の返事としてはとても奇妙だ。なぜなら、中国では何かと言えば弁護士頼みで、彼らに絶対的な信用を寄せている」

この件について、カッツ自身も何が起きたのか真相は解明できなかった。「なぜ彼らが逮捕されたのか、本当のところはまだわかっていない。どうやら、二人がフィリピンでやっていることが気に食わないと考えた者がいるようだ。二人がかかわったことがある別の仕事だったことも考えられるが、しかし、それはまったくの偶然だろう」

ガオ・シューハーとデン・ゼクシーはある役割を果たし、それを終えて彼らはこの物語から姿を消したとカッツは言う。「二人にはやらなければならない特別な仕事があった。フィリピンのカジノで資金を洗い、それを国外に持ち出すという仕事だ。マカオでも同じようなことをやっていた。きれいに洗浄したので、金の追跡はもはやできなくなっていた。そして、二人の仕事もそこまで。マカオから北朝鮮に金を運んだのは、別の人間だったのだろう」

カッツは、北朝鮮が収奪事件の背後にいるなら、奪われた金はすでに北朝鮮に届いているはずだと考えている。ただ、北朝鮮への送金が最終目的ではなかった可能性も充分にありうる。ポッドキャストで話してくれた専門家が言うように、マカオのような場所に届いた金はそのまま町にとどまり、物品を購入するために使われ、現物に換えてから北朝鮮に送ることも可能だ。前述したベテラン記者が目撃した、平壌行きの飛行機に積み込まれた大型テレビのような商品である。あるいは、マネーロンダリングをとりもった関係者への支払いに使われる場合もありうる。こうした支払いによって、金は事実上、国外の協力者に対する〝信用〟となり、今度は平壌が思いのままにその〝信用〟を利用できるようになる。

いささか釈然とはしないが、これがバングラデシュ銀行の収奪事件をめぐる最終的な結論だ。そして、この事件がハリウッドの強盗映画と似たような展開をするのもここまで。なぜなら、映画のような終わり方ではないからである。盛大なシャンパン・パーティーが開かれ、山積みの紙幣に囲まれて金正恩が笑い転げ、かたわらでは彼の手下が戦利品の分け前で退役後に暮らす別荘について話し合ってもいない。かといって、警察が事件を解決し、盗まれた金を感謝する被害者に渡して、エンディングロールが流れるなか、手錠で拘束された犯人が連行されていくようなシーンもない。

そうではなく、これは現実の世界で起きた事件であり、映画館に来ている観客を満足させるために念入りに練られて脚本化された話でもない。この物語に登場した各国の配役は、続編で再登場することもない。《ササキタダシ》やキム・ウォンのように責任を負うことからやすやすと逃れた者がいる。ウェイカン・シュウやシャリカ・ペレラのように謎の失踪を遂げた者もいる。ガオ・シューハーとデン・ゼクシーのように過酷な運命に見舞われた者、あるいはマイア・サントス・デギトのようにゲームの駒にすぎないと言いながら、実刑を宣告された者とさまざまだ。さらに言うなら、事件の隙間に沈んでいったのは彼らだけではなく、バングラデシュ銀行から盗まれた資金も同じだ。映画のように、革のブリーフケースに整然と詰めこまれた札束が、待ち合わせの公園のベンチで手渡されて終わりではなかった。その金は東アジアのどこかの国で溶けてしまい、追跡することさえもはや不可能に等しい。

こんな結論に拍子抜けするなら、金正恩の側から結果を考えてみるといいだろう。ＦＢＩが主張するように事件の背後に北朝鮮政府が潜んでいれば、金正恩はこの結果にどれだけ満足しているのか考えなくてはならない。よく考えれば、この事件はバングラデシュ銀行の鼻先で一〇億ドルの資金を盗み出すという大胆不敵な計画から始まり、送り出された資金は世界を駆けめぐって、マニラのカードテーブルの上で洗浄されたあと、マカオという安息の地《ヘイブン》に運び込まれた。しかし、結局のところ、彼の部下が実際に差し出せた金は数千万ドルにすぎず、約束の一〇億ドルにはほど遠いものだった。

この末達を招いた理由の大半は、言うまでもなく「ジュピター」支店という送金先を選んだ不運と、「財団」のスペルをまちがえたお粗末さだった。しかし、さらに深いところでハッカーの利益を侵食した理由は、彼らがいかに狡猾で技術的に優れていても、従来からの貨幣制度に最後まで依存していたからである。彼らはドル建て口座を持つ国立銀行を襲った。奪った資金はSWIFTを介して国際的な銀行網で送金された。その後、現金からカジノのチップに変えられ、ふたたび現金に交換しなければならなかった。そのため、手順が変わるたびごとに仲介者やフィクサーのネットワークが必要になり、彼ら全員に報酬を払わなければならなかった（仲介した彼らが襲撃の規模を認識していたかどうかは別としても）。そのうちの誰かがこの作戦をリークすれば、捜査機関によって計画が阻まれることを許してしまうかもしれなかった。

こうした障害を残らず回避できる方法があるなら、ハッカーたちが好んで使う〝ミートスペース〟*訳註——人間が生息するやっかいで信頼できない世界と、人間特有の貪欲と可謬性《かびゅうせい》に満ちた世界——に煩わされることなく、富にアクセスできるようになる。

ラザルスグループのハッカーに幸いしたのは、その夢が間もなく現実になろうとしていたことだった。インターネットの爆発的な普及は、サイバー空間に現実とパラレルする貨幣制度をすでに生み出しつつあった。ネット空間は現金であふれかえるだけではなく、従来の金融の世界に比べても保全がかなり手薄だった。その保全システムさえ解読すれば、バングラデシュ銀行から最終的に奪えた数千

＊訳註：ミートスペースはインターネット用語で、「肉体空間」「現実空間」を意味する。「仮想現実空間」を意味する「サイバースペース」の対義語。

万ドルなど取るに足りないほどの大金が手にできる。しかしその前に、この新しい世界の仕組みを彼らはマスターしなければならなかった。

ラザルスグループは、またしても技術的に大きな飛躍を遂げようとしていた。

そしてその結果、ＦＢＩの捜査官はふたたびゲームに巻き込まれることになる。ＦＢＩによってグループが手がけた収奪事件のジグソーパズルのひとつが解明され、私たちすべてにかかわる非常に重要な問題の存在が暴かれていく。ラザルスグループのハッキングは、文字通り私たちの生死にかかわる問題になっていたのだ。

第13章　ランサムウェア

ロンドンの病院襲撃

二〇一七年五月――ある晴れた金曜日の午前十時、パトリック・ウォードは読み進めてきた犯罪小説のくだらなさに飽きてしまい、これ以上集中することはできなかった。本を読んでいたのはロンドン中心部に建つ王立聖バーソロミュー病院のベッドの上だった。あと数時間で人生を変えてくれると願ってきた手術が始まる。いささか年月がかかったが、ようやく手術を受けられることになったのだ。すべてが始まったのは数年前のことだった。

「サッカーをしていたら、息が切れてしかたがない。なんだか喉が痛いせいだろうとしか思わなかったが、病院に行ったら、無理に体を動かすのはいっさいやめろと医者から命じられた」とウォードは言う。

心臓が肥大していたのだ。遺伝性の疾患で、体中に充分な血液を送り出すのが難しくなっていたのだ。生来活発なほうだったが、四十七歳のいま、階段をのぼる際にも休み休みでなければのぼれなくなってしまった。彼の人生はこの病気のせいで深刻な影響を被っていた。そして、最終的に医師から示された解決策は、開心術という、心臓を切開して施術するリスクの高い治療だった。

「人生にかかわる大きな決断だった」とウォードは言う。

しかも手術は非常に専門的で、イギリスでは執刀できる外科医もかぎられていた。そのため二年間待たなければならなかったが、二〇一七年五月十二日のこの日、ようやく彼の番がめぐってきたのだ。「何週間も前から仕事を休み、胸を切り開かれる覚悟をしてきた。そして、ようやく腹をくくれた。もう一度、人生を取り戻したくてね」

すべてが予定通りに進んでいるように思えた。午前中には執刀医が検診に来た。だが、あと数分で手術開始という午後一時をまわった直後、ウォードは病室の外で何か騒動が起きていることに気づいたという。

「ベッドから起き出してナースステーションに行くと、どのパソコンのモニターもすべて真っ白で、みんなとても心配そうにしている。看護師や用務係をはじめいろいろな人たちがうろうろしているばかりで、お手上げの状態だった」

ロンドンの向こう側、国営のNHS（国民保健サービス）が運営する別の病院でも同じような光景が繰り広げられていた。緊急医療科の医長トニー・ブリートマンはちょうどシフトについたばかりだった。「オフィスに入るなり、コンピューターというコンピューターに何かとんでもない問題が起きているとすぐにわかった。見てみると全員のコンピューターに同じメッセージが表示されていた」と言う。赤いスクリーンを背景に、そこには次のように書かれていた。

おっと失礼、ファイルが暗号化されてしまった。きっと、必死になってファイルを回復させる方法を探しているだろう。でも、時間の無駄だね。われわれの復号化サービスを受ける以外、ファイルは誰にも絶対に回復できない。

ハッカーが病院のコンピューター・システムに忍び込み、データを残らずスクランブル化していたのだ。スクランブルの解除を申し出ているが、その対価として暗号資産の一種であるビットコイン（BTC）による数百ドルの支払いを要求していた。それだけではない。支払わなければ三日後に対価である身代金《ランサム》は二倍、一週間を経過して払われなければすべてのデータを永遠に破壊するとハッカーのメッセージは伝えている。

ドロップダウンメニューには二十八の言語で支払い方法が表示されており、襲撃の背後にいる首謀者が誰であるのかはともかく、どうやらこのサイバー攻撃を世界規模で成功させることをもくろんでいるようだった。ブリートマンが勤務する病院は公的機関のため、身代金を支払うことはできない。そこで、感染の拡大を食いとめるため、コンピューター・ネットワークを遮断することにした。

「新規の患者がコンピューターに登録できなくなっていた。患者の医療記録にもアクセスできない。住所や病状はもちろん、誰が面倒を見ているかや、血液検査の結果もわからない。もちろん、X線やCT画像にもアクセスできなかった」とブリートマンは言う。

現代の医師には、最新テクノロジーにアクセスできることが必須の条件になっている。時間が差し迫っているとき、迅速な判断をくだして救命するために先端技術が利用されている。たとえば、脳卒中の症状を示す患者が運ばれてきたときには、原因として二つの理由が考えられる。ひとつは脳の血管の一部が血栓で塞がれている場合であり、もうひとつは脳の血管が破れ、脳内出血を起こしている可能性だ。

前者の場合、血栓を取り除けば命は救えるが、原因が脳内出血なら、この処置では死にいたらしめかねない。原因を見極めるには、脳をスキャンするよりほかに手はないのだ。このことは交通事故からガンにいたるまで救急医療全体に言える。つまり、画像診断という技術は最前線の医療を行ううえで不可欠な装置なのだ。だが、その先端技術も、管理業務に使われる基本的なパソコンとともに、サイバー攻撃によってブリートマンたちには使えなくなっていた。彼らにすればこうした状況に対応するしかない。急を要さない患者は追い返され、危険な患者は別の施設に移されていった。しかし、そうした対応がしだいに難しくなっていったのは、ほかの病院もウイルスの前に屈していたからだった。

ブリートマンの話では、「ロンドンにある外傷センターの少なくとも一カ所は、患者の受け入れを中止している。緊急手術の際、外傷外科医が頼りにする画像にアクセスできないからだ。心臓発作センターもしばらくあいだ利用が制限されてしまった」という。

一方、聖バーソロミュー病院ではウォードが手術室に運ばれていくのを待っていた。何が起こっているのかわからず、スマートフォンを開いた。ニュースの見出しを見て、この病院だけが被害を受けているわけではないことに気づく。それから執刀医がふたたび部屋に現れる。悪い知らせを携えていた。「病院のコンピューターシステムが乗っ取られて残らずダウンしてしまった」と聞かされた。「私は医者に向かって、『そんなもの、今回の手術には必要ないでしょう。先生は私の胸を切って開くだけ。いったい、どうしてコンピューターがいるんですか。いいですか先生、私は二年間もこの手術を待ち続けてきたんですよ』。もちろん、いまだったらこんなことは言わない。そもそも私は、先生の笑い話と思っていたんだ」

しかし、執刀医は真剣そのものだった。「ウォードさん、本当に申し訳ないが、あなたの血液結果を確認するためにもコンピューターが必要です。ほかの検査にも使わなくてはなりません。手術をするうえで不可欠な装置なのです。しかし、私たちには打つ手がない。手術は中止にします。退院されてもかまいませんよ」

おぼつかない足取りでウォードは病室を出た。まだ、昼間だ。腕から抜き取ったばかりのカニューレのあとには包帯が巻かれている。世話するためにロンドンに駆けつけていた家族と再会したあと、病院の入り口で取材に応じてくれる人間を物色していた「BBCニュース」の撮影クルーにつかまる。ウォードは自分がどんな目に遭ったのかひとしきり話すと、誰もが抱いていた疑問を投げかけた。

「人の体を治そうとしている病院に、どうしてハッキングなどするんだろう？(1)」

ウォードは気づいていなかったが、このときのハッキングは病院だけが標的ではなかった。ウイルスは世界中に広がり、ドイツの最大の鉄道会社ドイツ鉄道《ドイチェ・バーン》からロシアの大手金融機関ロシア貯蓄銀行《ズベルバンク》まで、多くの国であらゆる機関が影響を被っていた(2)。

二〇一七年五月十二日の午後、世界一五〇カ国にある約二三万台のコンピューターが大規模なサイバー攻撃を受け、データがスクランブル化されていた。被害総額は四〇億から八〇億ドルと推定されている(3)。

サイバー・セキュリティにかかわる人間が何年も前から恐れていた事件だった。ウイルスによる感染が全世界にみるみる広がっていく。もう誰にも止められないように思えた。だが、そうではなかった。この爆発的な拡大に急停止をかけた者がいた。その人物と彼が使った方法は、サイバー犯罪史上もっともクレイジーな物語のひとつとされている。

無限に感染拡大するランサムウェア

ウイルス感染が発生した五月十二日金曜日、この日、マーカス・ハッチンスは休みの予定だった。健康的で笑顔に愛嬌があり、頭はもじゃもじゃのカーリーヘア、まだ二十二歳だったが、アメリカのサイバーインテリジェンス企業の研究員として、すでに一〇万ドル単位《シックスフィギュア》の収入を得ていた。研究しているのは「コンピューター・ウイルス」、正確に言うなら専門家たちが「マルウェア」*訳註と呼ぶものである。

コンピューター技術者の大半がそうであるように、ハッチンスも子供のころからパソコンをいじり始めた。ちょうど十三歳のときに家族で使っているパソコンを分解してからは、両親は彼が自分で研究できるように専用のパソコンを買い与えた。以来、ハッチンスは脇目も振らず研究に取り組んできた。十七歳で《マルウェア・テック》というブログを開設する。ウイルスに関する詳細な分析で彼の投稿は有名になる。フォロワーの数は増えていったが、彼の本当の名前やどんな生活をしているのかについては、フォロワーには皆目見当もつかなかった。ブログのプロフィールの写真に使われているのは、大きなサングラスをかけたまん丸顔の猫の写真だからだ。本人はシャイな性格なので、ハンドルネームでブログを書いているほうがお似合いだった。

「ハッカーは寝室で一人もくもくと作業にふける若者」が決まり文句となっているが、ハッチンスの場合、まさにこの常套句の通りだった。「当時、僕はまだ両親と同居していた。寝室にはコンピューターとサーバーラックが置かれていた」と私に話していた。

そのころ、ハイテクを極めた彼の仕事はいずれも、イングランド南西のデボン州イフラクームという眠たくなるような海辺の町で行われていた。自宅はマーカスがサーフィンを楽しむビーチから数分の距離にある。曲がりくねった道とアイスクリーム屋がある古風な小さな町で、世界でもトップクラスのコンピューター研究者が暮らす町とは思えない。ハッチンスが寝室で何をしているのか同居する家族はよくわかっておらず、コンピューターと関係があることぐらいしか知らない。「僕は昔から人とあまり話すほうではなかったし、自分のことをあれこれ話すのも好きではなかった」と言う。「だから、仕事と自分のプライベートはいつも切り離して考えていた。両親にもそうだったし、友人にも、両親以外のほかの家族にも、自分が何をやっているのかはあまり話してはこなかった」

十二日金曜日、今日はゆっくり過ごそうとハッチンスは考えていた。ランチは近所のフィッシュ・アンド・チップスの店でとり、帰ってきてパソコンの前に座ったとき、ウイルスがブレイクアウトして、感染が猛烈な勢いで広がっているのを知った。

「NHSが運営する国中の病院が、同一のマルウェアにやられたと言っている。その時点で僕は、『これは大変なことになったぞ』と口にしていた」。ハッチンスはすぐにサイバー・セキュリティを研究する友人に連絡を入れ、問題のランサムウェアのサンプルを手に入れた(このような協力は、セキュ

＊訳註：マルウェア(malware)は「malicious software」の略語で「悪意のあるソフトウェア」の意。そのため、ハードウェアにダメージを与える目的で製作されたプログラムはマルウェアと総称される。身代金を要求するランサムウェアもマルウェアの一種で、悪意のあるソフトウェアのなかでも身代金に重点が置かれているのでこう呼ばれる。いわゆる「ウイルス」もマルウェアの一種。本書では「ワーム」というマルウェアも出てくるが、宿主とハードウェアを操作する人の手を必要とするウイルスとは異なり、ワームは単独でも増殖できる。基本的にはいずれもマルウェアだが、本書ではこうしたニュアンスの違いを反映するため、原書の表記にしたがってそれぞれ「マルウェア」「ランサムウェア」「ウイルス」「ワーム」と記している。

リティを研究する者の世界ではあまり珍しいことではない)。

送られてきたサンプルをハッチンスは調べた。たぶん耳にしたことがあると思うが、この原稿を書いている時点で、ランサムウェアこそ世界でもっとも高い収益をもたらすハッキング手段だ。たった一種類のランサムウェアで、一カ月で三億二五〇〇万ドルを超える利益を手にしたハッカー集団も存在する。[4] サイバー犯罪のなかでもデジタルを使った脅迫犯罪は、長い時間をかけて、きわめて効果的な脅迫手段として徐々に洗練されてきた。

ランサムウェアでどのように脅迫するのか? サイバー犯罪の手口はほかにもいろいろあるが、それらの手口ははるかに複雑でひと言では説明できない。ところがランサムウェアの場合、説明はきわめて単純で爽快感すら覚えるほどである。ハッカーはランサムウェアでコンピューターを感染させ、格納されているファイルをスクランブル化、つまり「暗号化」する。解除と引き換えに身代金を要求、たいていの場合、暗号資産のビットコインで支払われている。正しく決済されれば、取引を追跡して犯人を特定するのは不可能になってしまう。

専門家にはたやすそうだが、ファイルを暗号化するプログラムはどうやって入手すればいいのか? 実はマイクロソフトがこの種のプログラムを提供しているので、ハッカーは悩む必要はなかった。セキュリティやプライバシーなどの理由でユーザーが自分のファイルを暗号化したい場合、ウィンドウズのこのソフトを使えば自分のファイルを暗号化できる。その場合、暗号化されたファイル名の末尾には〈WINCRY〉の拡張子がついている。もちろん、自分のファイルにスクランブルをかける場合は解読キーも手元にあるので、いつでも好きなときにスクランブルは解除できる。

二〇一七年五月のサイバー攻撃のハッカーたちも、標的のファイルを暗号化するためにこのソフトウェアを使っていたが、やはりひとひねりが加えられていた。ターゲットには復号化キーを教えず、教えてほしければ金を支払うように要求していた。彼らはユーモアのセンスも持ち合わせていたようである。〈WINCRY〉を《WannaCry《ワナクライ》》、つまり〈泣きたくなる《ワナ・クライ》〉という名称に変えていた。たしかに、大切にしている画像やメール、音楽ファイルなどのコレクションを人質に身代金を要求されたら、泣きたくなるのももっともな話だ。[5]

　ランサムウェアを使ったビジネスモデルは単純明解だが、この攻撃でも多くのサイバー犯罪にともなう難題からは逃れられない。〝規模〟の問題だ。襲撃で利益を得るには、マルウェアを広くばらまかなくてはならない。では、どうやって充分な数のコンピューターにランサムウェアをインストールして大金を稼げばいいのだろう。それまではスパムメールがこの問題の答えだった。しかし、《ワナクライ》では恐ろしい手口が新たに採用されていた。分析の結果、それを見抜いたのがマーカス・ハッチンスだった。「《ワナクライ》はコンピューターからコンピューターへと拡散していくため、悪意のあるメールを開いたり、不審なリンクをクリックさせたりする必要はなかった。間接的にハッキングすることができたんだ」

　ハイテク機器が相互に接続された現代社会では、この事実はウイルスの制御不能を意味している。感染は無差別に拡大していく。

「みんな、ハッカーはＮＨＳが運営する病院を狙っていると考えていた。情報を残らず確認すれば、ＮＨＳだけが攻撃目標ではないのははっきりしていたし、狙われていたのはイギリスだけでもなかった。このウイルスは世界中のあらゆる国、あらゆるコンピューターにひたすら攻撃を続けていた。驚異的な規模の攻撃で、僕自身、これほどの攻撃はそれまで見たことがなかった。数秒おきに何千という数でコンピューターを感染させていった」

ウイルスの緊急停止スイッチ

ウイルスの拡散に動揺していたのはハッチンスだけではなかった。パトリック・ウォードが追い出された病院から三マイル（約五キロ）ほど離れた地下鉄ヴォクソール駅の裏通りに、あるオフィスビルが建っている。なんの変哲もない建物だが、何台もの監視カメラが設置されている。ここがイギリスの国家犯罪対策庁――NCAの本部ビルだ。金曜日だったその日、午前中にテレビの前に集まった職員はボリュームをあげ続けた。ニュース専門チャンネルの「スカイニュース」がイングランド北西部の病院へのサイバー攻撃を報じている。間もなく続々と報告書が届けられ、その大半はマイク・ヒューレットのデスクに置かれていった。ヒューレットはNCAの国家サイバー犯罪ユニットの本部長を務めていた。

「特定の病院、特定の組織に対する単独の事件ではないと判明したのは、当日の昼の時点だった」とヒューレットは言う。NCAの捜査官は新たに設立されたNCSC（国家サイバーセキュリティ・センター）と協力して、ウイルスをこれほど迅速に拡散させる方法を解明しなければならなかった。最初の感染は当日深夜にアルゼンチンで発生、半日もしないうちにヨーロッパ全土で猛威を振るっている。ヒューレットらは、このマルウェアが特定のポート――ポート445――つまり、ネットワーク上でたがいに通信できるようにコンピューターに組み込まれたデジタルの出入り口を悪用していることに気づいた。

コンピューターによっては、ポート445は同じネットワークのほかのコンピューターの通信を許可するだけではなく、設定が「パブリック・フェイシング」になっており、世界の誰もがどこにいてもメッセージを送れる。もちろん、ウイルスも例外ではない。《ワナクライ》はこのようにして世界中に拡散していった。ネットワーク内のコンピューターからコンピューターへと移動していき、拡散した先のコンピューターを感染させてファイルを暗号化していく。そして、世界中のコンピューターからランダムにアドレスを呼び出し、ポート445を持つマシンを探し出すのだ。見つかればそのマシンに乗り移って感染させ、さらにそのマシンとつながれたネットワークへと拡散していく。

当然、ネットワークの結びつきが緊密なほど、《ワナクライ》は拡散しやすくなる。そして、HNSがもっとも甚大な攻撃を受けた標的のひとつになった理由でもある。HNSは多数の病院経営者とつながりがある世界有数の医療組織のひとつで、それだけに、NHSへの攻撃は意図したものではなかったかもしれないのだ。[6]

ヒューレットも、「国を横断して病院を結びつけ、検査結果などのデータを施設から施設へと素早く送れるのは、広範囲に相互接続されているからだ。そうしたシステムなので、とくに感染の影響を受けやすい」と言っている。

その間、マーカス・ハッチンスはデボン州イフラクームの自宅の寝室で《ワナクライ》の解析を続けていた。そして、奇妙な点に気づいた。標的に感染する前、ウイルスは一見ランダムに見える長いURLを持つ特定のサイトにアクセスしようとしていた。そのウェブサイトがオフラインの状態だと、ウイルスは標的のファイルをスクランブル化して身代金を要求、さらにほかのマシンへと感染を広げていく。だが、そのウェブサイトがオンラインの状態だと、ウイルスは標的のファイルをそのままにして動きを停止していた。ハッチンスは、ウイルスがアクセスしようとするウェブサイトは、いったい誰が所有して運営しているのか実際に確認してみようと考えた。

「所有者がいないサイトだったので、僕がすぐに登録した」。登録料は一〇ポンドもしなかったが、会計士がよく言う、「かなり値上がりする」投資となる出費だった。この登録でハッチンスは事実上ウイルスの拡散を停止することができたのだ。ウイルスコードによって、サイトが稼動していれば、逆にウイルスの活動は止まって感染はやみ、拡散が停止するようにプログラムされていた。「ドメインを登録してから数秒で、感染率がさがり始めた」とハッチンスは言う。「通常、マルウェアの阻止は、ウイルスの向こう側にいる者を相手にさまざまな手を繰り出しながら、数週間から数カ月かけて戦うような大仕事だ。相手のインフラを破壊する巧妙な方法を考え出さなくてはならない。それだけに、これほどあっけなく拡散を阻めたのははじめてだった」

世界でもっとも危険とされるウイルスのアウトブレイクを、ハッチンスはLサイズのフィッシュ&チップスの料金程度の出費で封じ込めていた。

だが、《ワナクライ》の制作者は、これほどあっけなく発見されるような緊急停止《キルスイッチ》スイッチをどうして組み込んでいたのだろう？　そんな謎めいた疑問が浮んでくる。この疑問に対して、もっとも説得力のある説明は、準備が完全に整う前に《ワナクライ》が解き放たれていたという説だ。マルウェアを開発する際、作者は安全装置としてこの種のキルスイッチを組み込むのは珍しくはない。そうすることで、万が一ウイルスが暴走してもただちにウイルスの活動が食い止められる。普通、キルスイッチは攻撃前に削除されるか、隠蔽されてしまうものだが、このときはそうではなかった。

《ワナクライ》が未完成のランサムウェアだと示唆する点はそれだけではない。通常、ランサムウェアの制作者は、被害者ごとに新しい暗号資産のウォレットのアドレスを作成する（ビットコインがバーチャルなデジタル通貨なので、アドレスの作成はマウスをクリックするだけで済む）。そのため決済の追跡はますます困難になっていたが、《ワナクライ》の場合、コードに書き込まれていたウォレットのアドレスは三つだけで、それをたどっていけば最終的に犯人にまで行き着けるかもしれなかった。

　ハッチンスにとって、キルスイッチの存在に気づいたのは思ってもいない成果だった。本人はたいしたことではないと考えていたかもしれないが、それにもかかわらず、彼は一夜にして有名人になっていた。イギリスのタブロイド紙はすぐに彼の正体を特定して、寝室にこもったまま世界を救った「思いがけず英雄になった男」という見出しを載せた。「メディアは僕の名前を知っていた。誰かのツイッターのフィードに載っていた僕の写真も持っていた。そして、そのころになると、彼らは僕の家の玄関の前や芝生に陣取るようになっていた。ゾッとした。有名になりたいなんて金輪際考えたことはない。それどころか絶対になりたくはなかった。それが突然、誰もが僕のブログのフォロワーになり、記事を読んだ世界中の人が僕について知っている。そう考えただけで震え上がっていた」

　それは国家犯罪対策庁のヒューレットたちにとっても大きな不安だった。《ワナクライ》の背後にいる人間が誰であれ、今度はハッチンスを狙うかもしれないと恐れていたのだ。「リアルな世界の現実的なリスクの観点から、われわれは、『誰かのパーティーを台なしにしながら、パーティーの主催者については何も知らない』」とヒューレットは言う。「どこかの家の寝室にこもっているオタクかもしれないし、物騒な組織犯罪の悪党かもしれない。あるいは国家の手先による可能性もあった」

　ハッチンス自身はスポットライトを浴びるのを恐れていたようだが、手にしたばかりの名声は多少なりとはいえ見返りをともなっていた。フォロワーの数が何千人も増え、地元のレストランはピザを一年間無料で提供してくれた。さらに、ＮＨＳの看護師である母親を含めて、ハッチンスの家族は彼が何で生計を得ているのかついに知ることができた。だが、後述するように、その名声は彼の人生を混乱におとしいれるほどの代償をともなっていた。彼にはずっと隠していた秘密があった。そしてその秘密は、ハッチンスの英雄的な行いに大きな影を落とすことになる。

とはいえ、彼の働きによって《ワナクライ》の攻撃は終息した。ただし、負った被害は手がつけられないほど甚大だった。ファイルを暗号化された被害者は、結局、データの修復はできなかった。とくに深刻だったのがNHSである。イングランドの管轄区では、NHSへのアクセス拠点である医療機関の三分の一が感染、もしくは自衛のためコンピューターを遮断しなければならなかった。そのため、約七〇〇〇件の予約をキャンセル、そのなかには緊急を要する一〇〇件以上のがん患者も含まれていた。[7] 取材したNHSのスタッフの話では、システムを再構築して、患者の予約を再開するために残業続きで働き詰めだったという。予約を再開できた患者のなかにはパトリック・ウォードもいた。二カ月後、ウォードは手術を受け、望んでいた通りの健康を取り戻すことができた。

しかし、マイク・ヒューレットと彼の部下にはここからが本番だった。「サイバー犯罪の場合、襲撃そのものはすぐに終息するのが普通で、本当に忙しくなるのはその捜査が始まってからと相場が決まっている。近年まれに見るほどの被害をもたらしたサイバー攻撃だ。われわれのなすべきことは、すみやかに捜査に取りかかって犯人を特定し、裁きの場に引き出すことだった」

当初、《ワナクライ》は典型的なランサムウェアに思えた。警察がこのような事件を捜査する場合、〝ランサム〟の名の通り、誘拐事件と同様の捜査法が用いられる場合がある。首謀者と直接交渉することで行方を突き止めるのだ。それまでにも犯人と接触して交渉を重ね、その居場所をなんとか特定することで逮捕にいたった例もある。しかし、《ワナクライ》の捜査ではそうした幸運には恵まれなかった。なぜなら、このウイルスを拡散させた犯人は、身代金を払ってまでデータの救済を望む被害者の期待にはまったく反応を示さなかった。ヒューレットは、「私が知るかぎり、身代金を払ったにもかかわらず、復号化キーを受け取った報告はどこの国からもなかった」と言う。

以来、国家犯罪対策庁はあるランサムウェア対策に取り組んできた。その対策においては、サイバー攻撃の首謀者の関心はかならずしも身代金の獲得に向けられていないと想定されている。金銭が動機ではないからこそ警鐘を鳴らしていたのだ。「このようなケースでは、表面上は身代金目的の犯罪のように考えてしまうが、実際には金をせしめることを本当の目的とはしていない」とヒューレットは言う。

対策はある自明な説に基づいていた。つまり、この種のサイバー攻撃は犯罪組織ではなく、国家が関与しているという考えだ。捜査範囲は国境を超えていると考えたヒューレットらは、調査結果をアメリカの捜査当局と共有するようになった。だが、本当に大変になったのはそこからだった。このマルウェアについてさらに調べていくうちに、捜査官たちは気になる証拠を発見する。信じられないことに、《ワナクライ》のコードの一部はアメリカの安全保障機関で開発されていたのだ。

脆弱性利用型不正プログラム

二〇一七年五月のサイバー攻撃で使われていた《ワナクライ》は、このウイルスの最新のバージョンだった。《ワナクライ》には先行するバージョンが少なくとも二つあり、いずれも最新版ときわめてよく似たコードが使用されている。こうした事実からこれらのウイルスの開発の背後には、同一の制作者または組織が関与していた事実がうかがえる。だが、先行する二つがウイルスとして際立った戦果を収めていたわけではない。これらに比べて《ワナクライ》が圧倒的な破壊力を秘めていたのは、二つのコードが新たに組み込まれていたからである。《エターナルブルー》（Eternal Blue）と《ダブルパルサー》（Doublepulsar）といういかにも秘密めいた名前を持つコードで、これらのコードによって《ワナクライ》はデジタル・パンデミックを引き起こす破壊的なウイルスに変貌していたのである。

　これまでハッカーは、メールを使って攻撃対象にウイルスを送りつけ、相手を欺いてメールを開かせたうえでウイルスを起動させなくてはならなかった。ソニー・ピクチャーズやバングラデシュ銀行の襲撃で起きていたのがこれだ。だが、《エターナルブルー》と《ダブルパルサー》によってこうした段取りはいずれも不要になった。二つのコードはポート４４５を利用してコンピューターからコンピューターへとウイルスを自動的に拡散させ、新しいコンピューターに侵入すれば、放っておいてもウイルスは勝手に起動する。[8] 怪しげなメールを送り、相手がクリックするのをじっと待ちかまえている必要はない。ウイルスがみずから拡散していくのだ。それまでにはなかった技術で、セキュリティの関係者にはまさに背筋が冷たくなるような展開だった。

　それ以上に背筋が凍りついてしまうのは、おそらく、危険極まりないこれらの攻撃ツールを開発したのが、闇に包まれたサイバー犯罪の組織ではなく、実はアメリカの国家安全保障局（ＮＳＡ）だったという事実だ。国防総省の情報機関が開発したウイルスが、どのような経緯で世界中のコンピューターを感染させることになったのか、それを知るにはエクスプロイト[*訳註]を売買する人間が暗躍するいかがわしい世界――人によっては「サイバー兵器市場」と呼ぶ者もいる――に足を踏み入れてみなくてはならない。

　この市場は次のような仕組みでまわっている。自分が有能なハッカーだと仮定して、ある有名なソフトウェアに欠陥があるのを見つけたとしよう（前述のポート445を使ったしかけのようなもの）。その欠陥を利用したプログラムを考えついた場合、三つの選択肢を手にしたことになる。ひとつは、ハッキングしたソフトウェアの運営企業に正直に報告して、当該企業が欠陥を修正してくれることを期待する選択。もうひとつはこれに比べると不誠実な対応で、発見したハッキング方法を利用して、自分で違法に金儲けをするという選択だ。この二つの中間的な対応が三番目の選択肢で、知りえたハッキング法を第三者に売り、そのプログラムをどう使うのかという倫理をめぐる微妙な問題は相手の判断に委ねる。[9]

第三の選択が導く道は、サイバー兵器市場につながっている。ここでは、ブローカーがハッカーからエクスプロイトを買い取り、プログラムに関心がある組織に売りつけている。取引はひどく秘密めいているが、同時に大きな利益をもたらす世界だ。どれほど儲かるのか、折に触れて垣間見られる機会がある。たとえば、あるブローカーは、闇サイトとされる「ダークウェブ」への入り口となる《Tor《トーア》》のエクスプロイトの発見者には一〇〇万ドルを提供していたという。ブローカーの会社は、手に入れたエクスプロイトは政府機関もしくは法執行機関にのみ転売すると言っていた。[10] サイバー兵器のブローカーの大半が同じ主張をしているが、はっきり言っておこう。こうしたツールを政府に売ったとしても、国は倫理に基づいてそのエクスプロイトを使う保証はまったくないのだ。

＊訳註：エクスプロイトとは、ソフトウェアやハードウェアの脆弱性を利用してコンピューターを攻撃するための具体的な手段。〈エクスプロイト〉はもともとハッカーたちのスラングで、システムに侵入したい悪意あるハッカーから見ての「偉業」「うまい抜け道」を意味していた。

一匹狼のハッカーだけが、われわれが使うプログラムの欠陥を見つけ、それをエクスプロイトにしようとつねに奮闘しているわけではない。国家安全保障局の元アナリスト、プリシラ森内の話では、政府も国家機関に命じて同じことを行っているという。「政府はソフトウェアの脆弱性を見つけようとわざわざ時間をかけて調べ、脆弱性を突いたツールを開発しようとしています。それは好ましくないと思われるでしょうね。しかし、私たちが嫌うように、私たちの敵対者も同じようにそれを嫌っています」

世界がもっと優しさに満ちていれば、どこかの国の政府がシステムの脆弱性を見つけたとしても、その情報を各国で共有すれば、世界中の人びとを守ることもできるだろう。だが、問題はそんなふうに世界ができてはいない現実だ。政府系ハッカーは、こうした脆弱性を熱心に探しまわってその弱点を突くツールを開発しており、それを他国の政府に侵入するツール、つまり武器と見なしている。敵対勢力にエクスプロイトが知られれば、武器としての有効性は損なわれる。国家が進んで兵器を手放す話など聞いたためしはない。(11)

《ワナクライ》に組み込まれた二つのコードのうち、《エターナルブルー》は脆弱性攻撃ツール、つまりエクスプロイト型のウイルスで、国家安全保障局は二〇一二年の時点でマイクロソフト・ウィンドウズのポート445の脆弱性を把握していたが、五年以上にわたってその事実を機密にしてきた。だが、その後驚くべきことが起こる。〈シャドウ・ブローカーズ〉(The Shadow Brokers)というハッカー集団——ロシア政府との関係を指摘する者もいる*訳註——が《エターナルブルー》とともに、バックドア型ウイルスの《ダブルパルサー》をまんまと盗み出してオークションにかけたのだ。「最終的にオークションはうまくいかなかった」と国家サイバー犯罪ユニットのマイク・ヒューレットは言う。

「二〇一四年四月前半、そのかわり〈シャドウ・ブローカーズ〉は関連する情報を公開したことで、脆弱性攻撃ツールが野に放たれることになった。彼らが手放したことで、誰でもこのハッキングツールが使えるようになってしまったのだ」

その瞬間、アメリカ人は自分たちが開発してきた高度なサイバー兵器が、ネットの裏社会に流出していくのを目の当たりにしていた。たとえるなら、それまで拳銃や火炎瓶を取引していた裏通りの闇市場で、何者かがふいに現れ、ステルス爆撃機をただで配布しはじめたようなものだった。

ポート445の脆弱性について警告を受けたマイクロソフトは、二〇一七年前半の時点でそれを修正するアップデートを行っている。だが、このときのアップデートは自動更新でもなく、強制でもなかったため、数百万台のコンピューターが危険にさらされたままの状態に置かれていた。そして、NSAのおかげで強化され、〈シャドウ・ブローカーズ〉の公開情報に基づいて開発された新種のランサムウェアをハッカーが拡散したとき、こうしたコンピューターは格好の餌食になってしまう。

マイク・ヒューレットは次のように話している。「公開されたことで、あまり洗練はされていないとはいえ、事実上、兵器級のエクスプロイトが入手できた。粗雑ではあるが、ウイルスはもともと必要な目的のためにNSAによって設計されたものだった。そのウイルスがいまや兵器化され、（開発したアメリカをはじめ）世界中の国々に対して使用されている。ある種の皮肉とも言えるだろうが、犯人を突き止めるため、FBIをはじめアメリカの各機関が多大なリソースを投入してきた理由の一

＊訳註：バックドア型ウイルス。目立った破壊活動は行わないが、感染したコンピューターに外部から接続できる裏口（バックドア）を設け、攻撃者がコンピューターを不正に遠隔操作できるようにするウイルス。

端はそんなところにもある」

ただし、その点について言うなら、NCAとFBIは間もなく突破口を見つける。この時点でFBIのロサンゼルス支局は、依然としてソニー・ピクチャーズとバングラデシュ銀行の襲撃事件に取り組んでいた。ヒューレットの話では、「FBIには二〇一四年のソニー襲撃を調べてもらい、われわれイギリス側は二〇一七年の《ワナクライ》を調べていた。共同捜査全体の見地からすれば、われわれは二〇一四年という過去にさかのぼって調べ、アメリカ側は少し前倒しで調査していることになる。われわれが最終的にやろうとしていたのは、両者の事件をつなぐ関連性を見つけることだった」。

そして、イギリスの捜査官は両者を結びつける決定的なリンクの存在に気がつく。《ワナクライ》の初期バージョンを分析したところ、彼らはある手がかりを発見した。コードのなかに隠されたチャートには、乗っ取ったコンピューターを遠隔操作するうえで必要なデータが詰まっていたのだ。

FBIのロサンゼルス支局の捜査官と連邦地方裁判所の検事補トニー・ルイスは、この発見に興味を覚えた。「データテーブルが見つかってから、ほかのマルウェアでもデータテーブルの検出作業が始まった。ソニー・ピクチャーズで見つかったマルウェア、同じ役者《アクター》の被害に遭った金融機関で見つかったマルウェアにも同一のデータテーブルが発見された。このときばかりは本当に驚いた」とルイスは言う。

ルイスが言う〝役者〟とはラザルスグループのメンバーのことである。FBIとNCAはいずれも、《ワナクライ》は北朝鮮のエリート・ハッカーの仕業だと考えている。

北朝鮮政府はこれを真っ向から否定している。報道官を介してこの告発は、「威厳あるわが国のイメージを損ねて悪者に仕立て、国際社会と北朝鮮の対立を煽動することを目的とするアメリカ政府の重大な政治的挑発行為にほかならない」と非難した。

とはいえ、西側の法執行機関が正しければ、状況はきわめて懸念される。ラザルスグループのハッカーは、ハリウッドの映画スタジオに侵入したレベルから、バングラデシュの中央銀行を襲撃するまでになったどころか、いまや医療機関を機能不全におとしいれ、世界規模のデジタル・パンデミックを引き起こせるほどの進化を遂げていたのだ。そして、二〇一七年夏の時点で、北朝鮮が活動を活発化させている分野はサイバースペースだけではなかった。

二〇一七年七月四日、北朝鮮は初となる大陸間弾道ミサイル（ＩＣＢＭ）を発射した。ミサイルは意図してロフテッド軌道で射出され、ほぼ垂直に上昇・落下するため、発射地点からかなり近くの日本海に落下している（この近さが日本政府を狼狽させた）。しかし、ミサイルが通常軌道で発射されていれば、アラスカを射程内にとらえていたと推定されている。[12] 七月四日というアメリカの独立記念日に設定された発射日が、北朝鮮の宿敵アメリカを意図的に激怒させるために仕組まれていたなら、それは狙い通りとなった。当時、アメリカ大統領だったドナルド・Ｊ・トランプをわざわざ挑発して怒りを買う必要があったわけではないが、トランプは金正恩《キムジョンウン》を「狂人《マッドマン》」だとあざけり、「リトル・ロケットマン」と揶揄したうえで、金正恩は「自殺行為」に手を出しているとコメントした。[13]

トランプのレトリックの通りだった。同年七月、前回の発射から一カ月も経過しないうちに二度目のＩＣＢＭの発射実験が行われている。このときのミサイルは、通常軌道であればロサンゼルスまで届いていたと推測されている。[14] 軍事と外交、そしてサイバー攻撃――北朝鮮問題はあらゆる面で過熱していた。

こうした状況のもとで、《ワナクライ》の攻撃を停止させることに成功したマーカス・ハッチンスは大丈夫だったのだろうか。ヒューレットが言っていたように、彼はまちがいなく誰かのパーティーを台なしにしていた。現在、そのパーティーの主催者は、地球でもっとも危険な人物の一人として急浮上した金正恩だといわれている。しかし、ハッチンスの頭は別の問題で占められていた。「アメリカ政府に逮捕された直後だった。そのころ僕はもっと大きな問題を抱えていた」

ハッチンスをめぐる物語は、またしても信じられない展開を迎えようとしていた。

ブロックチェーンの痕跡

おそらく、それまでの人生でもっとも濃密な数カ月を過ごしたあとの二〇一七年八月、ハッチンスは毎年開催される世界最大のハッキング・カンファレンス、〈デフコン〉(DEFCON)に参加するためラスベガスに向かった。《ワナクライ》での活躍でハッチンスは会場でも有名人扱いだった。「大勢の人が近寄ってきてはいっしょに写真をと求められ、なかにはサインをせがむ人もいた。人生でこれほど注目されたことはなかった。でも、僕にはなんとなく居心地が悪かった。ラスベガス・ストリップ[ラスベガスを象徴する大通り]からかなり離れた場所にある邸宅が予約されていた。結局、休みの日のほとんどは屋敷に隠れてパーティーばかりしていた」

「はめもはずした。射撃練習場に行って拳銃を撃ったり、ランボルギーニでドライブしたり、もちろん素敵な邸宅でのパーティー三昧。だから、帰国するため空港に着くまで、一生に一度の休暇を楽しんでいるような気分だった。ただ、それからが本当に大変だった」

まともに眠っておらず、かなりの二日酔いだったが、それでもなんとか空港でチェックインを済ませた。「ラウンジで搭乗を待っていると肩を叩かれた。『マーカス・ハッチンスさんですね？』。もちろん、『そうです』と答えた」

相手はアメリカの税関職員だった。《ワナクライ》の攻撃阻止で自分が何をやったのか聞きたがっていると思った。しかし、一時間半も根掘り葉掘り尋ねられたうえに、さらに複数の捜査官が加わってきたとき、ハッチンスもこれは《ワナクライ》の件ではなく、別の話であることに気づいた。過去にとうとう追いつかれてしまったのだ。

「もっと若いころ、僕は自分のスキルをあまりよくないことに使ってしまった。法律に抵触するハッキングにかかわったことがあった」

十代でマルウェアの世界を知ったハッチンスは、実は、自分でもマルウェアのコードをいくつか書くようになっていた。腕があがってくると、やがてある人物がアプローチしてきて、彼に相談を求めてくるようになった。「要するに、僕はネットでマルウェアを売っている男の契約プログラマーになっていた。僕がマルウェアを書き、別の人間が銀行から金を盗み出すコードを書いて、それを僕が書いたコードと組み合わせていた。何本か書いたコードの対価として金ももらっていた。もちろん、僕には銀行をだましたり、金を盗んだりするようなことにかかわるつもりはまったくなかった。本当にとんでもないことをしてしまった。パートナーになってはいけない人間と組んでしまったばかりでなく、しかも深入りしすぎた」

以来、ハッチンスは自分の運命は決まったものと考えてきた。「あのとき、人生のある時点で自分はきっと刑務所に行くと思ってきた。だから、こうなることはわかっていた」。しかし、よりにもよってその瞬間が、善きことのために自分のスキルを使い、世界的に有名になったときに訪れるとはハッチンスにも思いもよらなかった。ラスベガスの豪邸のパーティーからまだ二十四時間もたっていない。その自分がいま刑務所の独房の壁を見詰めている。「人生は何が起きるかわかったものじゃない。気づいたら、コンクリートの箱のなかで、硬い床の上に横たわっていた」

二週間後、ハッチンスは保釈された。サイバー・セキュリティ界隈の関係者たちが保釈金を募り、救いの手を差し伸べてくれたという。裁判を待つあいだ、ロサンゼルスにとどまり自宅軟禁状態に置かれる条件で判事は保釈を許可していた。それから二年近くが経過した二〇一九年七月、ハッチンスはウィスコンシン州に向かい、ミルウォーキー連邦裁判所で行われる裁判に出廷した。《ワナクライ》で果たしていた役割を重んじた判事は、判決に際して手心を加えてくれた。十年の懲役のかわりに、約二年の保釈期間を「未決勾留」に加えて判決を申し渡してくれたのだ。ハッチンスの場合、それは自由の身になることを意味していた[15]。現在、彼はアメリカに移り住み、カリフォルニアで新しい人生を歩み始めている。以前と同じようにセキュリティの研究者として働いている。さらに言っておくなら、サーフィンをやるなら、ここは生まれ故郷のデボンよりもビーチはすばらしくて、しかもはるかに暖かい。

ところで、サイバー・セキュリティを研究する者のなかに、《ワナクライ》でハッカーが得た利益を集計していた者がいた。明らかにされた結果は思いがけないものだった。ハッカーにとって、この襲撃の結果はどうやら惨憺たるものだったようである。身代金を要求した被害者から集めた総額はわずか数十万ドルだった。数億ドルの利益をあげるサイバー攻撃と比べれば、微々たる金額にすぎない。近年のハッキング事件の歴史において、《ワナクライ》は世界でもっとも甚大な被害をもたらした感染を引き起こしながら、ランボルギーニ一台を購入するのがやっとの利益しか得ていなかった。

だが、収益率に目を向けると、今回の事件の全体像を見失ってしまうだろう。このサイバー攻撃がラザルスグループの仕業であるなら、要点はかならずしも彼らがどれだけ稼いだかということではない。問題はその金をどう処理していたかである。今度はまんまと身代金の痕跡を消し去っていた。しかも、このときの襲撃では、何カ月もの時間をかけ、世界中に散らばる中間業者やフィクサーのチームを手配する必要もなかった。すべてはデジタルで処理され、わずか二〜三日で作業は完了していた。このプロセスについて私がほかの人よりもいささかうがった話ができるのは、無駄足になったとはいえ、《ワナクライ》の身代金を追跡するため、数カ月におよんで奔走したからである。

ビットコインは〝匿名〟のデジタル通貨だとよく言われる。しかし、この言い方はかならずしも正しいとは言えない。取引はデジタルウォレットのあいだでビットコインを送信することで行われ、それぞれのウォレットには文字と数字の羅列からなる固有のＩＤがついているからだ。しかも、ウォレット間の取引はすべてネット上に公開され、誰でも見ることができる（これが「ブロックチェーン」と呼ばれるもの）。身代金を匿名にすることが目的なら、これは矛盾していると直感的に考えてしまうかもしれない。だが、ビットコインというシステムには、これは不可欠な仕組みだ。ビットコインは政府や銀行によって監督されておらず、あらゆる取引は公開されることで、たとえば同一のビットコインを複数の異なるウォレットに同時に送信するなどの不正が行われないようにしている。ビットコインの保有者が口をそろえて言うには、ウォレットのＩＤや取引が公開されていても、現実世界でのユーザーの身元が明らかになるわけではないのだ。

しかし、この理屈が通用するのもそこまで。たとえば、私があなたに対して、私のウォレットにビットコインを送信するように頼んだとしよう。ウォレットのＩＤを教えれば、そのＩＤとリアルな世界の私の正体がリンクする。もちろん、マウスをクリックすれば新しいウォレットを設定できる。だが、新しいウォレットから古いウォレットに送金、もしくは古いウォレットから新しいウォレットにビットコインを送信すれば、いずれの送信もブロックチェーンの記録に表示される。記録されれば、新しいウォレットのIDを私に結びつけることができるのだ。

というわけで、かならずというわけではないが、公開されているブロックチェーンの記録から取引を追うことで、実在の人物にたどり着ける場合がある。支払われた《ワナクライ》の身代金の行方を追跡するため、私が試したのがまさにこの方法だった。

《ワナクライ》のウイルスコードには、ウォレットのIDが三つしか使われていなかったと前述したこと思い出してほしい。つまり、支払われる身代金は最終的に三つのウォレットのうちのどれかひとつに振り込まれることになる。感染爆発が終息して数週間を経過した二〇一七年八月三日、イギリス時間の午前三時、数秒足らずのうちに三つのウォレットはすべて削除された。しかし、ブロックチェーンを使って、私は支払われた身代金の行方を追うことができた。とはいえ、その追跡は引きずり回される一方の追跡だった。

身代金を引き出した人物は、何十ものウォレットIDを設定し、ビットコインをやつぎばやに移動させていた（マネーロンダリングでいう第二段階の〈階層化《レイヤーリング》〉のデジタル版のようなものだ。暗号資産の世界では〈タンブリング〉と呼ばれる）。しかし、ブロックチェーンに残された記録のおかげで追いつくことだけはできた。結局、身代金の大半はひとつのウォレットに送信されており、大変な苦労のすえ、ついにある個人とそのIDを結びつけることができた。

信じがたいことだったが、そのIDはロンドン南部のクロイドンに住む男性のものだった。ということは、世界でもっとも破壊的なサイバー攻撃のひとつとされる事件の背後にいる人物が、本当に私がいるところからバスですぐのところに住んでいたことになる。《ワナクライ》というサイバー攻撃がすでに荒唐無稽な話だとはいえ、これはあまりにもできすぎだ。現実の話とはとうてい思えなかった。そして、そう考えた通りだった。この男性はハッキングとは無関係の人物で、《ワナクライ》の資金洗浄を行っていた者に個人情報が乗っ取られていたのである。

実際にこの送金を受けたのは〈ヒットビーティーシー〉(HitBTC)という会社が保有するウォレットだった。会社は暗号資産の取引所兼販売所で、ビットコインのような暗号資産をポンドやドルといった〝不換〟通貨に交換したり、あるいはその逆の業務を専門に行ったりしている。このような暗号資産取引所は、一日当たり何千もの取引が行われるウォレットを保有している。たしかに、盗んだ金を隠すにはいい場所だ。私は〈ヒットビーティーシー〉に連絡を入れ、《ワナクライ》の身代金がどうなったのかを尋ねたが、質問には答えてくれず、そのかわり同社の「反不正活動方針」(ALAP)について紹介された。

しかし、この方針をもってしても《ワナクライ》の反不正活動ははばめなかったようである。私が追いかけてきた身代金は、〈ヒットビーティーシー〉という岩礁でしぶきをあげるデジタルキャッシュの海のなかに消え、これ以降、追跡が不可能な方法で引き出されたことはまちがいなかった。ハッカーは収奪した金を手にして、まんまと逃げおおせていた。バングラデシュ銀行の不正送金では、現金の回収に彼らは数カ月の時間を要していた。それに比べ、《ワナクライ》の身代金回収は四十八時間以内で完了していた。

この点を踏まえると、《ワナクライ》によるサイバー攻撃の狙いはかならずしも身代金目的ではなく、最先端を行くマネーロンダリングの成果を確認する試運転だったと考えられる。ラザルスグループのハッカーたちは、またしても新しいスキルを獲得していた。そしていま、彼らはその技術を使って、バングラデシュ銀行の襲撃事件さえかすんでしまうような大金を奪い取ろうとしていた。

第14章　暗号資産

見せかけの南北融和

歴史的瞬間を迎えようとしているにもかかわらず、周辺の様子はいささか殺風景だった。レッドカーペットは敷かれておらず、華やかに彩られてもいない。国旗や楽隊も用意されてはいない。見えるのは砂地のような一画と、両脇に建っている青く塗られたプレハブの家屋だけだった。しかし、この一画こそ、北朝鮮の指導者が六十五年ぶりに足を踏み入れる宿敵韓国の領土だ。南北を隔てる〝休戦村〟板門店の非武装地帯、韓国大統領の文在寅《ムンジェイン》は国境を示す高さ二インチ（五センチ）のコンクリート製の南北境界線のこちら側でとどまり、辛抱強く待っている。その姿を見ていると、このような境界線がどれほど馬鹿げたものかと思わずにはいられない。まるで、自分の前に決してすり抜けられない力場があると信じて疑わない子供のようだ。

そして、北朝鮮側から金正恩《キムジョンウン》が近づいてきた。脇を固めている警備や高官が徐々に離れていき、金正恩一人になった。トレードマークの黒い人民服を着て、北朝鮮の指導者が太陽の下を闊歩《かっぽ》している。自然な笑みを浮かべながら、境界線へと向かう通路を進む。文在寅が手を差し伸べる。こちらも笑顔だ。金正恩がその手を取る。そして、文在寅は境界線のこちら側へと相手を招いた。力場が崩れる。金正恩はいま韓国に立っている。境界線からほんの数歩の距離にせよ、仇敵として北朝鮮が何十年も憎悪してきた韓国に金正恩が立っているのだ。

予期しない失笑の一幕もあった。誰もいない背景で二人が握手する姿を撮影しようとするあまり、両国の報道陣はたがいに邪魔してばかりいる。しまいには双方でののしり合い、あいだに立っていた両国の首脳が罵声の十字砲火にさらされ、その場から逃れなくてはならなかった。予想しなかったシーンはもうひとつあった。文在寅にうながされて境界線を超えた金正恩だったが、今度は金正恩が韓国大統領の手を取り、たがいに境界線を越えて北朝鮮へと導いた。どうやら金正恩のアドリブだったようだが、カメラマンたちから笑い声があがり、それから拍手が続いた。『ワシントンポスト』はこの模様をユーチューブでライブ配信していた。二人が国境の南側に戻ろうとしたとき、視聴者の一人がコメント欄にこう書き残している――「#朝鮮に平和を(1)」。

その瞬間、おそらく過去六十年のどのときより、「#朝鮮に平和を」という願いが実現に近づいていると願わずにはいられなかった。二〇一八年四月の南北首脳会談は、それまでにないほど南北融和が垣間見えた一瞬だった。この年二月には北朝鮮のアスリートは韓国の平昌《ピョンチャン》で開催された冬季オリンピックに参加。会談に先立ち、統一旗のもと、彼らは南の選手たちとともに開会式で行進し、南北合同チーム選手団として女子アイスホッケーを戦った(2)。一九八八年にソウルで開催された夏季オリンピックのときは、北朝鮮は開催を激しくののしり、大韓航空機爆破事件の遠因だという説もある。あのときに比べれば、まさに目をみはる南北融和の突破口と思えた。

五月には核実験に使用していたトンネルの一部爆破にも合意、西側には、北朝鮮がようやく妥協へと向かう事実を示唆するさらに明確な兆候と見なす者もいた。爆破映像は公開され、世界中のテレビニュースで放映された(3)。

しかし、ニュースカメラが届かないところでは、北朝鮮のハッカーたちはデジタルの宝剣を降ろして平和に暮らすことはなかった。むしろ、まったくの逆だった。FBIの報告では、彼らは《ワナクライ》の攻撃で学んだ暗号資産の技術を使い、巨額の資金を集めるために世界中で次々と犯罪行為を繰り返していた。

暗号資産の恩恵

ハイテクを駆使した金融サービスを考えたとき、スロベニアの首都リュブリャナを真っ先に思い浮かべる人はまずいない。しかし、暗号資産という新しい世界の先端を行く町のひとつがリュブリャナだ。暗号資産の取引や開発はかならずしもニューヨークや香港、ロンドンとはかぎらない。人があまり訪れないどこかの町の小さなオフィスで、技術者と夢想家からなる小さなチームによって行われている場合も多い。

スロベニアの首都を拠点とする〈ナイスハッシュ〉(NiceHash)もそうした企業のひとつだ。暗号資産とはどんな仕組みで運営されているのかよく知らない人に、この会社のビジネスモデルを説明するのはかなり難しい。あえて言うなら、この新しいタイプの通貨に興味を持つ人たちを相手に、暗号資産を手に入れる技術的ノウハウとコンピューティングパワーを持つ人からサービスを買ったり、あるいは借りたりできる場を提供することを主な目的にしている。〈ナイスハッシュ〉はそれを仲介することで手数料を得ている。

ニッチなビジネスのようだが、二〇一七年、〈ビットコイン〉をはじめ暗号資産の取引が一年を通して活発だったせいで大きな利益を得ていた。この年の一月、一BTC《ビットコイン》は約一〇〇〇ドルで購入できた。十二カ月後、二十倍近い一万九〇〇〇ドル強で売れていた（同期間に銀行口座から得た利息と比べてあきれた人も、最後まで読み通してほしい。つまり、デジタル通貨への投資は見返りが大きいかもしれないが、リスクもともなう）。

暗号資産ビジネスにかかわる大半の企業同様、〈ナイスハッシュ〉も自社で管理するウォレットに顧客が暗号資産を保管するのを認めていた。(4) 顧客はログインして残高を確認でき、同社のほかのユーザーとのあいだで暗号資産を送受信することもできた。しかし、二〇一七年十二月六日、ビットコインの価格が一万一〇〇〇ドルを超えて急騰していたさなか、ログインした〈ナイスハッシュ〉の顧客たちはギョっとした。あるはずの資産が消えていたのだ。ハッカーが同社のシステムに侵入、数千BTCの資産を盗み出していた。もちろん、会社はただちに対処に乗り出している。当時、同社のプロダクトマネージャーだったマルコ・ガシュパリクは事件をこう振り返る。「最初は本当とは思えなかった。だが、緊急事態ということで、一人残らず会社に呼び戻された。たしかに攻撃を受けていた。自分たちのビジネスを守り、顧客を守るためにあらゆることを試みた」

社員がすっかり当惑していたのは、〈ナイスハッシュ〉のシステムはやすやすとハッカーの標的にされるようなものではなかったからだ。セキュリティに関しては徹底的に取り組んでいたとガシュパリクは言う。ハッカーの正体が誰であれ、それほどのセキュリティとシステムをすべてクリアしたのだ。「これ以上ないほど入念に計画された襲撃だった。素人や一人の人間でこれほどのことを行えるとは思えなかった」ともガシュパリクは語っていた。

事件はやがてFBIの知るところとなり、収奪の手口を分析した結果、FBIも同じ結論に達した。〈ナイスハッシュ〉は、世界でもっともプロフェッショナルなハッキング集団のひとつ、ラザルスグループに攻撃されていたのだ。その手口は、気が滅入るほどおなじみのものだった。十二月四日、同社にフィッシングメールを送り、スタッフをまんまとだましてウイルスをダウンロードさせ、社内のネットワークにアクセスしていた。二日後の十二月六日の時点でグループのメンバーは、「ナイスハッシュ」のシステムの仕組みを充分に把握し、システムをコントロールすることで七五〇〇万ドル相当のビットコインを送信していた(5)。

「スロベニア史上、最大の盗難事件だ」とガシュパリクは言う。〈ナイスハッシュ〉は毎月利益の一部を積み立てながら、最終的にすべての顧客に全額を返済している。

ラザルスグループの犯行とされる過去の盗難事件と比較すると、〈ナイスハッシュ〉への襲撃は飛躍的な進化を遂げていた。ネットワークへの侵入からたったの二日で、一年を要したバングラデシュ銀行襲撃と同額の金を稼いでいた。そのうえ今回の襲撃は、中国人ギャンブラーや日本人の仲介者に報酬を支払う必要もない。盗み出されたビットコインは、ハッカーのウォレットに直接送信されたと思われるが、それはサイバー空間に置かれた、誰も知らない匿名の大金である。

新しいタイプの犯罪行為に備わる恩恵について、ラザルスグループのハッカーたちはどうやら見逃していなかったようである。暗号資産の流行に、彼らは喜々として飛びついた。FBIによると、二〇一七年から二〇一八年にかけ、彼らは流行に乗り遅れまいと、暗号資産を使った犯行をやつぎばやに繰り返したという。〈ナイスハッシュ〉への襲撃は手始めにすぎなかった。彼らはハッキングの手口を徹底的に極めつくした。フィッシングメールがターゲットとする交換所のスタッフの受信トレイに送られ、うっかりウイルスをダウンロードしようものなら、数時間でその会社のウォレットから数千万ドルの暗号資産が送金され、流出した資産は二度と目にできなかった。金の動きの素早さにはとまどうばかりで、奪われた資産を回収しようと手をつくしても、そのたびに翻弄されて終わるのがおちだった。

たとえば、ある交換所は暗号資産の盗難後、ハッカーに反撃するための巧妙な作戦を試みた。盗まれた暗号資産が送金されたウォレットに、〈取引厳禁。アカウントの所有者はハッカー〉というタグをつけるシステムを構築した。(6) 盗まれた暗号資産はこれで「事実上使用不可能」になると同社は断言していた。だが、ハッカーたちの対応はあっけないものだった。数百ものウォレットを設定すると、タグ付けのシステムが追いつけないほどの素早さで盗み出した暗号資産を移動させ続けた。結局、その資産は回収できなかった。

セキュリティの研究者たちの話では、相手をだましてウイルスをダウンロードさせるグループの手口もますます巧妙化しつつあった。リンクトインなどのソーシャルメディアを使い、被害者をおびき寄せるようになっていた。一例を紹介しよう。ある暗号資産の取扱企業の技術者のもとに、ライバル企業から好条件でリクルートしたいというメッセージが届いた。受け取った技術者の能力や資質、経験にまさにぴったりの条件だった。この技術者について、ハッカーがリンクトインで調べ上げ、相手がかならず乗ってくる職務明細書を書き上げていたから当然である。

だが、申込書式が記されたワードのファイルを開けようとしたとき、ポップアップ画面が現れた。「この文書は欧州一般データ保護規則で保護されています」と表示されている。応募書類にアクセスするには、「コンテンツを有効にする」をクリックしなくてはならない。必要なのはそれだけだった。クリックすることで、ワードのファイル内に隠された不正な侵入経路の扉をそれと気づかないまま開けてしまい、ハッカーが自分のコンピューターにアクセスし、会社のネットワークに侵入するのを許した。研究者の話では、ラザルスグループのハッカーたちは当時、約二十カ国でまったく同じ手口を使っていたという。自分だけではないと知れば、この技術者には慰めになるかもしれない。(7)

盗まれた二億三〇〇〇万ドルの暗号資産

しかし、バングラデシュ銀行の襲撃からもわかるように、ハッカーにとって侵入は始まりにすぎない。奪った金を持って逃げることはまったく別の問題だ。暗号資産の取引所は比較的守りが甘いターゲットで、盗み出した金はデジタルによってこれ以上ない速度で世界中に転送できたものの、それでもなおハッカーたちには難題が課されていた。不正に得たデジタル資産は、ある時点でポンドやドルなどの現金に換えなければならない。北朝鮮の支配階級が欲しがるような最高級のメルセデス、木箱に入った高級コニャックを買おうにも、(少なくとも、現時点では)ビットコインで簡単に支払いは済ませられない。難題はそれだけではない。暗号資産に関連した犯罪が急増したことを受け、取引所も慎重になっている。マネーロンダリング防止のため、取引所も暗号資産の換金にはこれまで以上に細心の注意を払い、さらに厳重なセキュリティ・チェックを行うようになった。

にもかかわらず、二〇一八年末の時点で、ラザルスグループは新たな障害を回避するだけでなく、盗んだ暗号資産の現金化についてもますます巧妙になりつつあるとＦＢＩは言う。そのために彼らは、あるネットワークとの関係を深めていった。ハイテク犯罪に長けた者たちからなるネットワークで、この種の犯罪にはいとわずに手を貸してくれる。たとえば、次のような興味深いケースからもどんなものかがわかるだろう。

そのケースとは、二〇一八年後半、ある暗号資産取引所(会社名は非公開)から盗まれた約二億三〇〇〇万ドル相当の収奪事件で、FBIが捜査していた[8]。FBIも盗み出された資産を追跡したが、彼らも困惑する一方の旅に向かったのは、前章で《ワナクライ》攻撃の身代金の追跡を試みた私と同じだった。流出した資産はウォレットというデジタルの闇に消えていた。もちろん、FBIは私よりはるかに多くのリソースに恵まれているので、もっと手がかりがあると思うだろう。だが、残念なことにそうではなかった。さらに徹底して調べていくうちに、捜査官たちはハッカーがそれまで以上に巧妙な作戦を編み出して追跡を攪乱し、暗号資産取引所が実施していたマネーロンダリング防止策も逃れていたことを突き止めた。

数百万ドルの価値がある何千ものビットコインを一度に換金すれば、取引所も警戒するとハッカーも考えた。そこで使い始めたのが、「ピール・チェーン」と呼ばれる手口だった。洗浄したいビットコインの総額をほんの少しずつ剝《ピール》がしていき、それを暗号資産の取引所に送って、ドルなどの不換通貨に交換する。そして、残りのビットコインを別のウォレットに送ると、さらに一部を切り取って取引所でドルに交換してもらい、残りのビットコインをまた別のウォレットに送る。こうした移動を何百回となく繰り返すことで、金の出所と行き先がわからなくなっていく。コンピューターを使った自動送金で、一分間に数十回の取引が処理できる。捜査員にとって、こうした取引をただちに追跡し、しかも残らず調べ上げるのは悪夢にほかならない[9]。

ハッカーたちは最大限の努力を払っていたようだが、それにもかかわらず、FBIと協力者は、数カ所の取引所に送られた資金の一部を追跡することには成功した。その結果、捜査当局にさらなる朗報がもたらされる。確認できた取引所のなかに、新しいセキュリティ・チェックを導入しているところが含まれていた。このチェックによって、新規に口座を開設する際は、運転免許証やパスポートなど、なんらかの公的なＩＤをかざした自撮り写真をメールで送り、本人確認をしなければならなくなっていた。どの口座が資金洗浄に使われたかをＦＢＩは把握していた。暗号資産の取引所から口座保有者の写真を入手すれば、関係する個人の実際の身元を確認できるはずだ。確認できれば次のステップとして、相手の住所を訪ねることができ、もしかしたら有罪判決にまで持ち込めるかもしれない。

捜査当局は、取引所の一社から口座開設者の最初の顔写真を入手した。写真には髪をきれいに整えたアジア系の若い男性が大きなパソコンチェアに座り、韓国政府発行の身分証明書を掲げている姿が写っている。しめたと操作員たちは思った。この男性こそ、最初に二億三〇〇〇万ドル相当の資産を盗み出した犯行の鍵となる人物で、しかも当局は必要な彼の個人情報をすでにつかんでいた。だが、ここで問題が発生する。二人目の口座保有者の写真が届いた。今度は白人男性で、ドイツ政府発行のＩＤカードをかざしている。妙に既視感を覚える写真だった。よく見ると、このドイツ人は最初の写真の男性とまったく同じＴシャツを着ている。それだけではない、指の配置もまったく同じだ。二枚の写真は驚くほどリアルに見えたが、ネットで公開されている正規の写真をデジタルで加工したものだった。

いずれの取引所の口座もラザルスグループが開設したもので、取引所をだまして開設を許可させるため、ハッカーたちは二枚の写真の顔をすげ替えて、さらにＩＤの記述と一致するように改編していたのだ。[10]

ＦＢＩに対して、ハッカーは白星で先行した。

しかし、ハッカーたちは危機をまだ脱したわけではない。「ピール・チェーン」という手法で複数の暗号資産取引所に資産は流し込めたが、今度はそれを取り出して現金に換える必要があった。そのために彼らは、この種のサービスを提供すると自称する二人の中国人を共犯者として利用していたとFBIは言っている（サービスはもちろん有料）。二人はデジタルの領域からリアルの世界に金を滑らかに移動させるエキスパートで、そのために困惑するほど複雑なネットワークを駆使していた。二人のうちの一人は、九つの中国系銀行に口座を持つといわれ、もう一人は、盗んだビットコインの一部をアイチューンズギフトカード〔現アップルギフトカード〕と交換したうえで、カードを売却して洗浄していた(11)。

二〇一七年から翌二〇一八年にかけて、FBIは北朝鮮のハッカーがますます巧妙になっていくのを目の当たりにしていた。ハッカーは暗号資産の強奪に成功していただけでなく、盗み出した資産をデジタルの闇に消せるようになっていた。だが、それだけではない。すでに彼らは次の暗号資産に関する犯罪計画を練っていたのだ。彼らがこの新しい金融テクノロジーについてどれだけ精通しているのか、次の計画はその事実を如実に示していた。

北朝鮮とつながる海運会社

二〇一七年十月、ジョナサン馮家強《フォンカーケオン》は興味をそそられる話を持ちかけられた。馮は〈シンクラス〉(Singclass) という会社を経営し、シンガポールの海運業で数十年にわたって仕事をしてきた。馮によると、話を持ちかけてきた人物は、「海運関連について私の専門知識を必要としていた(12)」。トニー・ウォーカーと名乗るその人物は、馮に手伝ってもらいたい事業のアイデアがあると言っていた。内容はいささか込み入っているが、うまくいけば大きな利益を生み出すことができるはずだ。計画をひと言で言うなら、要は船舶への投資を目的としていた。ウォーカーが考えていたのは、投資者を募って特定の船の株式を持てるようにするという事業だった。たとえば、一〇〇ドル投資すれば、投資額に見合った船——船名は「エンプレス」号とでもしておこう——の所有権を手に入れることができる。しかし、株券という有価証券を受け取るのではなく、ビットコインのようなデジタル通貨——「ボートコイン」とでも呼んでおこう——を出資額に応じて受け取る。株式のように、投資家はこのボートコインを売買できる。言うならば、従来のインフラ投資のスキームに、暗号資産というひねりを加えた計画だった。

出資が見込めそうな人たちの前で、ウォーカーは巧みなプレゼンテーションを行った。事業計画はウイン-ウインの関係にあり、海運会社は事業によって必要な資金が調達でき、一般投資家は暗号資産という最新のトレンドを通じて、難解な海運ファイナンスの世界に参入できるチャンスが得られる。社名は〈マリン・チェーン〉（Marine Chain）だった。二〇一八年四月十二日、香港で登記されるとしゃれたウェブサイトが開設され、ウォーカーは最初の投資目標を二〇〇〇万ドルと設定した。[13]

それから、会社を実際に運営する国際的なチームをリクルートしてきた。最高技術責任者は香港在住のフランス人、最高セキュリティ責任者はアメリカ在住、最高サステナビリティー責任者はフィンランドに住んでいた。ほかにも多彩な人材が国外から集められた。さらに、ビジネスに関するアドバイスを得るため、香港にある四カ所の法律事務所の弁護士を雇って法務チームが準備された。[14] 数百万ドル規模の事業を立ち上げるため、ウォーカーは湯水のように資金を投入していた。

しかし、そうした慌ただしさとは裏腹に、不思議なことにウォーカー自身は立ち上げたばかりの会社の会議には出席していない。メールやテキストメッセージで指示を送り、オンラインチャットで節目の会議に参加はするものの、イタリア、中国、アメリカなどの「投資が見込めそうな人物」に会うため、いろいろな国を飛びまわっていると言っていた。

社内におけるウォーカーの正確な位置づけにも混乱が生じていた。コンサルタントのなかには、彼は馮家強のアドバイザーにすぎないという印象を抱いていた者もおり、コンサルタントたちはウォーカーから直接命令を受けることに困惑していたようだ。

水面下では警告のサインの兆候がますます明らかになりつつあった。馮や投資家に近づいてきたとき、この男性は「トニー・ウォーカー」と名乗っていた。だが、〈マリン・チェーン〉の背後にいる謎の男性は馮に「トニー・ウォーカー」は偽名で、本名は「ジュリアン・キム」だと打ち明け、契約時にはその名前でサインしていた。おまけに、ビジネスに関しても異様な要求をするようになる。会社の全株式を馮に持たせようとしていた。これには馮も抗い、キムには、「いいかね。責任が重すぎてしまい、実務を見る時間がほとんどなくなる」[15]という返事を送っている。そうではあったが、馮は〈マリン・チェーン〉のために働き始めるようになり、イベントでは同社について説明し、時にはこの会社のCEOと呼ばれることもあった。[16]また、キムの指示にしたがってサプライヤーにも支払いを行っていた。

そうしたある日、〈マリン・チェーン〉の創業者からのメッセージがぴたりと来なくなり、送金も途絶える。二〇一八年七月、キムは姿をくらまし、馮の手元には支払わなければならない請求書が山となって残された。会社のために働いてきたほかの者同様、馮はキムと連絡を取ろうとしたが無駄に終わった。結局、〈マリン・チェーン〉は二〇一八年九月に清算された。キムははじめて姿を現したときと同じように、謎に満ちた失踪を遂げた。おそらく、ネットの掲示板に書き込まれた〈マリン・チェーン〉に関する話に不意を突かれ、あわてて逃げ出したのだろう。ネットの探偵たちは会社の周辺を嗅ぎまわり、この会社の背後にある真実、そしてこの会社を作った謎の男について懸念の声をあげ始めていたのだ。

二〇一八年四月五日、ちょうど〈マリン・チェーン〉が登記の準備を進めていたころ、掲示板型のソーシャルニュースサイト〈レディット〉に〈Arsenalfan5000〉というハンドルネームのユーザーが、「マリン・チェーン：北朝鮮の詐欺通貨」というコメントを投稿した。そのなかで〈Arsenalfan5000〉は、〈マリン・チェーン〉のウェブサイトは、類似の会社のサイトをそっくりそのままコピーしたものだと指摘した。それだけでなく、「創立関係者の少なくとも一名は、リンクトインの偽のプロフィールで正体を隠している北朝鮮国籍の人間である」と犯罪性を裏づける決定的な内容を書きくわえていたのだ。

〈レディット〉の一ユーザーが〈マリン・チェーン〉と北朝鮮の関係をどうやって知りえたのか、その点はいまだに不明で、「トニー・ウォーカー」こと「ジュリアン・キム」が自分の正体について隠していた点を踏まえるとなおさらである。どうやら、〈Arsenalfan5000〉は北朝鮮問題の専門家ではないようで、〈レディット〉に投稿したのはこのときだけ、投稿自体は残ったものの、以来いっさいコメントはしていない。〈Arsenalfan5000〉は情報機関の関係者が使った偽装IDではないかと勘ぐる者もいる。情報のパンくずをわざとネットに残して、ほかの人間の目にとまるようにしたのかもしれない。ただ、その正体が誰であれ、資金について北朝鮮との関係について言及していた点は大正解だった。

精算された直後から、〈マリン・チェーン〉と北朝鮮のつながりを明らかにする者が現れ始めた[17]。馮も北朝鮮とは古いつき合いがあり、彼の会社は少なくとも二隻の北朝鮮の貨物船と取引をしていた[18]。

〈マリン・チェーン〉のような怪しげな海運会社が、北朝鮮とつながっているのはつじつまが合う。国連安保理の制裁措置が、外の世界とこの国を結ぶ接点に深々と食い込んでいるので、禁制品を密輸する際、海上輸送はますます重要になった。制裁の執行を監視する側にしても、結果的に海上輸送に注視することは重要なポイントだ。国連安保理は年に二回、専門家パネルによる中間報告書を公表している。専門家パネルは北朝鮮制裁委員会の下部組織で、制裁を逃れるために北朝鮮がどのような行動をとっているか目を光らせている。中間報告書は数百ページにおよび、通常、約半分は制裁を逃れるために船舶が使われているという疑いに充てられている。海上に浮かぶ錆だらけの貨物船をひそかに撮影した粒子の粗い写真、密輸で告発された人間のパスポートや積荷目録のコピーなど、その内容は驚くほど詳細を極めている。北朝鮮を監視する実行部隊にとって、船舶によるルートは脅迫観念にさえなっている。

以上を踏まえれば、北朝鮮の人間がなぜ偽名を使ってまで海運投資会社を設立しようとしたのかは説明がつきそうだ。だが、ジュリアン・キムが祖国のために〈マリン・チェーン〉をどのように利用するつもりだったのかはやはり不明だ。結局のところ、彼がしたことといえば、高額なアドバイザーを雇い、ジョナサン馮家強を介して実務に対するもろもろの支払いを行うなど、大金を費やしただけだった。もしかしたら、〈マリン・チェーン〉は失敗に終わったある種の実験だったのかもしれない。あるいは、暗号資産を使った海運投資というスキームはうまくいかないことにキムが気づいたのかもしれない。それとも、ネット上で彼と彼の会社が北朝鮮と結びつけられたことにおじけづいたのだろうか？　説明はどうあれ、ジュリアン・キムをめぐる物語はこれで終わりではなかった。その後も北朝鮮が関係する別の陰謀で、キムは中枢の役割を果たすことになる。しかも、その陰謀は〈マリン・

チェーン〉など足元にもおよばないほどの成功をもたらす。

実は、ラザルスグループにとって、〈マリン・チェーン〉は完全なる失敗ではなかった。北朝鮮のハッカーはこの一件から何かを学んでいたとFBIは指摘する。世の中には暗号資産に強い関心を寄せる人びとがおり、〈マリン・チェーン〉という儲け話に乗ってきた人たち同様、一攫千金を夢見るあまり、うさん臭い会社の契約書でも進んでサインをしてくれる。その現実を知ったハッカーたちはそこにつけ込み、やりたい放題のハイテク犯罪という次の波を起こすことになる。

暗号資産の最先端知識

〈セラス・トレード・プロ〉(Celas Trade Pro)が暗号資産の表舞台に現れたのは、〈マリン・チェーン〉が登記された翌月の二〇一八年五月だった。〈セラス〉のウェブサイトは落ち着いたブルーを基調としており、その色合いが通貨取引ソフトとしての信頼性をにじませていた。サイトに記された提案はシンプルだった。サイト内からソフトウェアをダウンロードすれば暗号資産の取引が始められ、ユーザーは価格上昇の勢いに乗って、幸運に恵まれれば億万長者になることもできると謳っていた。

実際、ダウンロードしたソフトウェアは、印象的なインターフェイスで開き、暗号資産を始めて日の浅い利用者でもビットコインをドルに交換できた。もちろん、そのためには自分のウォレットへのアクセスを許可しなければならない。そして、〈セラス〉の悪意にスイッチが入る場所がウォレットだった。このソフトにはもうひとつ隠された機能が仕込まれていた。被害者のビットコインのウォレットをこじ開け、中身を盗み出すことを目的にしたウイルスである[19]。

言うまでもなく〈セラス〉は、北朝鮮のハッカーがさらに大量の暗号資産を盗むために仕組んだ詐欺だった。ロシアのコンピューター・セキュリティ企業カスペルスキーは、被害者がそれとは知らないまま〈セラス〉のサイトからダウンロードしたウイルスを分析した結果、以前、ラザルスグループがプログラムしたマルウェアの一部が使われている事実を突き止めている。[20] このサイトには、マカフィーやエフセキュア、イーセットと並んで、カスペルスキーのロゴも誇らしげに掲げられていたことを踏まえると、いささか皮肉めいた話だった。ラザルスグループの活動を長年にわたって調査してきたセキュリティ企業のロゴが、詐欺サイトをより合法的に見せるため、承諾も得ないまま、知らないうちに使用されていたのだ。

計画を実行するためにラザルスグループは、正規のソフトウェアを勝手に複製し、もっともらしい取引プラットフォームを作成したうえで、その背後にウイルスをしのばせていた。それから暗号資産の取引所のスタッフにメールを送り、〈セラス〉という新サービスを宣伝して、ぜひ試してみるよう熱心に勧めていた。取引所のスタッフがウイルスをダウンロードすれば、ハッカーは取引所の内部にアクセスし、そこに置かれた暗号資産が盗めるようになる。

二〇一八年八月、カスペルスキーは〈セラス〉の不正を暴露した。しかし、ハッカーたちはそんな告発などまったく気にしていないようだった。彼らは〈セラス〉というブランドを変え、次から次に悪質な暗号資産のアプリケーションを開発した。

ＦＢＩによると、〈ワールドビット・ボット〉（WorldBit-Bot）という暗号資産取引アプリが登場したのは二〇一八年十月、それから二年間で〈アイクリプトＦｘ〉（iCryptoFx）、〈ユニオン・クリプト・トレーダー〉（Union Crypto Trader）、〈クーペイ・ウォレット〉（Kupay Wallet）、〈コインゴー・トレイド〉（CoinGo Trade）、〈ＪＭＴトレイダー〉（JMT Trader）、〈ドルシオ〉（Dorusio）、〈クリプトニューロ・トレイダー〉（CryptoNeuro Trader）、〈アントツーホエール〉（Ants2Whale）などのアプリが続々登場する（最後の〈アントツーホエール〉は文字通り「蟻から鯨へ」の意味で、小さな貧しい投資家から、大きくて資金力のある投資家になるという暗号資産のスラング）。

いずれもサイトこそ違っているが、同一の取引プラットフォームが提供されており、その内部にはセキュリティ研究者が《アップルジュース》（AppleJeus）と命名したマルウェアが仕込まれていた。暗号資産の窃取が目的と明らかになるたび、グループハッカーは、ひたすら次のアプリを送り出す一方だった。そして、そのアプリはたしかに結果を出していた。二〇二〇年八月、ニューヨークの金融サービス会社に勤務する誰かが〈クリプトニューロ・トレイダー〉をダウンロードしてしまう。ウイルスが作動、ラザルスグループは一一八〇万ドルを持ち去っている。[21]

本書の執筆時点で、北朝鮮のハッカーが行ったとされる直近のサイバー攻撃は、暗号資産の歴史において、規模の点で最大級であるばかりか、グループの犯行の手口がいかに急速に進化しているかを物語っている。

二〇二〇年九月、香港を拠点とする暗号資産取引所〈クーコイン〉（KuCoin）はハッキング被害を受けたことを公表した。セキュリティ研究者は不正流出した資産は二億七五〇〇万ドルと報告している。[22] 疑いの目はただちにラザルスグループに向けられたが、このときのハッキングは誰の手によるものなのか、特定はそれまで以上に困難を極めた。ハッカーは、過去の犯行から学び、いくつもの調整を犯行手口に加えていたからだ。

前述したように、暗号資産取引所は詐欺やマネーロンダリングに対処するため、ユーザーに対して写真つきＩＤの提出を求めるようになった。だが、〈クーコイン〉攻撃に際して、ハッカーはこのしばりを逃れるために「スワップ・サービス」を利用していた。通常、暗号資産取引所では、ユーザーは取引所のウォレットにビットコインを入金して、取引所はドル建てで支払いを行っている。顧客の資金を扱う以上、取引所には責任が生じるため、さらに厳格なマネーロンダリング規制を導入して義務を果たそうとしている。「スワップ・サービス」はこうしたサービスとは仕組みが異なる。ある暗号資産を売りたい人と、別の暗号資産を買いたい人を取引所が仲介、取引所は手数料をとって直接取引をしてもらう。この場合、取引所は暗号資産を所有しないので、マネーロンダリングのチェックは必要ないと考えている。

しかし、こうした取引にもかかわらず、捜査官たちは〈クーコイン〉の流出事件にラザルスグループの痕跡を認めることができた。スワップ・サービスを利用していたにもかかわらず、グループは以前と同じピール・チェーンを使って送金しており、場合によっては同一アカウントのビットコインのウォレットも使っていた。(23)

こうして、〈クーコイン〉のハッキングはラザルスグループが手がけた暗号資産の襲撃リストに加わった。リストに記された襲撃件数はその数を増やし続けている。二〇一七年以降、グループは数十もの標的を襲撃してきた。それまでの襲撃でグループは総額いくらを稼いできたのだろう? いくつかの理由からその算出は容易ではない。まず、これまで見てきたように暗号資産の価値は安定とはほど遠いからである(たとえば、前述したスロベニアの〈ナイスハッシュ〉から収奪された暗号資産は、流出した時点では七五〇〇万ドル相当、それから二週間後に一億三〇〇〇万ドル近くまで高騰したが、その一カ月後には二〇〇〇万ドル前後にまで下落していた)。

第二に、ハッカーが最大限の努力を傾注しているにもかかわらず、襲撃を受けた取引所が流出した暗号資産の一部を取り戻せる場合もある（たとえば、〈クーコイン〉の収奪では、資産を凍結することで二億四〇〇万ドルを取り戻したと取引所は主張する）[24]。第三に、ハッキングの真犯人の特定をめぐっては、当然ながらつねに疑問がともなう。二〇一八年一月、日本の〈コインチェック〉（Coincheck）から五億三〇〇〇万ドルの暗号資産が流出した事件は、史上最大級の暗号資産収奪事件のひとつとされるほどの規模だった。韓国の情報機関は北朝鮮による犯行としていたが、国連安全保障理事会はラザルスグループが関与した事件とは考えていないようである[25]。

それでも、北朝鮮の犯行とされるハッキングで流失した暗号資産の総額は尋常ではない。流出した時点の価値で合算すると、総額一三億ドルという目を剝くような金額に達する。この数字が正しければ、バングラデシュ銀行の襲撃事件でラザルスグループのメンバーが味わっていたかもしれない失望感は、充分に埋め合わせがついただろう。なんと言っても彼らは一〇億ドル以上もの金を手に入れているのだ。

だが、ここでもっとも重要なのはかならずしも総額ではない。暗号資産を狙った襲撃からわかるのは、北朝鮮のハッカーは新技術を圧倒的な速度で自分のものにしているだけでなく、それを巧みに活用しながら、暗号資産に関してはつねに最先端にとどまり続けている点だ。本章で触れてきた「ブロックチェーン」「ピール・チェーン」「スワップ・サービス」について、現時点で文字通り隅から隅まで理解している者は、ごくごくかぎられた少数者にすぎない。そのような人間の何割かが、北朝鮮のような国にいるという現実は、考えてみれば興味深くもあれば、同時にきわめて憂慮すべき事態でもある。

元北朝鮮分析官のプリシラ森内が言うように、「わが国のサイバー作戦を見ていると、北朝鮮が現代のインターネット技術をどのように活用しているかを何度も目にすることがあります。北朝鮮はまぎれもなくその最先端を行く国であり、適応力にも優れています。この国のテクノロジーや文化、社会について、私たちが評価する以上に彼らは理解しています」。

しかし、暗号資産の最先端を行くにもかかわらず、ラザルスグループはまだ従来の銀行収奪から手を引いたわけではなかった。よくできた強盗映画のように、もう一度大きな仕事を手がける余裕が彼らにはあった。そして、やはり映画と同じように、またしても計画通りにはいかず、今度は仲介者の存在も見すごされることもなかった。その結果、この国の国際的な犯罪ネットワークがどこまで広がっているのか、その実態が明るみに出ることになる。

第15章　さらなる強奪

金正恩とドナルド・トランプ

二〇一八年六月十二日火曜日、金正恩《キムジョンウン》はふたたび脚光を浴びるときを迎えていた。二カ月前の文在《ムンジェ》寅《イン》との国境をたがいにまたいだ南北首脳会談とは異なり、今回はレッドカーペットが敷かれ、多くの国旗が飾り付けられ、華やかな会場が用意されていた。会場の「カペラホテル」はシンガポール沖に浮かぶセントーサ島にある。金正恩は自身の外交能力をアップグレードさせていた。今回はアメリカ大統領と会うのだ。

このときの首脳会談では、てんでばらばらのカメラマンの集団が場所取りで邪魔しあうことはなかった。会談のあらゆる部分は細部にいたるまで演出されていた。会場の正面入り口、右側からドナルド・J・トランプが、「世界を舞台に何か重要なことをやっている」という顔で登場する。金正恩は左から、微笑みながら、しかし少し緊張した面持ちで現れる。握手を交わす二人。カメラマンのシャッターを切る音が不協和音のように響き渡り、金正恩はいささか驚いたようにも見える。「連中は絶対にやめない」とトランプがそう言っているのが聞こえる。有名人との面談には慣れているはずの人間にしては、そのもの言いは驚くほどふてくされているように聞こえた。(1)

前年の大半を侮蔑の応酬に費やした米朝両国の不和を考えると、この首脳会談が実現したのは思いもよらないことだった。二〇一七年の北朝鮮のミサイル発射実験後、トランプは、北朝鮮が今後もアメリカに脅威を与え続けるなら、「世界が見たこともないような炎と怒りに直面」するだろうと警告した。[2] 国連の演説で金正恩を「リトル・ロケットマン」と呼ぶと、金正恩はトランプを「老いぼれ《ドタード》」とののしり返した。[3] 北朝鮮情勢を監視する者は、こうした暴言を深く憂慮していたにちがいない。もっとも大きな危険をともなう駆け引きにおいて、いたずらに緊張をエスカレートさせてしまう。しかし、トランプの定見を欠いた外交政策がむしろ幸いして、シンガポールのまばゆい太陽のもと、両国の首脳は握手を交わし、歓談することができた。

二人の〝ブロマンス〟[＊訳註] はこうして始まり、会談から数カ月にわたって、トランプが言う「すばらしい手紙」と称するものを交換した。「私たちは恋に落ちたのだ」とまでトランプは話していた。[4] シンガポールの首脳会談から一年後、トランプは朝鮮半島の境界線の引かれた板門店にいた。文在寅と同じように、彼は境界線を示す高さ二インチ（五センチ）の境界線を越えて北朝鮮に足を踏み入れることになる。現職のアメリカ大統領としてはじめてまたいだ境界線だった。[5]

ただ、トランプのこうしたアプローチで、狡猾な金正恩から成果が得られるかどうかについては首をかしげる者も多かった（時間とともにこの疑いは正しかったことが明らかになる。北朝鮮政府から具体的な譲歩をほとんど引き出せなかったからだ）。とはいえ、少なくとも対話は行われた。カメラの前で繰り広げられる、北朝鮮を取り巻く外交的ムードが奏でる旋律は決して悪いものではなかった。

しかし、世間の注目と無縁の場所では、またもや話は違ってくる。北朝鮮のハッカーたちはすでに次のターゲットに狙いを定め、世界的な犯罪ネットワークをさらに発展させていた。そして今度は共犯者を探していくうちに、まさに容易には得られないような同盟関係を築いていくことになった。

第1章で見たように、二〇一八年六月の時点で、ラザルスグループはインドのコスモス協同組合銀行をすでにハッキングしていた。トランプと金正恩がシンガポールで会談の席に着いていたとき、ハッカーたちはATMの承認作業を動かすソフトウェアに侵入し、それを制御していた。さらに、顧客の口座情報も盗んだ。計画では次の段階として、白紙のカードに盗んだ個人情報をエンコードし、そのカードを共犯者に配って、世界中のATMから何百万ドルもの現金を引き出す手はずになっていた。しかし、それを実行するにはハッカーたちには協力者が必要だった。具体的には、偽造カードの作成に協力し、ATMを歩きまわって現金を引き出す者たちのネットワークにアクセスできる人物だ。FBIによると、ここでふたたび登場する人物こそトニー・ウォーカーことジュリアン・キムである。

ジュリアン・キムについては前章で触れた。船舶の所有権をデジタル証券化した海運投資会社〈マリン・チェーン〉を香港で設立した謎めいた人物である。会社は立ち上げたが、その後、仕事仲間を置き去りにしたまま失踪した。この人物の動きを捜査していたFBIは、ジュリアン・キムは本名を金日《キムイル》といい、彼もまたラザルスグループの一員だと考えるようになった。(6) 〈マリン・チェーン〉の一件からわかるように、金日は人脈作りに長《た》けており、コスモス協同組合銀行のハッキングではとくに役に立った。

金日は、カナダで「ビッグボス」という名前で知られる人物と連絡を取った。(7) ビッグボスはハッカーたちがまさに必要としていたサービスを提供していた。盗まれた顧客情報をもとに偽造カードを作

＊訳註：ブロマンスは「兄弟」（brother）と「ロマンス」（romance）の混成語。二人以上の男性同士の近しい関係を意味する。友情より濃密だが、性的な関係ではない。

成してくれたばかりか、さらに彼が「ランナー」と呼ぶカナダとアメリカに在住する二十人以上の運び屋——偽造カードを使い、ATMから現金を引き出す役——にもつなぎをつけることができた。[8] ビッグボスが、現に取引をしている金日についてどの程度知っていたのかは不明だ。やりとりは、すべてオンライン上で行われていた。

以前から金日が素性を偽っていた履歴を考えると、ビッグボスは自分の新しい依頼主がFBIから北朝鮮政府の工作員と疑われている事実を知らなかった可能性は高そうだ。金さえ払ってくれるなら、彼にとって相手は誰でもよかったのかもしれない。真相はどうであれ、ビッグボスは手を貸す気になり、こうしてコスモス協同組合銀行襲撃の段取りは整って、すべては八月のある週末に向けて調整された。当日、わずか数時間で一一〇〇万ドル以上の現金が奪われている。現金はいずれもATMから引き出されていたが、その大半はビッグボスがつないでくれたランナーによるものだった。[9]

被害総額は、暗号資産の流出で得ていた額よりはるかに見劣りはしていたものの、ハッカーたちはこの計画は成功だと考えていたのは明らかだ。それから数カ月しないうちに、同じ手口と同じ共犯者で、同様の犯行を繰り返す予定だった。次のターゲットはパキスタンのバンクイスラミである。このときもビッグボスがランナーに渡りをつけ、ATMから現金を引き出させ、六一〇万ドルの預金が奪われている。[10] 北朝鮮のハッカーは、ビッグボスのような国外の協力者を得て、デジタル犯罪の成果を現金に換える新たな手口を習得しようとしていた。一方、グループを追ってきた捜査当局も驚きの事実を用意していた。長年にわたってグループを追跡してきたFBIと司法省の担当者（や民間企業や国内外のほかの機関）の努力がようやく実を結ぼうとしていた。

二〇一八年九月九日、北朝鮮が建国七十周年を祝う準備をしていたちょうどそのころ、アメリカの司法省は金正恩をまちがいなく激怒させる、早めの誕生日プレゼントを披露した。

「最重要指名手配」

二〇一八年九月六日――ロサンゼルスのとある会議室のステージに、ビジネススーツに身を包んだ八名の男女が並んだ。先導していた女性は合衆国司法省次官補のトレイシー・ウィルキソンという。連邦地方裁判所検事補トニー・ルイスの同僚で、ルイスと同じようにウィルキソンもラザルスグループの事件を何年も追い続けてきた。いつの日か、世界に向けて一味の関係者――ネット上のペルソナではなく、実在する生身の人物として――が告発された事実を公表できることを願い、彼女も数多くの証拠を集めてきた。

そしてこの日、待ちに待ったその日をついに迎えた。ステージに立ったウィルキソンの左側に置かれたスクリーンに、ＦＢＩのサイバー犯罪部門の「最重要指名手配《モーストウォンテッド》」が映し出された。手配書の写真に映っていたのは、ソニー・ピクチャーズエンタテインメントへの攻撃、バングラデシュ銀行への襲撃、世界的なランサムウェア攻撃《ワナクライ》の背後にいるハッカーとしてアメリカが主張する人物、朴鎮赫《パクジンヒョク》の顔だった。

もちろん、ウィルキンソンやルイスをはじめ、ラザルスグループの捜査に携わる者にはすっかりおなじみの顔だった。グループ内の役割分担を解明するため、捜査チームは何カ月もの時間をかけ、朴鎮赫について詳細に調べ上げてきた。だが、その顔が一般に公開されるのはこれがはじめてだ。無表情で何を考えているのかわからない顔で、モニターの画面から朴鎮赫はこちらに目を凝らしている。そのかたわらに立つウィルキンソンは、朴に対する罪状を並べ立て、この男が関与したと捜査チームが主張するサイバー犯罪の概要について説明した[11]。

北朝鮮はこの告発を即座に否定した。アメリカで記者会見が行われた直後、朝鮮中央通信社（KCNA）は、「司法省が言い立てるサイバー攻撃という犯罪行為は、わが国人民とは無関係」という記事を掲載した。国営通信社の記事だけに、北朝鮮政府の意向がもっとも色濃く反映されている。記事によると、朴鎮赫は「存在しない人物」だという。「わが国は長年にわたり、あらゆる種類のサイバー攻撃に反対し、揺るぎないサイバー・セキュリティを確立することを政策としてきた」と述べ、アメリカの告発は北朝鮮を恫喝し、体面を汚そうとする試みであると断じた。「アメリカはサイバー犯罪とわが国とを強引に結びつけようとしている。狙いはわが国の高貴な対外イメージに傷をつけることであり、この問題を口実に『最大限の圧力』というアメリカの政策を正当化するのが目的である[12]」

ひとつだけはっきりしているのは、アメリカの申し立てが法廷で検証される見込みは皆無だという事実だった。朴鎮赫が逮捕される可能性はきわめて低い。すでに帰国して、アメリカの司法制度がおよばない北朝鮮にいるのはまずまちがいあるまい。それでもアメリカが朴を起訴したのは、おそらく北朝鮮に警告を与えるため、つまり、記事に書かれているようにこの国に「最大限の圧力」をかけるのが目的だったのだろう。そうだとすれば、アメリカの計略がどれほどうまくいったのかについては疑問が残る。なぜなら、捜査当局によれば、二〇一八年九月にアメリカが公表して以降も、北朝鮮のハッカーたちは圧力には決して屈しなかったからである。ハッキング三昧は変わらないどころか、グループは共犯者のネットワークをそれまで以上に拡大させ、世界中の新聞の見出しを飾っていた。

ラザルスグループの物語は奇妙な展開に満ちている。だが、もっとも常軌を逸した展開がこれから始まろうとしていた。謎に包まれた北朝鮮のハッカーの王国が、シャンパンであおられたインスタグラムのセレブのけばけばしい世界と重なり合おうとしていたのだ。それは、現代のサイバー犯罪の規模がどれほど世界的であるのかを示す際立った節目であると同時に、裏社会の新経済がどれほどまがまがしいものであるのかと、不安を覚えずにはいられなくなるものだった。

共犯者たちのネットワーク

二〇一九年一月、カナダのイカサマ師ビッグボスは、ラザルスグループの仲介担当役の金日から新たなメッセージを受け取った。別の銀行を襲撃する準備を進めており、またもや協力が必要だという話だった。今回は顧客情報を盗み、カードを偽造して現金を引き出す手口を使うつもりはグループにはなかった。バングラデシュ銀行襲撃で使った手口、つまり銀行からほかの口座に直接送金する作戦に戻ろうとしていた。

もちろん、マニラでの歯がゆい経験から彼らも明らかに学んでいた。「ジュピター」という支店名にニューヨークの連銀の保全システムが反応して、送金の大半が失敗した。次の襲撃では、そのような不手際を起こさずに送金できる人物を探していた。ビッグボスなら助けてもらえる人間を知っているのではないか? やはり知っていた。ビッグボスのアイフォーンの連絡帳に「ハッシュ」とだけ登録されている男だ。以前ハッシュと仕事をしたことがあり、資金洗浄に使える銀行口座にアクセスできるのをビッグボスは知っていた[13]。

はやる気持ちのまま、ビッグボスはアイフォーンからただちにメッセージをハッシュに送った。銀行襲撃が近いうちに決行され、ハッカーの計画では五〇〇〇万ユーロ前後の金を一括で送信する予定だと教えると、この種の金を受け入れてくれる口座を持つ者で、手を貸してくれそうな人間に心当たりはないかと尋ねた。ハッシュは時間を無駄にしない。その日のうちに返信があり、金を受け入れるために知人がルーマニアの銀行で開設した口座について詳細を伝えている。二日後、ビッグボスはふたたびハッシュにメッセージを送っている。ハッカーから連絡があり、襲撃が始まったら口座が凍結されるまで送金を続けるらしい。「銀行が気づかなければ、こちらはどんどん金を送り続ける」と伝えている。

ビッグボスは、ルーマニアの口座ひとつでは足りないのではないかと不安になり、さらに用意できないかと確認するため、次のようなメッセージを送っていた。「こうやって頼むのも今夜が最後だ。もうひとつ口座を追加するか、それとも前回の口座だけでしのぐか」。これに対してハッシュは、資金洗浄を滞りなく進めるために用意された別の口座――今度はブルガリアの口座の詳細について答えている。そのかたわら、ビックボスはほかの知り合いとも口座について話を進めていた。この時点でハッシュの口座を含む六つの口座を手配し、それぞれで最高五〇〇万ユーロを送金する手はずになっていた。それから、金日を経由して各口座の担当者に対して、口座の詳細とともに、万全の準備が整ったことを伝えている。ハッカーからは、「大当たりは二月十二日」と襲撃の日が伝えられ、ビッグボスはそれをハッシュに伝えた。(14) またしてもビッグボスの協力で、ハッカーたちは襲撃に必要な準備をすべて整えることができた。

二〇一九年二月十二日火曜日、ビッグボスの母国カナダから何千マイルも離れたマルタでは、まず数人の商店主がカード決済に使う端末機器の異変に気づいた。(15) 機械が点滅を繰り返している。端末機器はバレッタ銀行（BOV）から提供されたものだった。マルタでは最大の銀行のひとつで、地中海に浮かぶ小さな島国の経済の中心的な役割を担い、国内の取引の半分がこの銀行を通じて行われている。[16]「マルタではこの銀行が頼みの綱だ。ここと取引している顧客は多く、誰もがこの銀行の口座を持っている」とマルタ中小企業会議所会頭のアビゲイル・マモはのちに「BBCニュース」で語っている。[17]それだけに、この日、時間の経過とともに問題はますます拡大していった。さらに端末機器だけではなく、バレッタ銀行が発行した支払いカードでも問題が発生しはじめた。マモの話では、利用者が銀行に電話してもつながらなかったという。[18]

バレッタ銀行は襲撃を受けていた。ラザルスグループが新たな標的として選んだのがこの銀行だったのだ。二〇一八年十月——襲撃が始まる四カ月前——行員のもとにワードファイルが添付された、なにやら重要そうなメールが届いている。金融市場を監督するフランスの規制機関である金融市場庁（AMF）からのメールだと思われたのは、アドレスのドメインが〈amf-fr.org〉だったからである。しかし、金融市場庁の実際のメールアドレスのドメインは〈amf-france.org〉、この違いがわかるだろうか。だが、バレッタ銀行にはわからない者もいたようだ。添付されていたワード文書にはウイルスが仕込まれており、だまされた行員がファイルを開くと、行内のコンピューター・システムは攻撃にさらされることになる。使い古された手口だが、そのおかげでハッカーはシステムに侵入できた。銀行のIT担当者が状況を把握し、口座を凍結する前に、可能なかぎり多くの送金をしようとハッカーは躍起になっていた。[19]

その間、ビッグボスは用意した口座に金がなだれ込んでくるのを確認していた。ルーマニアの口座について、「送金終了（略）。ついにやった。こっちは間もなく五〇万ユーロに届きそうだ」とハッシュに状況を伝えている。

その日が終わりに向かっていくころ、ビッグボスはハッシュにふたたびメッセージを送り、銀行はまだハッカーのたくらみを把握していないこと、つまり、グループが送金をこのまま続行することを告げている。「まだアクセスできる。連中は気づいていない。日付が変わっても送金を続けるつもりだ」と書き送っている。

だが、それから間もなくやっかいなことが起こる。銀行がようやく問題の大きさに気づいたのだ。おそらく、マルタ島の全土で端末機の故障があいついで報告されたからだろう。そして、ハッカーの排除にもなんとか成功した。カードの不具合を報告する人が増えてきたことから、メディアも事態に気づいた。[20]「とうとうばれたか」というビッグボスの連絡に、ハッシュは「くそ」と応じている。

ハッカーたちは、バレッタ銀行から約一三〇〇万ユーロの資金を他行の口座に移そうとしていた。しかし、マルタ共和国首相の声明によると、銀行は一部の支払いを停止、また受取銀行に送金を拒否するように依頼することで、流失した資金はある程度回収していたという。[21]ビッグボスにすればなんとも期待はずれな結果に終わり、「やれやればれてしまったか。うまくいけば、けっこうな報酬を稼げたんだが」とハッシュにこぼしている。[22]

しかし、銀行側の必死の努力にもかかわらず、盗まれた金の一部はその手をすり抜けて送金された。流出した金のなかにはビッグボスがほかの伝手《つて》を使ってイギリスの銀行に開設していた口座に送られた八〇万ポンドも含まれていた。資金洗浄の手順を次のステップに進めるため、共犯者たちによってすでに準備が整えられていた。イギリスの警察の話では、彼らはさっそく実行に移したという。マルタのハッキングを追跡するイギリス当局によって口座が凍結される前に、彼らは盗んだ金を引き出し、ハロッズやセルフリッジなどの高級百貨店を訪れ、ロレックスの腕時計を買うなど豪遊していたと、組織犯罪を取り締まる国家犯罪対策庁（ＮＣＡ）は伝えている。大金を払ってジャガーやアウディなどの高級車も購入していた。[23] 彼らの買い物三昧にはある共通点があった。いずれも容易に転売できるハイバリューの商品で、まさに資金洗浄を手がける者が好むものばかりだった。

計画していた数百万ユーロに比べると、実際に引き出せた金額ははるかに少なかった。だが、それはビッグボスとハッシュのせいではない。二人は請け負った仕事は確実にやり遂げていた。おそらく二人とも、コスモス協同組合銀行とバレッタ銀行の襲撃計画に自分たちを引き入れたサイバー犯とは、今後もさらにうまい儲け話に協力できると期待していたはずである。

しかし、そんなふうには進まなかった。ビッグボスやハッシュも気づいてなかったが、捜査の網はすでに二人に迫っていた。

バレッタ銀行襲撃事件の数年前から、アメリカの警察はある事件について捜査を進めていた。襲撃事件とはまったく関係がない事件だったが、捜査を通じて得がたい幸運がもたらされる。その幸運がきっかけで、警察は犯罪ネットワークの痕跡を追うことになり、最終的にビッグボスの存在にまでたどり着いていた。それだけではない。なんと警察はハッシュまで追っていたのだ。銀行襲撃で流れ込んできた金を彼らが数えているあいだも、警察は二人に的を絞って追い詰めている最中だった。事の発端となったのは、フロリダに暮らすある銀行員が遭遇した、一見するとなんの脈絡もない旧友との出会いだった。

ビジネスメール詐欺

ジェナル・アジズは最近結婚したばかりだった。二〇一七年春、住んでいたフロリダ州オーランドの家に高校時代の古い友人であるケルビン・デサングルスから連絡があった。再会を果たした二人は、たがいのその後の人生について話した。デサングルスはビジネスマンとして成功した日々を送っていた。いまはジョージア州で投資会社を経営しているという。アジズには手堅い経営をしていると話していた。一方、アジズは、サンシティ銀行の支店長として働き、すでに数年が経過していた。

話を聞いたデサングルスは、「銀行の顧客情報を教えてほしい」とアジズに頼んだ。その情報をもとに、自分の会社を売り込みたいという。見返りとしてアジズには手数料を払おう。もちろん、こんな話に応じること自体が銀行の規則に抵触するばかりか、プライバシーに対する大きな侵害だ。それについては彼女自身がいちばんよく知っていたが、しかし、アジズはその話に応じてしまう（見返りの金銭は受け取っていない）。もちろん、怪しまなかったわけではない。「何もうしろ暗いことはないわよね？」とデサングルスにメールしたこともある。「おいおい、冗談もそこまでだ。僕は決してそんな真似はしないよ」[24]とメールを返し、人なつこいその返事に彼女も安堵したようである。

アジズは気づいていなかったが、実はケルビン・デサングルスの経歴は犯罪にまみれていた。詐欺罪で有罪判決を受け、二年以上刑務所にいたこともある。アジズを納得させて口座名義人の情報が入手できたら、それを使って詐欺を働こうとたくらんでいた。

不正に入手したデータを使い、デサングルスは銀行の顧客になりすまし、仲間と共謀して口座から預金を引き出していた。二〇一七年十二月、デサングルスの一味は大当たり《ジャックポット》を出した。フロリダに住む裕福な医者に関する個人情報を手に入れたのだ。ある計画が練られた。一味の一人がその医者になりすまする詳細を頭に叩き込み、被害者が口座を持っているダラスの銀行支店へと向かい、本人になりすまして二一万六〇〇〇ドルを引き出すのだ。ただ、デサングルスらにとってなんとも残念だったのは、彼らが選んだ医者役の男は、実は警察の情報提供者だった。警察のために盗聴器をつけることに応じていたので、警察は一味の通信の傍受を始めていた。

盗聴の結果、ある人物が裏で糸を引いている事実が明らかになる。銀行があるダラスまでの飛行機代と現地での宿泊代を払い、医者になりすます男に電話を繰り返し、準備はできているかと何度も確認していたのがこの人物だった。[25] 〝ミスター・ビッグ〟という謎の人物はほかのメンバーとは違い、アメリカではなくカナダにいた。そして、デサングルスの銀行詐欺に手を貸していたこの人物こそ、ビッグボスであることが判明する。警察はまだ気づいていなかったが、北朝鮮のハッカーがコスモス協同組合銀行とバレッタ銀行から数百万ドルを盗む計画を実行するうえで、それに手を貸すことになる男を偶然に発見していた。

FBIはビッグボスの動きについて捜査を開始、ビッグボスとハッシュが結託している事実を突き止めるまでに時間はかからなかった。汚い金を洗浄するため、ハッシュが銀行口座を手配していた。

驚くようなことではないが、ビッグボスとハッシュは、コスモス協同組合銀行とバレッタ銀行に続く次の襲撃計画を立てるのに夢中だった。このとき二人は、新しい犯行手口を徹底的に悪用しようとしていた。その手口は、彼らだけではなく、世界中のサイバー犯罪者に大きな見返りをもたらすことが明らかにされていた。ビジネスメール詐欺（BEC）と呼ばれる犯罪で、二人が行おうとしていた計画はそのケーススタディーとなるものだった。

二〇一九年十月、ニューヨーク州のある法律事務所が、クライアントの代理人として不動産取引を進めていた。取引が間もなく成立というころ、法律事務所はクライアントの銀行口座に一〇〇万ドル弱の支払いを振り込まなければならなくなった。支払い情報を確認するため、事務所のスタッフが銀行にメールを送った。このときから、すべてが誤った方向へと動き出していった。

事務所側は気づいていなかったが、ビッグボスとハッシュ、そして二人の協力者はその時点ですでに法律事務所の通信システムに侵入していた。具体的な侵入方法はいまだに不明だが、事務所の内外を行き来する連絡を彼らはつぶさに知ることができた。その結果、事務所のスタッフが銀行に大金を振り込むことを知る。彼らは銀行のメールアドレスに酷似したアドレスを作成、スタッフをだましてそのアドレスとやり取りさせるように仕向けた。振込先となる銀行口座の詳細をスタッフに送る。

もちろんそれは一味がコントロールする口座だ。事務所側は、その口座が正しいかどうか確認するため、渡されたファックス番号と電話番号をきちんと確かめた。言うまでもなく電話番号は一味が用意したものである。電話をかけたスタッフに応対したのは一味の仲間で、事務所に対して送金の許可を出した。詳細にまちがいはないと信用した事務所は、しかるべき手続きにしたがって送金したが、振り込んだ金はビッグボスとハッシュ、そして二人の協力者の口座に消えていった。一〇〇万ドルはその後、一味のあいだで山分けされた[26]。

この件が片づくまで、ビッグボスとハッシュはつねに連絡を取り合っていた。十月十七日、ハッシュは「どうだい調子は《サップ・ブロ》？　金は入ってきたのか？」とメッセージを送っている。ビッグボスは入金されたことを確認し、ハッシュに送金を示すスクリーンショットを送ると伝えている。しかし、ロサンゼルスからアトランタまで飛行機で移動し、いまは空港にいて電波状況がよくないので、画像が送れるまで待ってほしいと答えている。ハッシュは送金が確認できるスクリーンショットをはらはらしながら待った。だが、画像はついに送られてくることはなかった。ハッシュは知らなかったが、このとき彼の相棒はすでに逮捕されていた。捜査官はついにビッグボスの逮捕に踏み切ったのだ。彼らは空港で待ち構え、ビッグボスは共犯者と連絡を取る間もなく逮捕された[27]。

ハッシュとともに世界中で銀行詐欺に加担していた男は、ＦＢＩによってガレブ・アラウマリーだと正体が暴かれた。アラウマリーは二重あごに無精ひげを生やした三十代半ばのカナダ人で、オンタリオ州に住んでいた。ここを拠点にして前述した銀行詐欺やビジネスメール詐欺の中心的な役割を果たしていた[28]。

逮捕の結果、最後に残った大きな疑問はハッシュの正体だった。

アラウマリーの身柄を確保したＦＢＩは、彼が謎の共謀者と定期的に連絡を取る際に使っていたアイフォーンの分析を始めた。その結果、〈hushpuppi5〉のアカウントで写真共有アプリを使っていたユーザーへのリンクが見つかる。このユーザーの連絡先をアラウマリーは、「億万長者グッチ・マスター!!!」という名前で登録していた[29]。ＦＢＩはさらに、〈hushpupp〉名義のインスタグラムのアカウントへのリンクを発見する。そして、次に見たものに捜査官たちは腰を抜かしていたはずである。

ドバイのインフルエンサー

ハッシュことハッシュパピーはいわゆるインフルエンサーと呼ばれる人物で、彼のインスタグラムには二三〇万人のフォロワーがいた。投稿された写真には、背が高く、がっしりした体格のひげを生やした黒人男性が写っており、その生活はと言えば、荒唐無稽なリアリティー番組に出てくるような、およそとんでもないものだった。デザイナーズ・ブランドの服に身を包み、移動は運転手付きの高級車、時にはヘリコプターや自家用飛行機に乗り、エキゾチックな土地に旅する写真が何百点もアップされていた。有名なサッカー選手といっしょの写真、華やかなイベントに参加している写真、これらの画像がどれも本当なら、彼のインスタグラムは世界の高級ブランドの贅沢品で埋め尽くされていた。多くの写真で、片足を心もち横に向けて立っているのは、履いている靴を何百万人ものフォロワーに讃えてもらうためだった。

ＦＢＩの報告では、「二十枚以上の画像には車が映されており、本人はその前に、あるいはその上やそのなかに入って写っている。どれも高級車で、ベントレーやフェラーリ、メルセデス、ロールスロイスなどがあり、しかも複数のモデルがそろっていた[30]」という。

大富豪の生活ぶりがどんなものか、表向きにはそれをうかがわせる様子が披露されていた。だが、それらの生活を支える資金を具体的にどうやって得ているのか、その点について推察できる写真はあまり公表されてはいなかった。ただ、正直なところ、それを気にする人はほとんどいない。ソーシャルメディア・マーケティングの世界では、ハッシュパピーも「インスタセレブ」――富が名声を生み、名声がさらに富をもたらす、現代の永久機関を動かす鍵を理由もわからないまま手渡された、実力のないナルシストの一群――の一人にほかならないと見られていた。もちろん、その永久機関をどうやって始動させるかは重要な問題だ。昔から言うように、最初の一〇〇万ドルを稼ぐのは大変だからだ。だが、人生の物語の第一章に当たる部分について、ハッシュパピーは、彼をあがめるファンには聞かせていなかった。なぜなら、見た目の派手な消費三昧の生活とは裏腹に、真っ黒な闇に包まれた秘密の人生については、ハッシュパピーは長年にわたって隠してきたからである。

一九八二年十月十一日、ハッシュパピーはラモン・オロルンワ・アッバスとしてナイジェリアに生まれた。三十代のころには、すでにインターネット詐欺の仲間に関与するようになっていた。ナイジェリアでこうした詐欺師が「ヤフーボーイ」と呼ばれていたのは、ヤフーが提供する無料のメールアカウントが詐欺によく利用されていたからだ。[31] だが、アッバスは、ラゴス〔旧首都。一九九一年にアブジャに遷都〕のインターネットカフェにこもり、ネット上のカモを探し回るより、もっと大きなことをする運命にあった。二〇一四年ごろにマレーシアに渡り、ハッシュパピーに変身を遂げると、その後、あからさまな富の誇示を芸術の域にまで高めた国――ドバイへと向かった。暮らしていたのは「パラッツォ・ヴェルサーチェ・ドバイ」、金ピカの成金趣味にとりつかれた男にはこれ以上ない舞台だった。「あそこはヴェルサーチが調度品をデザインしたホテルだ」とアッバスの世界を垣間見ることができた記者が話していた。「ゴミ箱もヴェルサーチ、コップもヴェルサーチ、ソープディッシュもヴェルサーチ、スプーンやフォークもヴェルサーチ[32]」

インスタグラムでアッバスは、このような富の象徴を享受できることがいかに恵まれているかと話し、ほかの人たちも自分の後に続くことを望んでいると語った。だが同時に彼は、世界的な詐欺の帝国を動かすことで、もう一人の自分の贅沢なライフスタイルを支えていた。世間の目から遠く離れたところでは、アッバスは掛け値なしのペテン師で、先のバレッタ銀行の一件からもわかるように、同情など無用とばかりに最後の一ペニーまで被害者からだまし取り、その金で放蕩のかぎりをつくしていたのだ。

二〇一九年後半、アッバスはカタールにインターナショナルスクールを建設するための資金を調達していた男性と関係を深めていた。アッバスはこの男性をだまして、一二三万ドルをカナダの銀行口座に振り込ませている。奪った金の大半は二三万ドル相当のリシャール・ミル*訳註の腕時計に費やされ、残った金の一部で西インド諸島にあるセントクリストファー・ネイビスのパスポートを不正に得ている。保有していた複数のパスポートにもうひとつが加わる。そして、ふたたび被害者のもとに出向いてさらに三〇万ドルもの金をせしめた[33]。その強欲ぶりはとどまるところを知らなかった。何年にもわたり、アッバスと彼の一味がだましてきた人間は総数で二〇〇万人近くに達するという推定もあるほどだ[34]。アッバスとビッグボスことアラウマリーは、プレミアリーグの某サッカークラブから一億ポンドを詐取する計画を画策したこともあった[35]。

　これらは、ＦＢＩがアッバスとアラウマリーとの関係をさらに詳しく調べていくうちに明るみに出てきた話だ。アラウマリーとは違い、アッバスはアメリカに行くつもりはなかった。ＦＢＩがアッバスを逮捕するには、ドバイの捜査機関の協力がどうしても必要だった。

　二〇二〇年六月六日、「パラッツォ・ヴェルサーチェ・ドバイ」に、普段の客とはまったく場違いな一団が現れた。ヴァレンティノのフロックコート、アミナ・モアディのヒールのかわりに、彼らは真っ黒な目だし帽《バラクラバ》、ヘルメット、背中に「ＳＷＡＴ」と書かれた防弾ベストで装備している。彼らが踏み込んだ先こそ、アッバスが暮らすこのホテルのスイートルームだった。フォロワーにはおなじみの部屋で、アッバスが入念にチェックして撮影する動画の背景として映り込んでいた華やかなスイートルームだ。だが、その部屋にはいまはドバイの警察官がひしめき、結束バンドがついた手錠を容疑者にかけ、コンピューター機器を証拠品の収集袋に積み込んでいた。アッバスはと言えば、しわくちゃな白いＴシャツを着て、手錠をかけられて連行されるところを撮影されていた。「億万長者グッチ・マスター!!!」にとっては救いがたい痛手だった。

　さらに警察は二十一台のパソコン、四十七台のスマートフォンを押収すると、十三台の高級車を差し押さえた。その様子は残らずビデオに収められ、動画はのちにユーチューブで公開される。四分間の映像を見ていると、ドバイ警察は映像効果の予算をケチらなかったことがよくわかる。まるで『Ｃ

SI：ドバイ』と『ワイルド・スピード』を足して二で割ったような動画だ。アッバスの高級車コレクションを次々に追っていくカメラワークは、それだけでも充分に見る価値があるだろう(36)。

セレブとして知られていただけに、アッバス逮捕は世界中のニュースの見出しを飾ることになった（母国ナイジェリアなどでは、「他人の不幸は蜜の味《シャーデンフロイデ》」の思いもかなり混じっていたようだ）。彼の次の目的地はアメリカだった。二〇二〇年七月三日、司法省はアッバスがロサンゼルスに連行されて起訴されたと公表、「アッバスは犯罪行為によって豪勢なライフスタイルに必要な資金を調達してきた（略）。国際的な犯罪ネットワークの首謀者の一人で、そのネットワークはコンピューターへの不法侵入、継続的な利益を求める詐欺計画、資金洗浄などに便宜を図り、襲撃目標にされた被害者は世界各国におよんでいる(37)」と高らかに声明を発表している。

声明では北朝鮮の存在、さらに共犯者のガレブ・アラウマリーについてはいっさい言及されていなかった。逮捕から数カ月のあいだ、当局はそれ以上何も語ろうとはしなかった。

その裏で当局は、世界的な犯罪ネットワークを結びつけていると主張するリンクをつなぎ合わせていた。二年前の朴鎮赫《パクジンヒョク》の告発は、たった一人の男――とはいえ、三件もの大規模サイバー攻撃にかかわった罪で告発された男――を中心に行われていた。今回、司法省が試みていたのは、サイバー攻撃の点と点とを結びつけることだった。その点は北朝鮮を拠点に、地球上のほぼすべての大陸に広がり、

＊訳註：リシャール・ミルはスイスの高級腕時計ブランド。コンセプトは「腕時計のF1」。特殊な部品を多用しているためいずれも限定品で、製品の大半が一〇〇〇万円から一億円以上ときわめて高額であることでも知られる。

十年以上にわたって一三億ドル以上の利益を生み出してきたといわれている。[38]

二〇二一年二月十七日、司法省はこの事件を正式に発表した。

アラウマリーとアッバスに対する告訴の概要と、この二人とラザルスグループの関連性について言及されていた。さらに、ラザルスグループのハッカーに関する新情報を得たとも伝えた。すでに公開されていた朴鎮赫の手配写真に加え、鐘昌赫《ジョンチャンヒョク》（三十一歳）と金日《キムイル》（二十七歳）の写真が新たに公表されている（アメリカの捜査機関が二人の写真を入手した経緯は不明）[39]。鐘昌赫は毛皮が縫いつけられた、黒いオーバーコートを着込んで屋外に立っている。重々しいコートを着ているのは北朝鮮の厳しい冬の寒さをしのぐためなのだろう。金日については「トニー・ウォーカー」こと「ジュリアン・キム」の正体であると公表されていた。手配写真はきめの粗いパスポートの写真だった。

朴鎮赫も若々しいが、その朴鎮赫と比べても二人はさらに若く、痛々しいほどである。[*訳註] 金日の顔を見ていると、アジア各国の金融業者や技術者、海運の専門家を数カ月にわたって手玉に取り、〈マリン・チェーン〉という詐欺をしかけ、さらに世界中の銀行を標的に数百万ドル規模のサイバー攻撃を画策した黒幕がこの青年だとは信じられなくなる。自分が二十七歳だったとき、自分にはこれだけのことをやり遂げる胆力があっただろうかと私は自問していた。もちろん、専門技術は棚上げにしてもだ。だが、このような自問に意味などないことにすぐに気づいた。自分の恵まれた生活と、北朝鮮で育った人間の生活を同列に置き、それを比べようにも比べる方法はないだろう。

告訴が公表された時点で、アラウマリーはマネーロンダリングの罪をすでに認めていた。彼に対してはその後、懲役十一年八カ月の判決が言い渡されている。アッバスも有罪を認め、現在、判決を待っている。刑期は最長で二十年になりそうだ。アラウマリー逮捕のきっかけとなったケルビン・デサングルスには懲役四年九カ月、デサングルスに銀行の顧客情報を教えたジェナル・アジズには懲役六カ月の判決がそれぞれ言い渡されている[40]。

もちろん、有罪判決のリストには、鐘昌赫と金日の二人は入っていない。朴鎮赫やラザルスグループのハッカーと嫌疑をかけられているほかのメンバー同様、二人も北朝鮮に無事帰国し、他国の刑事司法制度の手が届かないところにいると考えられている。そして、この状況が変わることは今後もないだろう。

彼らにインタビューをして、彼らなりの言い分を聞いてみたいと切に願うが、そう願った瞬間、それはかなわない夢物語だと知る。したがって、いまのところ私の唯一の選択肢は、FBIのウェブサイトにある「最重要指名手配：サイバー犯罪」で彼らの顔を見るだけである。彼らの顔写真が、サイバー犯罪で指名手配中のほかの容疑者とともに並べられて公開されている。いずれも、法の手が届かない隠れ家から、サイバースペースを脅かしていると当局が認めた者ばかりだ。軍服を着たロシア人、Tシャツ姿のナイジェリア人、メガネをかけた中国人、無精ひげのイラン人の顔写真が整然と並んでいる。

琥珀のなかに封じ込められたまま、男たち（みんな男だ）が私をじっと見返している。彼らがどんな経歴を持ち、どのような人生を歩んできたのか、そして、どうして彼らの人生がFBIの監視下に置かれることになったのか私は知りたい。にもかかわらず、私が知りえるのは彼らの犯罪容疑でしか

＊訳註：三名の手配写真はFBIのウェブサイト「最重要指名手配」（Most Wanted）のなかの「最重要指名手配：サイバー犯罪」（Cyber's Most Wanted）で見ることができる〈https://www.fbi.gov/wanted/cyber〉。

ない。それは、名前と年齢、居住地などの最低限の経歴とともに、不毛な専門用語で羅列されているだけでしかない。

欠けているのはそれだけではない。被害者たちの物語もそうだ。台なしにされたキャリア、破壊されたビジネス、侵されたプライバシー、空っぽになった銀行口座——それらの物語もまたここでは目にすることはできない。

結び　軍事組織としてのハッカー集団

北朝鮮によるハッキングの容疑者たちは、刑に服することなくまんまと逃れる一方で、彼らの共犯者（あるいは、少なくともその一部）は法の網に捕らわれてきた。本書を通じて何度もこのパターンを見てきた。その結果、ＦＢＩや国連、そしてセキュリティ研究者の大半が、犯行はラザルスグループによる襲撃だと特定しながらも、彼らは依然として好きなように世界規模のハッキング攻撃を続けている。

グループの次の襲撃がいつどこで起こるのかは知りようがないにせよ、ここまで本書を読んで確実に予測できることがひとつある。それは彼らの技術に備わる「革新性」だ。わずか一〇年あまりで、ウェブサイトの改竄といった低レベルのハッキングから、破壊的なサイバー攻撃と最新の金融テクノロジーを悪用した一〇億ドル規模の窃盗までと、グループはハッキング技術を進化させてきた。彼らは学習能力が高く、つねに変化しつづけている。

コロナウイルスの大流行の結果、北朝鮮が国境を完全に閉ざしたことで、グループの技術が政権にとってきわめて有用になると推測する意見がある。コロナ対策にともなう制約のため、国外と結ぶ物理的な供給ルートが絶たれ、密輸業者や制裁回避者のネットワークが阻害されるなか、北朝鮮のハイテク犯罪はこの国の政権が財源を確保するうえで理想的な方法だと考えられている。平時よりさらに孤立した北朝鮮では、第15章で紹介した暗号資産を狙った犯罪は容易に国境を越えられ、しかもシームレスな実行が可能なので、政権を支える生命線となるのはまちがいないだろう。

実際にその通りだったのかは、いまのところはっきりしていない。私たちが知るかぎり、暗号資産を狙った犯罪の大半は二〇一八年と二〇一九年前半に発生し、コロナウイルスの感染症が常態化した二〇二〇年になるとしだいに減少していった。これにはもっともな理由がいくつかある。つまり、北朝鮮政府にとって、暗号資産を盗むこと自体が目的ではなかったということだ。盗んだ暗号資産も使えなければ意味はない。たとえば、北朝鮮では手に入らない製品を購入しても、そのような製品もまた国境を越えて実際に移動させなければならない。そのためには、ロックダウンで妨げられている実際的な活動と物理的なインフラがやはりどうしても必要なのだ。

ところで、セキュリティ研究者によると、感染症のパンデミックは北朝鮮のハッカーを別の方向へ向かわせたという。韓国の国家情報院の話では、ハッカーはワクチンを研究・製造している企業への侵入を試み、そのなかにはファイザーも含まれていた（同社はこの報道についてコメントを拒否している）[1]。ただし、コロナウイルスに関するリソースを狙って非難されたのは、北朝鮮だけではない点は注目に値するだろう。ウイルスが世界に蔓延していくにしたがい、各国の政府系ハッキングチームの活動が加熱したと研究者は指摘している。パンデミックに対する敵対国の医療や政治的な対応を探ろうとしただけではなく、コロナウイルスを強力なエサとして新たに利用し、標的をだましては怪しげな添付ファイルを開かせたり、ウイルス関連のリンクをクリックさせたりして、ハッカーがつねに求めている機密情報へのアクセスを可能にしていた。

もっとも、噂されているように、北朝鮮が本当にワクチンの製造企業をハッキングしていたとしても、それがどの程度役に立ったのかは不明だ。この国の日常生活を取り巻く風土病的な秘密主義を踏まえると、コロナウイルスによる被害状況を知ることはまず無理な相談だ。しかし、パンデミックのあいだも、北朝鮮の指導者たちはミサイルの実験プログラムを維持するだけでなく、さらに進めていたのだから驚くよりほかはない。この原稿を書いている時点で、核弾頭が搭載できると懸念される長距離巡航ミサイルを北朝鮮は発射したばかりだ。アメリカが推定するラザルスグループが稼ぎ出した約一三億ドルという数字が正しければ、その一部が世界の平和を脅かすミサイル開発や兵器の購入に充てられている公算はきわめて高い。パンデミックの最中でも、北朝鮮は戦争中であり、ハッカーは軍事組織の一部なのである。

こうした状況のもと、ラザルスグループの若手工作員が有能なだけに、起こりうる将来について懸念する者もいる。「平時には彼らもその能力を生かして生活をしている」と、北朝鮮の元公使で韓国に亡命した太永浩《テヨンホ》は言う。「だが、ひとたび戦時になれば、彼らはその潜在能力を韓国へのサイバー攻撃としてためらわずに使うだろう」。第4章ではそうした戦術の予兆となる事件を見てきた。韓国の軍事ネットワークから、北朝鮮のウイルスが発見されたと研究者も指摘している。仕込まれていたウイルスは爆発こそしなかったが、今後の衝突ではサイバー戦士のツールが流れを左右する決定的な武器になる可能性がある。

このようなハッカーを阻止するのは、かなり無理な相談のように思える。アメリカが表明した方針や司法省が行った記者会見、さらに刑事告発や容疑者の手配写真を公開したにもかかわらず、アメリカが法廷で事件を立証し、朴鎮赫《パクジンヒョク》、金日《キムイル》、鐘昌赫《ジョンチャンヒョク》の三名と彼らの共犯者を投獄できる見込みなどないのは明らかだ。それなのに、なぜわざわざアメリカはこのような措置を講じているのか？　そこまで世間を騒がせることに意味があるのか？

理由はいくつかある。第一に、こうした申し立ては外交ゲームの武器になるのだ。外交交渉の場で、アメリカはサイバー犯罪の容疑を持ち出すことで北朝鮮に回答を要求でき、その答えに満足できなければ、誠実に対応していないと主張できる。国際的な訴求力の点からも、アメリカはこの疑惑を利用することで、世界を舞台にしたサイバースペースの悪党として北朝鮮を描ける。本書で紹介したサイバー攻撃の被害を受けた国について振り返ってほしい。バングラデシュやパキスタン、スリランカ、フィリピン、スロベニアをはじめとする国々だ。アメリカは北朝鮮のサイバー攻撃の被害国をまとめることで、平壌に圧力をかける強力な連合を生み出せる。

以上の話はともかくとして、アメリカがこのような告発を行ったのには、ありきたりではあるが別の理由もある。ハッカーたちが使っているインフラを焼き払うためである。司法省は記者会見を開いて朴鎮赫の手配写真を公開するとともに、朴に関する一七九ページにもおよぶ告訴状を発表している。朴が使っていたとされるメール、フェイスブック、ツイッターのアカウント、コードを書いたとされるウイルス、被害者のデジタルネットワークに侵入するために使ったとＦＢＩが主張する手口などが詳細に記されている。

金日と鐘昌赫への告訴状はさらに具体的だ。暗号資産の取引所への襲撃に使われたとアメリカが主張する、数百もの数のビットコインのウォレットまでリストアップされていた。ＦＢＩの主張が正しければ、公表することで、これらのインフラはいずれもグループにとってもはや無縁のものになる。Ｇメールやソーシャルメディアのアカウントは閉鎖され、新しいアカウントを設定しても、企業はグループのウイルスや手口に目を光らせ、彼らの攻撃からこれまで以上に効果的に身を守れるだろう。サイバー犯罪に関して、これが現代の法執行機関の実情なのだ。多くの場合、逮捕することはできない。たとえ容疑者が特定できても、法的手続きがおよばない国に居住している場合がほとんどなので、実際の法手続きに移すことができない（したがって、ハッカーが居住地を選択する場合は、この点は充分に踏まえたほうがいいということになるだろう）。しかたがないので警察や検察は、彼らのサーバーをダウンさせたり、あるいはウイルスを無効化したり、メールアカウントを凍結したりすることで、ハッカーのインフラを徐々に侵食していく消耗戦を戦わなければならないのだ。

　戦っている敵が従来の手段では倒せない以上、警察や検察はこうやって対抗するしか方法がない。ハッカーの脅威とは、まさにゲリラが突きつける脅威なのである。武装はラップトップとネット接続だけにもかかわらず、「小さな戦争《ゲリラ》」という語源通り、戦闘員はサイバーツールという武器庫の兵器を使って標的を混乱におとしいれ、ハリウッドの映画スタジオ、国立銀行、あるいは病院の緊急治療室など、名だたる敵を倒すことができる。戦闘が終われば、彼らはふたたび鬱蒼としたデジタルの森の下生えのなかに姿を消していく。自分たちを発見するために警察や検察がいかに苦戦しているのかよく知っており、まして法廷に引き出すなど金輪際できないと確信している。

　デジタルデータやコンピューター、ネットへの依存が高まれば高まるほど、私たちはますます脆弱になっていく。その一方で、ハッカーたちは巧妙な手段をさらに容易に見つけ出せるようになっている。このような事態は世界の安全保障への脅威となりつつある。結局、安全保障そのものは、世界でもっとも好戦的で、敵対的な政権の関心からは逃れられない。ラザルスグループのハッカーは、敵地に足を踏み入れることなく、先進国のインフラの主要部分をデジタルという手段で破壊できた。資金量が豊富な国立銀行や急成長の暗号資産取引所ほどおいしく、しかも脆弱なターゲットはないという事実も、サイバー犯罪にかかわる組織の関心から逃れることはできないだろう。現代を象徴するこの脅威の完璧をつくした例証こそ北朝鮮にほかならない。そして、北朝鮮がそうなったのは、長年にわたる孤立と他国への敵意の遺産がもたらした、悲惨を極めた財政状況が理由だった。だが、ハッカーの戦術を世界に解き放てる能力を持つのは北朝鮮だけではない。

その結果、法執行機関も変わりつつある。ハッカーが従来にはなかった核心的な手口で犯行を手がけるのとまさに同じように、警察や情報機関もネット犯罪に対抗するには、これまでとは違った発想をしなければならないケースが少なくない。

それは必然的に民間企業の力を取り込むことを意味する。ハッカーが悪用するサーバー、メールアカウント、ソーシャルネットワークはすべて民間企業が所有している。したがって、ハッカーに対抗するには、民間企業も警察に協力しなければならないだろう。怪しげな電子メールをブロックするフィルター、ハッカーの動きを検出するソフトウェアなど、世界有数の頭脳集団のなかでも、とくに優秀な者たちが私たちの安全を守るツールを作っている。また、"アームチェア・サイバーアナリスト"とでも呼ぶコミュニティも広がりつつある。レディットに、〈マリン・チェーン〉の怪しげなたくみについて書き込んでいた〈Arsenalfan5000〉というハンドルネームを持つユーザーのような大物たちである。

だが、それにもかかわらずサイバー犯罪はあとを絶たない。それはなぜか？　ハッカーであることの優位性は、新しいインターネット接続、新しい電子メールアドレス、新しいソーシャルメディアのアカウントに変わるたびに、ターゲットへの新たな侵入経路ができる点にある。結局、政府も警察も企業もハッカーの試みをことごとく発見し、しらみつぶしに阻止するのは不可能なのだ。最後の砦となるのは、メールアドレスやソーシャルメディアのアカウントを利用する者たち、つまり私たち自身にほかならない。

ソニー・ピクチャーズエンタテインメント、バングラデシュ銀行、スロベニアの〈ナイスハッシュ〉など、本書で取り上げてきた数々のハッキングについて思い返してほしい。ハッカーが乗り越えなければならない最初のハードルは、送りつけた怪しげなメールを気づかれないまま社内の人間に開けさせ、内部のシステムに侵入することだった。これがデジタルライフの寒々とした現実なのだ。

グローバルなコミュニケーションを可能にする力、愛する人と生活を共有できる力、銀行口座や写真、個人情報へのアクセスを昼夜問わずに可能にする力など、多くの人が超接続社会で享受している力は、それに見合う責任がともなう。本書でこれまで見てきたように、オンラインの世界では私たち全員が標的とされ、攻撃されるかもしれない以上、私たちが学ばなければならないのは、彼らから自分の身を守る方法なのだ。

悲観する必要はない。本書を読まれたことで、サイバー犯罪者が使っている手口についてはすでに充分に理解されたことだと思う。しかも、彼らが知られては困る以上の多くのことについて学びえたと思う。

より多くの知識を得ることこそ、それまで以上に安全な生活を送る手段にほかならない。

謝辞

本書では「謝辞」がいちばんとりとめないかもしれない。理由はいくつかある。第一に、人の名前を覚えるのを私が非常に苦手としていること、第二に、北朝鮮のハッカーを取材するにはセキュリティ上のリスクを冒すことが避けられないため、謝意を表するべき人物の名前をもれなくあげるのは安全でないと考えたからである。以上のような理由から謝辞にご自分の名前が記載されていなければ、次にお会いするとき、私のじきじきの謝罪とともに、一杯おごらせてもらえれば幸いだ。

この本は、BBCワールドサービスのポッドキャスト「ラザルス・ハイスト」がきっかけで生まれた。番組に命を吹き込んで磨き上げ、リスナーに届けるために協力してくれた方々すべてに心からの感謝を捧げたい。とくにプロデューサーのエステル・ドイルには感謝してもしきれない。ドイルは並の人間よりも一日に六〜七時間は多くの仕事をこなせるという不思議だが、得がたい才能の持ち主でもある。さらに編集作業、委託業務、マーケティングやデジタル作業、営業の各チームと台本監修を担当していただいた方々にもお礼を申し上げる。そしてなにより、多くのリスナーに感謝したい。

BBCはこの番組にとってなくてはならない人物を私に紹介してくれた（この人物がいなければ本書も日の目を見ることはなかった）。私の共同司会者であるジャン・H・リーはAP通信社で何年も働き、アメリカの通信社としては唯一の支局を北朝鮮に開設した。ジャンとのやりとりは毎回秘密めいたこの国に関して、驚くような洞察を授けてくれた。その専門性と知識はほかのジャーナリストの追随を許さないと私は考えている。感謝するのは洞察力だけではない。実現不能と思われたインタビューができたのも、彼女の人脈のおかげだった。そうしたインタビューのいくつかについては、本書でもすでに目にされているはずだ。

ポッドキャストの書籍化が決まってからは、版元のペンギン・ビジネスのリディア・ヤディとセリア・ブズクのお世話になった。厳しい締め切りにもかかわらず、冷静に進行を舵取りしていただいた。お二人にはあらためてお礼を申し上げる。

また、貴重なお時間を割いていただき、「ラザルス・ハイスト」でご自身の体験や専門知識をお話しいただいたすべての方たちに感謝を捧げたい。とくに本書で引用されている方々にお礼を申し上げる。デイビッド・アッシャー、ボブ・ハマー、プリシラ森内、セリーナ・シャバネット、ダン・スターリング、ブルース・ベネット、タチアナ・シーゲル、ベン・ウェイスブレン、エイミー・ヘラー、トニー・ルイス、ラケッシュ・アスタナ、キャロリン・マロニー米下院議員、エリック・チェン、金《キム》京鎮《キョンジン》、フェルディナンド・トパシオ、ロドルフォ・キンボ、モヤラ・ルーセン、ムハンマド・コーエン、アジマルール・ホセン、アラン・カッツ、パトリック・ウォード、トニー・ブリートマン、マーカス・ハッチンス、マイク・ヒューレット、マルコ・ガシュパリクの各氏である。

わざわざ時間をかけて自身の信じがたい体験を話してくれた朴志賢《パクジヒョン》をはじめ、「ダークソウル」の経験を語ってくれたソン・テクワン、ジャン・H・リーに平壌への旅について語ってくれたグーグルのジャレッド・コーエン、やはりジャレッド・コーエンのインタビューに応じて北朝鮮の政権上層部からの洞察について語ってくれた太永浩《テヨンホ》や、自身の脱出とそれに先立つ経験について話してくれた李賢勝《リヒョンスン》にも感謝の意を表したい。

最後になるが、技術者と専門家の方たちにもお礼を申し上げる。ニーマル・ジョン、マーティン・ウィリアムズ、セキュアワークス社のドン・スミスとレイフ・ピリング、ＢＡＥシステムズのエイドリアン・ニッシュとサハル・ノーマン、そしてライアン・シェルストビトフなどの各氏である。

訳者あとがき

本書『ラザルス——世界最強の北朝鮮ハッカー・グループ』は、イギリスのテクノロジージャーナリストで、調査報道を手がけるジェフ・ホワイトの *The Lazarus Heist: From Hollywood to High Finance: Inside North Korea's Global Cyber War* を全訳したものである。原題を直訳すれば「ラザルスの襲撃——ハリウッドから巨額の金融取引まで：北朝鮮による世界的サイバー戦争の内幕」となる。原書は二〇二二年六月にイギリスのペンギン・ビジネスから刊行された。

本書でも触れているように、原題の「The Lazarus Heist」は、イギリス放送協会（ＢＢＣ）系列のＢＢＣワールドサービスが配信したポッドキャストシリーズ「ザ・ラザルス・ハイスト」に基づいている。シリーズは二〇二一年四月から同年六月にかけて配信され、北朝鮮のハッカー集団〈ラザルスグループ〉をめぐる計十のエピソードが語られている。番組は大きな反響を呼び、イギリスのアップルポッドキャストのランキングで一位、アメリカでも上位にランクインし、現在ではユーチューブでも視聴できる。

本書に先立って著者のホワイトは二〇二〇年、『クライム・ドットコム——ウイルスから不正投票まで：ハッキングはいかにして世界中に広まったか』（未邦訳）という本を刊行している。過去二十年にさかのぼるハッキングの歴史とともに、サイバー犯罪というつかみどころのない世界を包括的に説き明かした一冊だ。同書のなかでホワイトは北朝鮮のハッカー集団について具体的に触れ、サイバーセキュリティの研究者のあいだでこの国のハッカーの能力がいかに高く評価され、レジェンドとして語り草になっているかを紹介した。この話がBBCワールドレポートの目にとまり、ポッドキャスト「ザ・ラザルス・ハイスト」の企画化が始まった。

こうした経緯から、本書のカバーや帯にも「BBCNEWS」のロゴが記されている。そして、一回約三十分の十のエピソードだけでは語りつくせなかった調査報道のディテールをもとに、大幅に加筆してあらたに書き上げられたのが本書『ラザルス――世界最強の北朝鮮ハッカー・グループ』にほかならない。

政府機関や軍に属するハッカー組織が存在するのは何も北朝鮮にかぎった話ではない。世界の多くの国でハッカー集団が組織され、他国政府の情報収集やスパイ活動（場合によってはサイバー攻撃）を行っている。だが、北朝鮮の異様さが際立つのは、宿敵である韓国政府や軍へのサイバー攻撃はともかくとして、世界中の暗号資産の収奪をもっぱら標的にしている点だ。なぜ北朝鮮のハッカーは暗号資産を窃取しなければならないのか？　そして、どのような手口で、どのような襲撃をこれまで繰り返してきたのか？　本書ではこの国の特殊な建国事情と権力継承を踏まえながら、グループがかかわっていると推定される襲撃とその経緯について説明されている。

もっとも事件が事件だけに全容解明には限界があり、真相が残らず明らかにされるのはおそらく今後も期待はできないだろう。だが、ホワイトは関係者へのインタビューと取材を可能なかぎり繰り返し、事件の真相に肉迫しようと努めている。次々と語られる証言から、事件の臨場感が生々しく伝わってくる。また、本書を一読しておわかりのように、日本は暗号資産の単なる標的国ではなく、北朝鮮政府が関連するとされる一連の事件において、想像する以上に関与していた事実に驚かれたのではないだろうか。

＊

ラザルスグループが日本で一躍知られるようになったのは、二〇一六年のソニー・ピクチャーズエンタテインメントへのハッキングだった。日本企業の系列子会社への襲撃であり、国家主席の暗殺をテーマにしたコメディ映画を製作したことへの報復という、なんとも理解しがたい襲撃理由が多くの人の記憶に焼きついた。もちろん、この事件については本書にも詳しい。攻撃の具体的な経緯と手口、映画というメディアに対する北朝鮮ならではの特殊な文化的背景にも言及されている。翌年、盗み出された同社の内部資料がウィキリークスで公開され、流失した個人情報が多くの関係者のその後の人生に影を落とすことになった。企業へのハッキングとはいえ、個人情報の流出がどのような被害をもたらすのかをまざまざと思いしらせる事件だった。

そして二〇二二年、日本人はラザルスグループの脅威をあらためて知ることになる。グループの関与が推定される事件はそれまでにメディアでも報じられてきたが、この年の後半、政府がラザルスグループと北朝鮮の関係、そしてその脅威について警告を発したのだ。まず、二〇二二年十月、金融庁と警察庁、内閣サイバーセキュリティセンター（NSC）が連名で、「北朝鮮当局の下部組織とされるラザルスと呼称されるサイバー攻撃グループによる暗号資産関連事業者等を標的としたサイバー攻撃について」注意喚起をうながすと、翌月には国家公安委員長が記者会見で、「ラザルスと呼称されるサイバー攻撃グループが、日本の暗号資産関連事業者等を標的としたサイバー攻撃を行ったと判断するにいたった」と会見で明言した。
この発言が異例だと多くのメディアが書き立てたのは、相手国を名指しで非難する「パブリック・アトリビューション」だったからである。ここでいう「アトリビューション」はサイバーセキュリティ用語で、「攻撃者および攻撃源の特定」を意味する。サイバー攻撃は激化する一方だが、攻撃者の特定や摘発は容易ではない。だが、摘発できなくても「誰がやった」のか、さらにその手口を公表すれば攻撃の抑止につながるので、政府や公的機関にとっては重い意味がある。

海外では積極的に取り入れられている手法で、本書でもアメリカ政府の対応にその姿勢がはっきりとうかがえる。これまで日本政府はこうした断言を避ける傾向にあったが、このときの公安委員長の発言は、二〇二一年四月に日本が中国のサイバー部隊に対して単独で行ったパブリック・アトリビューションに次ぐ二度目の非難声明だったのである（同志国が連携して行うアトリビューション連合という形態もある。本書の第13章の《ワナクライ》の事案では、英米など六カ国に連帯して日本政府も非難声明を発表している）。

翌十二月、政府はさらに追加の制裁措置として、資産凍結の対象にラザルスグループを含む三団体とベトナムで北朝鮮の核・ミサイル開発にかかわっている一名を加えることを閣議で了解している。この決定を受け、後日開かれた定例記者会見で、記者から「ラザルスの活動が北朝鮮の核・ミサイル開発の資金源になっていると判断しているのか」という質問が出たが、官房長官は「事柄の性質上、回答を差し控える」と明言を避けた。おそらく、拉致や核開発、ミサイル発射などの問題に配慮したうえでの発言なのだろうが、ラザルスグループについて、アメリカ政府は大量破壊兵器の開発の資金源にするためにサイバー攻撃を行ったとしてすでに制裁を実施している。

専門家の試算によれば、北朝鮮が発射するミサイルは短距離弾道弾で一発四〜七億円、アメリカを射程に収める大陸間の長距離弾道弾では一発三〇〜四〇億円の材料費がかかっている。これらの材料費にさらに発射にともなう費用が加わる。世界中から制裁を受けて苦しい経済状況に置かれているうえに、コロナという二重苦に見舞われている現在、この国がどこからその費用を捻出しているのかは当然誰もが抱く疑問だ。しかも、暗号資産が出現する以前から、北朝鮮は偽の一〇〇ドル札「スーパーノート」を流通させ、さらに覚醒剤を製造して非合法的に外貨を手に入れてきた。通常の経済活動で外貨を獲得できる能力がなければ、暗号資産を盗み出すことで財政や軍事を支えていると考えるのはきわめて筋が通っている。

北朝鮮がかかわっているとされる暗号資産の流出はいずれも規模が大きい。この傾向は彼らが暗号資産をターゲットにする以前、たとえばバングラデシュ銀行の襲撃では当初一〇億ドルを標的にしていた点にもうかがえるだろう。当然、襲撃が成功すれば被害額は数億、数十億ドル規模になるのは避けられない。暗号資産は匿名性が高いうえに追跡が難しく、国境を越えてやすやすと移動させることができる。そもそもハッカーに国境はなく、国境の存在さえ認めていないので彼らには打ってつけだ。そのうえ資金洗浄も格段に容易である。カジノに入り浸って何日もバカラに没頭する必要もない。一日二十四時間三六五日取引が可能で、海外への送金と決済も手軽、しかも金融機関を介さないというのが暗号資産のメリットだが、ハッカーたちもそのメリットを謳歌しているのである。

もっとも、彼らが暗号資産に目をつけたのは、暗号資産取引所が金融会社としてはまだ成熟しておらず、つけいる隙があると見なしているからかもしれない。二〇二二年十一月、〈バイナンス〉に次ぐ世界第二位の暗号資産取引所〈FTX〉が経営破綻した。資金繰りの悪化と〈バイナンス〉による買収方針の撤回、それにともなう取りつけ騒ぎが破産理由だと当初は報じられていた。だが、それから一カ月後、〈FTX〉の共同設立者でCEOのサム・バンクマン・フリードが逮捕、詐欺や不正流用などの八つの容疑が逮捕にいたった理由だった（その後保釈）。

業界二位の大手取引所であるにもかかわらず、投資家を保護しようとはせず、資金調達も不明なまま乱脈でずさんな経営が行われていたのだ。アメリカ証券取引委員会（SEC）も「暗号資産プラットフォームは法律を遵守する必要性」があるとフリードを提訴している。最大手の〈バイナンス〉もまた、本社がどこにあるのかわからない謎の多い会社だ。

*

第三次人工知能ブームは二〇〇〇年代に始まった。一過性に終わった第一次と第二次のブームとは違い、第三次ブームではAIが社会のインフラに組み込まれ、社会そのもののありようが変わっていくと考えられている。それを可能するのが第三次ブームのAIの進歩であり、AIの機械学習とその中核技術のディープラーニング（深層学習）である。つまり、人工知能が独自に学習を始めたのだ。

二〇二〇年四月、ロンドン大学ユニバーシティカレッジの研究者チームは、今後十五年間に起るだろうAIを使った犯罪を予測し、その深刻度に応じて三段階にランク付けした。基準は「損害の規模」「利益の規模」「実行の容易さ」「防止や検出の難しさ」の四点で、二十の犯罪がランク付けされた。「無人運転の車両の武器使用」「軍事ロボットの悪用」のような荒事もランクインしていたが、もっとも深刻なのが「ディープフェイク」、つまり偽動画だった。さらに「より洗練されたフィッシング詐欺」「AI制御の基幹システムの破壊」が危険度上位にあげられ、「機械学習によるサイバー攻撃」「顔認識欺瞞」などが危険度中位に格付けされていた。

ＡＩはさておいて、なりすましやフィッシング・メールはラザルスグループが襲撃の手口としてこれまで使ってきたものばかりだ。リリース当初こそ高額なＡＩツールだが、日を置かず安価でさらに容易に扱え、しかも洗練されたものが利用できるようになる。デジタルテクノロジーそのものがデフレ化している時代だからこそ、彼らの脅威はますます高まっていくだろう。また、次世代の分散型インターネット、いわゆるＷｅｂ３・０の時代が本格化すれば、プラットフォーマーが不在になり、彼らを追い詰めようにも、ネットの管理者に情報開示を求める従来のような捜査はできなくなるだろう。分散型取引のためセキュリティは向上すると考えられているが、技術の問題は技術によってこれまで乗り越えられてきた。分散型取引の暗号資産をすでに収奪している彼らのことだ。ネットワーク越しに侵入してくるのは容易に想像がつくだろう。

実は、彼らがつけ込んでいるのはネットワークのハードやソフトではなく、人間の心理なのである。金融庁が連名で出していた先の注意喚起には次のように書かれている。「このサイバー攻撃グループは、①標的企業の幹部を装ったフィッシング・メールを従業員に送る、②虚偽のアカウントを用いたＳＮＳを通じて、取引を装って標的企業の従業員に接近する――などにより、マルウェアをダウンロードさせ、そのマルウェアを足がかりにして被害者のネットワークへアクセスする、いわゆるソーシャルエンジニアリングを手口として使うことが確認されています」

「ソーシャルエンジニアリング」について総務省は、「ネットワークに侵入するために必要となるパスワードなどの重要な情報を、情報通信技術を使用せずに盗み出す方法です。その多くは人間の心理的な隙や行動のミスにつけ込むもの」と定義している。

＊

本書の第1章にあるように、ラザルスグループには〈スターダスト・チョンリマ〉〈ジンク〉〈ヒドゥン・コブラ〉〈ニッケル・アカデミー〉など謎めいた名称がいくつもあり、これら以外にも同グループと思われる別名義が複数存在する。「ラザルス」という名前の由来を調べてみたが、この点に言及しているソースは見つけられなかった。国家支援型のハッカー集団が犯行声明を出したり、名乗りをあげたりすることは考えられないので、そのような場合、セキュリティ企業が独自の識別名を授けることが多いらしい。ラザルスもそうした識別名だとも考えられる。

「ラザルス」という言葉そのものはユダヤ人に多い男性名である。『聖書』には「ラザロ」（正教会では「ラザル」）として記され、「ルカ福音書」と「ヨハネ福音書」に出ている。「ヨハネ福音書」には、「斯《か》く言ひてのち、聲《こえ》高く『ラザロよ、出《い》で来《き》たれ』と呼ばり給へば、死にしもの布にて足と手を巻かれたるまま出て来る、顔も手拭に包まれたり。イエス『これを解《と》きて往《ゆ》かしめよ』と言ひ給う」と書かれている。「ヨハネ福音書」の「ラザロ」はイエスが墓のなかから蘇らせた男性である。

これは臆測だが、グループにつけられた「ラザルス」という名称には、ラザロのように死んでもなお蘇り続けるという寓意が込められているのかもしれない。一時的に鳴りを潜めても、グループは時間を置かずふたたび現れて襲撃を繰り返してきた。しかも、そのたびに長足の進歩を彼らは遂げている。襲撃の規模を考えると、グループが単独で決行を判断したとは思えないだけに、「出で来たれ」という命令を発している人物や組織の存在がやはり気になる。本書では言及されていないが、親機関とされる朝鮮人民軍偵察総局なのか、それとも政権の中枢に鎮座するあの人物なのか。

以上はあくまでも勝手な憶測にすぎない。「ルカ福音書」の「ラザロ」はイエスが語る「金持ちと腫物にて腫れただれた貧しき者」のたとえ話に出てくる。おそらくこの寓話に由来しているのだろう、「ラザルス」という英単語には「病気の乞食」という意味もある。

いずれにせよ、北朝鮮の国民の暮らしぶりや貧弱なインフラ、独裁国家特有の尊大な振る舞い、過剰な個人崇拝と度のすぎた集団主義という、テクノロジーとはおよそ真逆なイメージにとらわれて、ITに関するこの国の能力を見誤ってはならないだろう。北朝鮮のハッカーがどのようなシステムで選抜され、文字通りサイバーアーミーとして苛酷な訓練を受けているのかは本書にも書かれている通りだ。彼らの能力に対する認識をあらためるべきであるのは日本も例外ではない。さらに言うなら、北朝鮮のハッカー戦隊はラザルスだけではない。偵察総局にはほかにも〈キムスキー〉(Kimsuky)と〈ビーグルボーイズ〉(BeagleBoyz)という集団が所属しているといわれている(親組織については諸説ある)。

＊

十のエピソードを紹介して「ザ・ラザルス・ハイスト」は第一シーズンを終了、その後、二〇二二年十月にニューヨークの観客の前で公開されたスペシャルエピソード版が配信された。実は原書の刊行に先立って受けたインタビューで、ホワイトは第二シーズンの準備が進められていることについて話している。二〇二二年三月に起きたベトナムのアクシー・インフィニティへの不正アクセスに関するエピソードについても、第二シーズンで紹介されるかもしれないとほのめかしていた。アクシー・インフィニティはいわゆるP2E(遊んで稼ぐ)の先駆けとなったブロックチェーンゲームで、このときの襲撃で約六億二〇〇〇万ドル（約七八〇億円）相当の〈イーサリアム〉が流出、「暗号資産史上、最大規模の奪取のひとつ」と報じられていた。

ホワイトによると、北朝鮮のハッカーについては話題に事欠かないらしい。それが第二シーズンを配信する理由だとも話していた。

最後になるが、草思社取締役編集部長の藤田博氏にあらためてお礼を申し上げます。

二〇二二年十二月

訳者

(35) United States of America v Ghaleb Alaumary, Information, 17 November 2020, p. 12.
(36) Dubai Police, 'Dubai Police Take Down "Hushpuppi" ', 前掲.
(37) 司法省「サイバー犯罪で得た数億ドルの資金洗浄について共謀容疑でアメリカに連行されてきたナイジェリア人に関して」2020年7月3日.
(38) 司法省「世界規模のサイバー攻撃と金融犯罪で起訴された3名の北朝鮮軍ハッカーに関して」2021年2月17日.
(39) 同上.
(40) 司法省「サイバー犯罪で得た数百万ドルを洗浄した国際的なマネーロンダリング業者に対する懲役11年の実刑判決に関して」2021年9月8日.

結び

(1) 'North Korea Accused of Hacking Pfizer for Covid-19 Vaccine Data', BBC News, 2021年2月16日.

マリーに対する司法省の裁判では1630万ドルとされている（同上, p. 9）.

（10）同上, p. 9.

（11）司法省「複数のサイバー攻撃および侵入を行った共謀罪で起訴された北朝鮮政権支援のプログラマーに関して」2018年９月６日.

（12）‘A Smear Campaign for What?’, KCNA, 14 September 2018年９月14日, 閲覧は KCNA Watch, kcnawatch.org 経由でアクセス.

（13）*United States of America v Ramon Olorunwa Abbas, aka ‘Ray Hushpuppi’, aka ‘Hush’*, 訴状 , 2020年３月12日.

（14）同上, pp. 19–20.

（15）Bertrand Borg, Vanessa MacDonald and Claire Caruana, ‘BOV Goes Dark after Hackers Go after €13m’, *Times of Malta*, 2019年２月13日. 私の質問と取材の申し込みに対して, ベレッタ銀行は刑事訴訟の手続きが進行中であることを理由に回答には応じなかった.

（16）‘Watch: BOV Hackers’ €13m in Transactions “Being Reversed” – Muscat’, *Times of Malta*, 13 February 2019年２月13日.

（17）‘Hush Money: The Rise and Fall of an International Fraudster’, *File on Four*, BBC Radio 4, 14 September 2021年11月14日.

（18）Borg, MacDonald and Caruana, ‘BOV Goes Dark’, 前掲.

（19）Alexandre Neyret, ‘Stock Market Cybercrime, Definitions, Cases and Perspectives’, Autorité des Marchés Financiers, 2020年１月28日.

（20）*United States of America v Ramon Olorunwa Abbas*, 前掲, p. 21.

（21）‘Watch: BOV Hackers’ €13m in Transactions “Being Reversed” ’, 前掲.

（22）*United States of America v Ramon Olorunwa Abbas*, 前掲, p. 21.

（23）National Crime Agency, ‘Further Arrests Made by NCA in Bank Cyber-heist Money Laundering Probe’, www.archiveorg. 2020年１月31日.

（24）*United States of America v Jennal Aziz*, 判決文覚書, 2019年２月18日, pp. 3–6.

（25）連邦地方裁判所ジョージア州南部地区サバンナ支部「刑事告訴を支持する宣誓供述書（ケビン・デザンジュことケルビン・デサングルスに対して提出された刑事告訴の件）」, 2017年12月７日.

（26）*United States of America v Ramon Olorunwa Abbas*, 前掲, pp. 14–16.

（27）同上, p. 18.

（28）*United States of America v Ghaleb Alaumary*, 前掲, p. 15.

（29）*United States of America v Ramon Olorunwa Abbas*, 前掲, p. 4.

（30）同上, p. 5.

（31）‘Hush Money’, *File on Four*, BBC Radio 4.

（32）同上.

（33）*United States of America v Ghaleb Alaumary*, 前掲, pp. 14–17.

（34）Dubai Police, ‘Dubai Police Take Down “Hushpuppi”, “Woodberry”, Ten International Cyber Criminals’, YouTube, 2020年６月25日.

(14) 同上, p. 132.
(15) 同上, p. 125.
(16) 'Supply Chain and Logistics Innovation Forum', meetup.com, 2018年3月22日.
(17) INSKIT Intelligence, 'Shifting Patterns in Internet Use Reveal Adaptable and Innovative North Korean Ruling Elite', 2018年10月25日.
(18) 国連安全保障理事会, 'Report of the Panel of Experts', 前掲.
(19) 同上, 2020年3月2日, p. 214.
(20) 'Operation AppleJeus: Lazarus Hits Cryptocurrency Exchange with Fake Installer and MacOS Malware', Kaspersky, 2018年8月23日.
(21) *United States of America v Jon Chang Hyok*, 前掲, pp. 19-22.
(22) 〈クーコイン〉のCEOのジョニー・リューは2020年10月3日,「ラザルスグループは2020年最大の取引所ハッキングをまんまと成功させ, 新たなマネーロンダリングのオプションを模索しているようだ」とツイートしている, Chainalysis, 2021年2月9日.
(23) 'The 2021 Crypto-crime Report', Chainalysis, 2021年2月.
(24) 〈クーコイン〉のCEOのジョニー・リュー, 前掲.
(25) 'South Korean Intelligence says North Korean Hackers Possibly Behind Coincheck Heist - Sources', Reuters, 2018年2月5日.

第15章　さらなる強奪

(1) CNBC International TV, 'Trump and Kim Meet for the First Time/Trump - Kim Summit', YouTube, 2018年6月12日.
(2) 'Trump Warns North Korea Will be "Met with Fire and Fury" ', CBS News, 2017年8月8日.
(3) Kate Samuelson, 'Here are All the Times Kim Jong Un and Donald Trump Insulted Each Other', *Time*, 2017年9月22日.
(4) ' "He Wrote Me Beautiful Letters and We Fell in Love": Donald Trump on Kim Jong-un - Video', Reuters via the *Guardian*, 2018年9月30日.
(5) Josh Lederman and Hans Nichols, 'Trump Meets Kim Jong Un, Becomes First Sitting US President to Step into North Korea', NBC News, 2019年6月30日.
(6) *United States of America v. Jon Chang Hyok, aka 'Quan Jiang', aka 'Alex Jiang', Kim Il, aka 'Julien Kim', aka 'Tony Walker', and Park Jin Hyok, aka 'Jin Hyok Park', aka 'Pak Jin Hek', aka 'Pak Kwang Jin'*, 2020年12月8日.
(7) 同上, p.18.
(8) *United States of America v Ghaleb Alaumary*, 司法取引, 2020年11月17日, p. 13.
(9) 情報源によって報告された被害額には多少の違いがある. コスモス協同組合銀行は約1100万ドルが引き出されたと主張しているが, 〈同上, p. 9〉の司法取引の「インドの銀行被害」には1630万ドルと記されている. ガレブ・アラウ

Insulted Each Other', *Time*, 2017年 9 月22日.

(14) David E. Sanger, Choe Sang-Hun and William J. Broad, 'North Korea Tests a Ballistic Missile that Experts Say Could Hit California', *New York Times*, 2017年 7 月28日.

(15) Michael Kan, 'Security Researcher Who Stopped WannaCry Avoids Jail Time', *PC Mag*, 2019年 7 月27日.

第14章　暗号資産

(1) 私としては，ユーチューブにアップされている『ワシントンポスト』のライブストリームのフルバージョンをぜひ閲覧されることを心からお勧めしたい．視聴者のコメントだけでもいい．皮肉なユーモアを滲ませたコメント，被害妄想的なコメント，心からの希望を表明したものなどさまざまなコメントが入り交じっている（*Washington Post*, 'Moon Jae-in and Kim Jong Un Meet for Historic Summit of Koreas', YouTube, 2018年 4 月26日）.

(2) Upasana Bhat, 'North Korea's Athletes at the Winter Olympics', BBC Monitoring, 2018年 2 月 8 日.

(3) 'North Korea Nuclear Test Tunnels at Punggye-ri "Destroyed" ', BBC News, 24 May 2018年 3 月24日. 北朝鮮国内の見方はそれほど楽観的ではなかった．チャンネル 4 の報道番組「Dispatches」の「Life Inside North Korea」で報告されていたように，核実験が成功したのでもはやトンネルが不要になったため破壊されたとこの国の多くの者が考えていた．このドキュメンタリーで報告された意見は，2018年の和解という物語そのものに懐疑的だった.

(4) 〈ナイスハッシュ〉本人の話では，ユーザーに対しては，同社のウォレットに入れたままにしておくのではなく，定期的に引き出して別のウォレットに保管するようにうながしていたという.

(5) *United States of America v Jon Chang Hyok, aka 'Quan Jiang', aka 'Alex Jiang', Kim Il, aka 'Julien Kim', aka 'Tony Walker', and Park Jin Hyok, aka 'Jin Hyok Park', aka 'Pak Jin Hek', aka 'Pak Kwang Jin'*, 2020年12月 8 日, p. 22.

(6) 'How to Steal $500m in Cryptocurrency', Bloomberg News, 2018年 1 月31日.

(7) F-Secure Labs, 'Lazarus Group Campaign Targeting the Cryptocurrency Vertical, Tactical Intelligence Report', 2020年 8 月18日.

(8) *United States of America v 113 Virtual Currency Accounts*, 2 March 2020年 3 月 2 日.

(9) 同上, p. 9.

(10) 同上, pp. 11, 12.

(11) *United States of America v Tian Yinyin and Li Jiadong*, 27 February 2020.

(12) 国連安全保障理事会, 'Report of the Panel of Experts Established Pursuant to Resolution 1874 (2009) ', 2019年 8 月30日, p. 29.

(13) 同上, p. 117.

2017年2月20日.
(20) 'North Korean Leader's Slain Half-brother was a CIA Informant: *Wall Street Journal*', Reuters, 2019年6月11日.

第13章　ランサムウェア

(1) 'NHS Cyber-attack: "My Heart Surgery was Cancelled"', BBC News, 2017年5月12日.
(2) 'WannaCry Cyber-attack Compromised Some Russian Banks: Central Bank', Reuters, 2017年5月19日. スベルバンクはウイルスによる攻撃は受けたが, システムは被害を免れたと発表; Danny Palmer, 'WannaCry Ransomware Crisis, One Year On: Are We Ready for the Next Global Cyber-attack?', ZDnet, 2018年5月11日.
(3) ハーグで行われたインターポールサイバー犯罪会議でのジュリアン・キングの発言. ジュリアン・キングは欧州委員として安全保障を担当する, www.ec.europa.eu, 2017年9月27日.
(4) 'Cyber Threat Alliance Cracks the Code on Cryptowall Crimeware Associated with $325 Million in Payments', www.cyberthreatalliance.org, 2015年10月28日.
(5) Secureworks Counter Threat Unit Research Team, 'WCry Ransomware Analysis', 2017年5月18日.《ワナクライ》は Windows Crypto API とは別に, ファイルの暗号化にAESアルゴリズムも使用していた. コード名の「Wanna」は実際には「Wana」と書かれている
(6) Ruth Alexander, 'Which is the World's Biggest Employer?', BBC News, 2012年3月20日.
(7) William Smart, 'Lessons Learned Review of the Wannacry Ransomware Cyber-attack', 英国保健省「NHS 改善策」, 2018年2月, p. 5.
(8) Secureworks, 'WCry Ransomware Analysis', 前掲.
(9) 現在, 多くの企業が「バグバウンティ」(脆弱性報奨金制度) という制度でこの問題に対処しようとしている. ハッカーが当該企業のシステムの欠陥を発見した場合, その発見を企業に報告するという倫理的な行動をうながす目的で, 企業はハッカーに対する報酬を修正に役立つ情報料として支払う.
(10) 'Tor Browser Bounty', www.zerodium.com, 2017年9月11日.
(11) プリシラ森内は, アメリカ政府は最近, エクスプロイトに関する慣行を変え始めていると指摘している.「脆弱性を発見して攻略法を開発できた場合, 情報機関や軍のほか, さまざまな機関が加わって意見を出し合い, 一般に公開する価値の是非について判断する手続きを経なければならなくなりました」という.
(12) Michelle Nichols, 'US Prepared to Use Force on North Korea "If We Must": UN Envoy', Reuters, 4 July 2017年7月4日.
(13) Kate Samuelson, 'Here are All the Times Kim Jong Un and Donald Trump

（3）Alan Katz and Wenxin Fan, 'A Baccarat Binge Helped Launder the World's Biggest Cyber-heist', Bloomberg News, 2017年 8 月 3 日.
（4）'Republic of the Philippines Senate Committee Report on the US$100 Million that was Laundered in the Philippines', 2016年 6 月 6 日, p. 70.
（5）'Transcript of the Republic of the Philippines Senate', 前掲 , 2016年 4 月 5 日, p. 103.
（6）Gaming Inspection and Co-ordination Bureau Macao SAR, 'Monthly Gross Revenue from Games of Fortune in 2019 and 2018', www.dicj.gov.mo, 最終閲覧日は2021年 9 月 1 日; Nevada
Gaming Control Board, 'Nevada Gaming Abstract 2019'（売上総額は245億ドルと発表されているが，そのなかには宿泊や飲食の売上が含まれている）.
（7）After Shoxx, '1991 Interview with Korean Air Flight 858 bomber Kim Hyon-Hui', YouTube, 2019年11月15日.
（8）Rupert Wingfield-Hayes, 'The North Korean Spy Who Blew Up a Plane', BBC News, 2013年 4 月22日.
（9）Kim Hyun Hee, *The Tears of My Soul*（William Morrow & Co., 1993）.〔金賢姫『いま、女として――金賢姫全告白』（上・下）池田菊敏訳, 文春文庫, 1994年〕
（10）同上.
（11）同行に対する制裁措置は最終的に2020年に解除された（Min Chao Choy, 'US Lifts Sanctions against Macao Bank Accused of North Korea Money Laundering', NK News, 2020年 8 月13日）.
（12）Mike Chinoy,. ＢＢＣワールドサービスのポッドキャスト「ラザルス・ハイスト」で共同司会者のジャン・H・リーの質問に答えて.
（13）Paul Fischer, *A Kim Jong Il Production: The Extraordinary True Story of a Kidnapped Filmmaker, His Star Actress, and a Young Dictator's Rise to Power*（Flatiron Books, 2015）, p. 52.
（14）Bradley Martin, *Under the Loving Care of the Fatherly Leader: North Korea and the Kim Dynasty*（Saint Martin's Griffin, 2006）, pp. 688, 694.
（15）同上, p. 685.
（16）金正男にとって，この記述はいささかフェアではない気がする．異母弟の金正恩もヨーロッパで教育を受けていたころにユーロ・ディズニーを訪れていた（Anna Fifield, *The Great Successor: The Secret Rise and Rule of Kim Jong Un*〈John Murray, 2019〉, p.14）．だが，この訪問が国際的な事件に発展することはなかった.
（17）同上, p. 216.
（18）'Kim Jong Nam Murder: Vietnamese Woman Pleads Guilty to Lesser Charge', BBC News, 1 2019年 4 月 1 日.
（19）'CCTV Footage Shows Deadly Assault on North Korean Leader's Half-brother',

(12) *Bangladesh Bank v Rizal Commercial Banking Corporation et al.*, 訴状, 2019年1月31日, pp. 32-5.

(13) Workshop by JICA and BB, www.bb.org.bd, 最終閲覧日は2021年8月28日.

(14) 茶谷さやか(シンガポール国立大学歴史学部助教授). BBCワールドサービスのポッドキャスト「ラザルス・ハイスト」で共同司会者のジャン・H・リーの質問に答えて.

(15)「ルディック・ループ」とはニューヨーク大学メディア文化コミュニケーション学科准教授で, *Addiction by Design: Machine Gambling in Las Vegas* (Princeton University Press, 2012) の著者である文化人類学者のナターシャ・ダウ・シュールの造語. 大まかに言うなら, スロットマシーンで遊んだり, スマートフォンの画面をスワイプして最新情報をチェックしたりするなど, 刺激的ではあるが見返りが得られるかどうかわからない. 不確実な活動を繰り返すこと.〔邦訳:『デザインされたギャンブル依存症』日暮雅通訳, 青土社, 2018年〕

(16)「賭博をした者は, 50万円以下の罰金又は科料に処する. ただし, 一時の娯楽に供する物を賭けたにとどまるときは, この限りでない」刑法第23章「賭博及び富くじに関する罪」〈賭博〉第185条(1907年法律第45号).

(17)「ホールの売上20兆7000億円」パチンコ業界WEB資料室, www.pachinko-shiryoshitsu.jp, 最終閲覧は2021年8月26日.

(18) Tara Francis Chan, 'Japan's Pinball Gambling Industry Rakes in Thirty Times More Cash than Las Vegas Casinos', Business Insider, 2018年7月26日.

(19) Sega Sammy Holdings Inc., 'FY Ending March 2017, 3rd Quarter Results Presentation', 2017年2月7日.

(20) Simon Scott, 'Ball and Chain: Gambling's Darker Side', *Japan Times*, 2014年5月24日.

(21) Subroemon, 'Japanese *Yakuza*' (英語字幕付き), YouTube, 動画投稿日は2006年10月19日.

(22) Ed Caesar, 'The Incredible Rise of North Korea's Hacking Army', *New Yorker*, 2021年4月19日.

(23)《ササキ》の起訴の可能性を困難にしているもうひとつの要因は, 申し立てられた犯行がスリランカで行われ,《ササキ》は現在日本にいる事実だ. そのため, 容疑者の引き渡し, 法制度の違い, 立証の基準の違いなどの一連の問題が生じている.

第12章　東洋のラスベガス

(1) 'Transcript of the Republic of the Philippines Senate, Committee on Accountability of Public Officers and Investigations (Blue Ribbon)', 2016年3月29日, p. 177.

(2) 同上, p. 48.

p. 182.

第10章　バカラ三昧

（1）「トニー・ラウ」は仮名. 彼はまだカジノ業界で働いており, 今後の仕事への影響を考えて本名は控えている.
（2）2016年7月25日に制定されたフィリピン共和国法10927号で, 現在では状況は変わった.
（3）バカラでは「タイ」（引き分け）, あるいはプレイヤーかバンカーのカードが「ペア」であるかどうかにも賭けることができる. これらの賭けの場合, オッズは高くなるが（ハイリターン・ハイリスク）, あまり一般的ではない.
（4）'Transcript of the Republic of the Philippines Senate, Committee on Accountability of Public Officers and Investigations（Blue Ribbon）', 2016年3月29日, p. 126.
（5）捜査が進むにつれて,「ソレア」のカジノのオーナーである「ブルームベリー・リゾーツ・コーポレーション」は, 盗まれた資金を扱っているとは知らなかったが, その後は当局に協力していると述べた.「マイダス」のカジノは, 私のインタビュー要請に応じず, コメントもなかった.
（6）'Transcript of the Republic of the Philippines Senate', 前掲, 2016年3月, 29日 p. 50.
（7）同上, 2016年4月12日, p. 198.

第11章　陰謀の解明

（1）'About Us', www.shalikafoundation.org, 最終閲覧日2019年3月16日.（リンク切れ）
（2）「シャリカ・ペレラの署名入り約定書」（2015年4月8日付）, シハール・アニーズの提供による.
（3）Dairy Farm Project, Laggala, Matale, www.shalikafoundation.org, 最終閲覧日2019年3月30日.（リンク切れ）
（4）「治安判事裁判所によるスリランカ警察の略式起訴状」2016年3月31日, シハール・アニーズの提供による.
（5）同上.
（6）「基金の提供について」（2016年2月2日付）, シハール・アニーズの提供による.
（7）「スリランカ警察捜査本部による第1回調書」2016年3月17日, シハール・アニーズの提供による.
（8）「治安判事裁判所によるスリランカ警察の略式起訴状」前掲.
（9）「スリランカ警察捜査本部による第1回調書」前掲.
（10）同上.
（11）同上.

月11日. 2010年の不正行為告発については, 大会審査員による不当な決定と感じたという一部の出席者による議論が記録されている. 以下を参照 'North Korea's Disqualification at IMO 2010', www.artofproblemsolving.com, 2010年 7 月14日.

(15) 同上.

(16) 国連安全保障理事会「委員会議長に宛てたミャンマー国連常駐代表部からの口上書：2019年 6 月18日付」, 2019年 6 月19日 : Anastasia Napalkova, 'The Secret World of Russia's North Korean Workers', BBC Russian Service, 2019年 4 月25日.

(17) United States Mission to the United Nations, 'Fact Sheet: UN Security Council Resolution 2397 on North Korea', 2017年12月22日.

(18) 同上.

(19) *United States of America v Park Jin Hyok*, 前掲, p. 146.

(20) 同上.

第９章　逃走迷路

(１) 'Transcript of the Republic of the Philippines Senate, Committee on Accountability of Public Officers and Investigations (Blue Ribbon)', 2016年 3 月17日, pp. 17–22.

(２) 同上, p. 16.

(３)「ニューヨーク連銀で実行されなかった30件の支払指図 (PI) の詳細について」, バングラデシュ銀行から駐フィリピンバングラデシュ大使に送付された書簡, 2016年 3 月29日付.

(４) 'Transcript of the Republic of the Philippines Senate', 前掲 , 2016年 3 月17日, p. 49.

(５) 同上, 2016年 4 月 5 日, p. 189.

(６) 同上, 2016年 3 月29日, p. 46.

(７) 同上, 2016年 3 月17日, p. 33.

(８) 'Hacked: The Bangladesh Bank Heist', Al Jazeera, accessed via Dark Screen, YouTube, 29 May 2018.

(９) 'Transcript of the Republic of the Philippines Senate', 前掲, 2016年 4 月 5 日, pp. 79, 80.

(10) Manolo Serapio Jr and Enrico Dela Cruz, 'Philippines Central Bank Fines Rizal Bank over Bangladesh Cyber-heist Failings', 2016年 8 月 5 日.

(11) 'Transcript of the Republic of the Philippines Senate', 前掲, 2016年 3 月15日, p. 94.

(12) *Bangladesh Bank v Rizal Commercial Banking Corporation et al.*, 訴状, 2019年 1 月31日, p. 50.

(13) 'Transcript of the Republic of the Philippines Senate', 前掲, 2016年 3 月17日,

（盲目のヒキガエル），〈CHEESETRAY〉（チーズ皿），〈SORRYBRUTE〉（あわれな野獣）などがある（'APT-38: Un-Usual Suspects', FireEye, 2018）．私のお気に入りは〈CageyChameleon〉（抜け目のないカメレオン）と〈Leery Turtle〉（疑い深い海亀）の２つだ（'Attributing Attacks against Crypto Exchanges to LAZARUS - North Korea', ClearSky, 2021年５月24日）．

10．〈スタクスネット〉とその背後で誰が糸を引いていたのかをめぐる手に汗握る物語についてはKim Zetterの名著*Countdown to Zero: Stuxnet and the Launch of the World's First Digital Weapon*（Broadway Books, 2015）に詳しい．

（11）Sergei Shevchenko, 'Two Bytes to $951m', baesystemsai.blogspot.com, 2016年4月25日．

（12）*United States of America v Park Jin Hyok*, 前掲 , p. 43.

第８章　サイバースレイブ

（１）テスコは近年，中国などでの海外事業を縮小している（'Tesco Completes China Exit with $357m Stake Sale', Reuters, 2020年２月25日）．

（２）United States of America v Park Jin Hyok, Criminal Complaint, 2018年６月８日．

（３）同上，p. 140.

（４）'Australian Sentenced for Trying to Sell North Korean Missile Parts', Reuters, 2021年７月27日．

（５）*United States of America v Park Jin Hyok*, 前掲，p. 156.

（６）www.chosunexpo.com, 10 November 2004年11月10日，www.archive.org, 最終閲覧日は2021年８月13日．

（７）*United States of America v Park Jin Hyok*, 前掲，2018年６月８日，p. 136.

（８）私も朝鮮エキスポに連絡を取ってコメントを求めた．ただ，当サイトの契約はすでに失効しており，サイトの所有権も現在ではセキュリティ研究者に引き継がれている．以前サイトに掲載されていた電話番号にも電話をかけてみたが返事はなかった．

（９）Cyber's 'Most Wanted', www.f bi.gov.

（10）'South Korean Accused of Doing Business with North Korean Hackers', *Chosun Ilbo*, 2011年５月６日．

（11）'South Korea Arrests Five over Gaming Scam "Linked to Hackers in North" ', AP via *Guardian*, 2011年８月４日．

（12）'Russian Firm Provides New Internet Connection to North Korea', Reuters, 2017年10月２日．

（13）「北朝鮮人民共和国の IP アドレス範囲」IP2Location による計測，lite.ip2location.com. 最終閲覧日は2021年10月４日．

（14）'International Mathematical Olympiad: 32nd IMO 1991 Country Results' and '51st IMO 2010 Country Results', www.imo-official.org, 最終閲覧日は2021年８

正日の死がもたらす不快感を和らげるかどうかは，映画研究者に委ねられるべきテーマだ．

(13) ソニーのハッキング事件後，北朝鮮ではインターネットがダウン，アメリカによる報復ではないかと考える者もいた．しかし，アメリカ政府はその事実を否定した．北朝鮮ではインターネット接続に制限があるので，報復とは無縁の障害である可能性も否定できない．

(14) 'North Korea Slams New US Post-Sony Hack Sanctions', Reuters via CNBC News, 2015年1月4日．

第7章　事前準備

(1) 'Interview with Zubair Bin Huda, First Information Report', Motijheel Police Station, 2016年3月15日．

(2) 'The Bangladesh Cyber Heist: Five Years Later, Insights from Ground Zero', World Informatix Cyber Security, 2021.

(3) アスタナはその後，彼の戦略的パートナーである「ファイア・アイ」を呼び寄せ，ハッキング捜査にさらに力を入れることになる．

(4) このようなセキュリティー侵害は，かならずしもSWIFTのソフトウェアそのものに欠陥があることを示しているわけではない点にも注意する必要があるだろう．ハッカーや悪意のある従業員が行内のセキュリティーに侵入してSWIFTにログインしても，ソフトウェアが判断するかぎり，正規のユーザーと同じように見なされるからだ．ただし，バングラデシュ銀行のハッキング事件を受け，SWIFTは金融機関がソフトウェアのセキュリティを強化し，誰がアクセスできるか，いつ何ができるかについて管理するなどの処置を講じるようになった(たとえば，バングラデシュ銀行で起こったような営業時間外の送金は禁止)．

(5) INQUIRER.net, 'Bangladeshi Ambassador: It's the Poor People's Money', YouTube, 2016年3月15日．

(6) 'Bangladesh: Reducing Poverty and Sharing Prosperity', World Bank, 2018年11月5日．

(7) *United States of America v Park Jin Hyok*, Criminal Complaint, 2018年6月8日, p. 58.

(8) 職務経歴書とウイルスは，実際はZIPファイルに入っていた．ZIPファイルは格納するファイルを圧縮することで，大きなファイルでも簡単に送信できる．そしてこれは，組織が講じているサイバー防御を回避するうえで有効な手段でもあるのだ．ZIPファイルのなかに悪意あるソフトがあるかどうかを確認するには，防御側のソフトウェアがまず中身を解凍しなければならないが，それができないアンチウイルスソフトウェアもあるのだ．

(9) マルウェアの命名作業には飽きない楽しみがある．ファイア・アイが特定した北朝鮮がプログラムしたとされるウイルスには，ほかにも〈BLINDTOAD〉

Threats', *Variety*, 2014年12月17日.

(23) Sony News and Information, 'Consolidated Financial Results Forecast for the Third Quarter Ended December 31, 2014, and Revision of Consolidated Forecast for the Fiscal Year Ending
March 31, 2015', 2015年2月4日, p. 6.

(24) Arik Hesseldahl, 'Sony Pictures Investigates North Korea Link in Hack Attack', Recode, 2014年11月28日.

第6章　フォールアウト

(1) 'Sony Archives', WikiLeaks, 2015年4月16日.

(2) 'Sony Pays $8m over Employees' Hacked Data', BBC News, 2015年10月21日.

(3) Jacob Kastrenakes and Russell Brandom, 'Sony Pictures Hackers Say They Want "Equality", Worked with Staff to Break In', The Verge, 2014年11月25日. ハッカーとされる人物とのやり取りにはいささか腑に落ちない点があった. アメリカの技術系ニュースサイト〈ザ・ヴァージ〉にも書かれているように, メッセージはハッカーに関連するメールアドレスで送られてきたが, プロバイダーはそのアドレスからパスワードを使わずにメッセージを送ることを許可しているので, メッセージはハッキングとはまったく無関係な人物から送られた可能性がある.

(4) 'Was FBI Wrong on North Korea?', CBS News, 2014年12月23日.

(5) Tatiana Siegel, 'Five Years Later, Who Really Hacked Sony?', *Hollywood Reporter*, 25 2019年11月25日.

(6) Ian Spiegelman, 'Some in Hollywood Still Don't Believe North Korea was behind the Massive Sony Hack of 2014', *Los Angeles Magazine*, 2019年11月25日.

(7) *United States of America v Park Jin Hyok*, Criminal Complaint, 2018年6月8日, p. 2.

(8) 'President Obama 2014 Year-End News Conference', www.c-span.org, 2014年12月19日.

(9) Bradley Martin, *Under the Loving Care of the Fatherly Leader: North Korea and the Kim Dynasty* (Saint Martin's Griffin, 2006), p. 272.

(10) *Kim Jong Il Biography: Volume 1* (Foreign Languages Publishing House, 2005), p. 269.

(11) Robert Cannan and Ross Adam, *The Lovers and the Despot*, 2016.

(12)『チーム★アメリカ／ワールドポリス』と『ザ・インタビュー』には相違点がいくつかうかがえる. 実写の『ザ・インタビュー』では, 金正恩を演じる俳優が死んでいく様子が生々しく描かれているのに対して, 人形劇の『チーム★アメリカ／ワールドポリス』では金正日の人形が刺されて落命. その後, 金正日の声で話すゴキブリが死体の口から這い出し, 小さなロケット船に乗って去っていくシーンが映し出される. もっとも, こうしたシーンによって金日, p. 24.
（2）同上, p. 49.
（3）同上, p. 25.
（4）映画に出演したセス・ローゲンと私は, 現実世界の指導者が失脚するほかのフィクション映画について, ツイッターでいささか奇妙なやり取りを交わした. 私たちが思いついた唯一の映画はチャーリー・シーン主演の『ホットショット』だった. パート1とパート2があり, その両方でサダム・フセインが殺害される. ただし, パート2では, ここでは説明できないほど複雑な理由から, 被害者はサダム・フセインと彼のペットの犬との混血児である. そのためローゲンと私は, この作品が「現実世界」の指導者を殺害した映画にカウントされるかどうか確信が持てなかった.
（5）国際連合安全保障理事会「2014年6月27日付書簡, 朝鮮民主主義人民共和国国連常駐代表から事務総長宛」2014年6月27日.
（6）'North Korea Pardons US Reporters', BBC News, 2009年4月4日.
（7）*United States of America v Park Jin Hyok*, 前掲, p. 34.
（8）同上, p. 48.
（9）同上, p. 25.
（10）この件についてソニー・ピクチャーズエンタテインメントにコメントもしくはインタビューを申し込んだが, ソニー側からの返事はなかった.
Sony Pictures Entertainment did not respond to my requests for a comment or an interview.
（11）*United States of America v Park Jin Hyok*, 前掲, p. 26.
（12）Mark Seal, 'An Exclusive Look at Sony's Hacking Saga', *Vanity Fair*, 2015年2月4日.
（13）同上.
（14）Kevin Roose, 'Hacked Documents Reveal a Hollywood Studio's Stunning Gender and Race Gap', Splinter, 1 December 2014年12月1日. ネットニュースのSplinterはFusion.netの一部として始まった.
（15）Seal, 前掲.
（16）同上.
（17）Sam Biddle, 'More Embarrassing Emails: The Sony Hack BSides', Gawker, 2015年4月17日.
（18）Dominic Rushe, 'Amy Pascal Steps Down from Sony Pictures in Wake of Damaging Email Hack', *Guardian*, 2015年2月5日.
（19）Jen Yamato, 'Sony Hack: "Christmas Gift" Reveals Michael Lynton Emails Stolen Days before Attack', Deadline, 16 December 2014年12月16日.
（20）Ken Lombardi, 'Fall Movies 2014', CBS News, 2014年8月29日.
（21）*United States of America v Park Jin Hyok*, 前掲, p. 32.
（22）Brent Lang, 'Major US Theaters Drop The Interview after Sony Hacker

70歳という報告もある. また, アメリカの財務省が人権侵害を理由に金正恩に制裁を課した際, 金正恩の出生日は1984年1月8日とした. 興味深いことに, 北朝鮮外務省のウェブサイトでは, 金日成（1912年4月15日）と金正日（1942年2月16日）の公式の生年月日が記載されているが, 金正恩については記載されていない.（'Panorama of the Democratic People's Republic of Korea', www.mfa.gov.kp, 最終閲覧日2021年7月5日）. それにもかかわらず, メディアは公式の日付を1982年1月8日と報じている（Riley Beggin, Everything You Need to Know about North Korean Leader Kim Jong Un', ABC News, 2018年6月9日）.

(21) リ・ジョンヨルが「ラザルス・ハイスト」の共同司会者ジャン・H・リーにそのように語った, BBC World Service, 2021年.

(22) 'North Korea's Ruling Elite are Not Isolated', Recorded Future, 2017年7月25日.

(23) Geoff White, *Crime Dot Com: From Viruses to Vote-Rigging, How Hacking Went Global* (new edn, Reaktion Books, 2020), p. 67.

(24) アメリカのシンクタンクが支援する北朝鮮専門サイト「38ノース」の関連会社. 詳しくは以下を参照. www.northkoreatech.org.

(25) 'North Korea Boosted "Cyber-forces" to 6,000 Troops, South Says', Reuters, 2015年1月6日. アメリカやイギリスをはじめ, 大半の国が攻撃能力の使用を許されたサイバーエキスパートを軍や情報機関に抱えている事実は指摘しておいたほうがいいだろう.

(26) 'China IP Address: Link to South Korea Cyber-attack', BBC News, 2013年3月21日.

(27) 同上.

(28) 'North Korea's Artillery Attack on the South', CNBC, 2010年11月29日.

(29) John Reed, 'The Five Deadly D's of the Air Force's Cyber-arsenal', *Foreign Policy*, 2013年4月12日.

(30) Ryan Sherstobitoff, Itai Liba and James Walter, 'Dissecting Operation Troy: Cyber-espionage in South Korea', McAfee White Paper, https://www.mcafee.com/enterprise/en-us/assets/white-papers/wp-dissecting-operation-troy.pdf.

(31) 〈フーイズ〉とは, オンライン用語のひとつで, ウェブサイトの検索要求を実行できるクエリーのことで, 登録されたユーザーが含まれることもある.

(32) Sherstobitoff, 前掲.

(33) 同上.

(34) Youkyung Lee and Elizabeth Shim, 'Websites in Two Koreas Shut Down on War Anniversary', AP, 2013年6月25日.

第5章　ハリウッドをハックする

(1) *United States of America v Park Jin Hyok, Criminal Complaint*, 2018年6月8

and the Kim Dynasty（Saint Martin's Griffin, 2006）, p. 627.

（4）Choe Sang-Hun, 'North Korea Says Diplomat Who Defected is "Human Scum" ', *New York Times*, 2016年8月20日.

（5）Martin, 前掲, p. 295.

（6）Joachim Fest, *Hitler: A Career*（*Hitler: Eine Karriere*）（Interart/Werner Rieb Produktion, 1977）. 1時間8分30秒ごろ.「彼は民衆に権利を与えず, 与えたのは幾何学の魅力であった」〔ウェルナー・リーブ製作：ヨアヒム・C・フェスト脚本・監督『ヒトラー』[1]［2], 大映（発売), 1987年〕

（7）DPRK Video Archive, 'Attain the Cutting Edge', YouTube, 2011年7月4日.

（8）CNC 開発の歴史の概要については, すばらしい映像と, 激賞まみれの驚くほどちぐはぐなサウンドトラックがいくつか記録されている. 詳しくは以下を参照. Chris Smelko,'The History of CNC', YouTube, 2006年10月2日.

（9）*Kim Jong Il Biography: Volume 4*（Foreign Languages Publishing House, 2017）, p. 310.

（10）Martin, 前掲, p. 86.

（11）議会調査局, 'Redeploying US Nuclear Weapons to South Korea: Background and Implications in Brief', 2017年9月14日.

（12）国際原子力機関（IAEA), 'Fact Sheet on DPRK Nuclear Safeguards', www.iaea.org, 最終閲覧日2021年7月5日.

（13）'Chronology of North Korea's Missile, Rocket Launches', Yonhap News Agency, 2017年4月5日.

（14）James Pearson and Hyonhee Shin, 'How a Homemade Tool Helped North Korea's Missile Program', Reuters, 2017年10月12日.

（15）'Frozen North Korean Funds to be Released', *Guardian*, 2007年4月11日.

（16）German Federal Institute for Geosciences and Natural Resources, Nordkorea: BGR registriert vermutlichen Kernwaffentest', 2016年6月1日.「爆発で観測された地震はマグニチュード5.1. これは TNT 爆弾の1万4000トンにほぼ相当する. 今回の実験では, 2006年の数値（700トン）を大きく上回った」.

（17）安保理は「奢侈品」の定義に失敗していたものの, のちに欧州連合（ＥＵ）が作成したリストはなかなか使えた. そのなかにはイタリアのスパークリングワイン「アスティ・スプマンテ」と20ユーロ以上の靴が含まれている（「ＥＵ理事会規則」2017/2062〈2017年11月13日〉,「ＥＵ改訂規制」2017/1509〈朝鮮民主主義人民共和国に対する制限的措置について〉). 表現はたしかにやや曖昧で,「1足20ユーロを超える価値のある靴（素材は問わない)」という規定は, 片方20ユーロとも, 1組とも解釈できる.

（18）'Obituary: Kim Jong Il', BBC News, 2011年12月19日.

（19）Gus Lubin, 'North Korea Has Biggest Party Ever to Celebrate Unveiling of Kim Jong Un', *Business Insider*, 2010年10月11日.

（20）金正日総書記の死亡時の年齢についても同様の議論があり, 69歳ではなく

(35) *BBC Panorama*, 前掲.
(36) 同上.
(37) Workers' Party, 'Letter to International Comrades on the Death of Comrade Seán Garland', 2018年12月14日.
(38) 模造タバコは, 密輸業者にとって非常に儲かる品目だ. ボブ・ハマーの話では, 〈スモーキング・ドラゴン〉の潜入捜査では, 当時, 1カートンの模造タバコは7～8ドルで仕入れることができ, それを本物と称して70～80ドルでさばくことができたという. 2006年, 世界で不正に取引されているタバコは6000億本と推定されている（タバコ規制枠組み条約「2006年における世界のタバコの不正取引の規模」2006年6月). この事実を踏まえると, 模造タバコの巨額の利益をもたらし, 麻薬や銃などの不正輸入の資金源となる可能性があるのだ.
(39) ハマーの同僚職員は, 北朝鮮政府との仲介役を務めているとされる人物からスーパーノートの購入を手配していた. 偽札の出所は北朝鮮であると, アメリカの法執行機関はさらに確信するようになった（Chen, 前掲書).
(40) 'Operation Smoking Dragon, Dismantling an International Smuggling Ring', www.fbi.gov, 7 May 2011月7月5日, www.archive.org, 最終閲覧日2021年7月5日.
(41) Chen, 前掲.
(42) 'Operation Smoking Dragon, Dismantling an International Smuggling Ring', 前掲.
(43) 'Statement of Michael Merritt', 前掲.
(44) Jay Solomon and Hae Won Chit, 'In North Korea, Secret Hoard of Cash Props Up a Regime', *Wall Street Journal*, 2003年7月14日.
(45) Dick K. Nanto, 'North Korean Counterfeiting of US Currency', 議会調査局, 2009年6月12日.
(46) David Asher, 'The Impact of US Policy on North Korean Illicit Activities', Heritage Foundation, 2007年4月18日.
(47) Donald Greenlees and David Lague, 'Trail Led to Macao as Focus of North Korean Corruption', *New York Times*, 2007年4月13日.
(48) US Department of the Treasury, 'Treasury Designates Banco Delta Asia as Primary Money-laundering Concern under USA Patriot Act', 2005年9月15日.
(49) Nanto, 前掲.

第4章 〈ダークソウル〉

(1) 'South Korea Network Attack "A Computer Virus" ', BBC News, 2013年3月20日.
(2) 'Richardson: North Korea Trip is Private, Humanitarian', AP, 2013年1月4日.
(3) Bradley Martin, *Under the Loving Care of the Fatherly Leader: North Korea*

(10) Nicholas D. Kristof, 'Is North Korea Turning to Counterfeiting?', *New York Times*, 1996年4月17日.
(11) Carl Rochelle, 'Redesigned $100 Bill Aimed at Foiling Counterfeiters', CNN, 1996年3月25日.
(12) Mihm, 前掲.
(13) Richard Lloyd Parry, 'Car Chase Leads to Pyongyang's Superforgers', *Independent*, 1996年6月8日.
(14) 'Hijacker Admits Guilt after Thirty Years', BBC News, 2000年12月15日.
(15) Bradley Martin, *Under the Loving Care of the Fatherly Leader: North Korea and the Kim Dynasty* (Saint Martin's Griffin, 2006), p. 499.
(16) Parry, 前掲.
(17) 'Former Japanese Red Army Member Acquitted', AP, 1999年6月24日.
(18) 'Obituary: Yoshimi Tanaka', Japan Times, 3 January 2007年1月3日.
(19) Martin, 前掲, p. 583.
(20) Media Burn Archive, 'Inside the US Bureau of Engraving and Printing, 1991', YouTube, 2013年1月4日.
(21) 'The Superdollar Plot', *BBC Panorama*, 2004年6月20日.
(22) 'KBA-NotaSys Becomes Koenig & Bauer Banknote Solutions', www.koenig-bauer.com, 2020年3月11日配信.
(23) 'About Roberto Giori', www.robertogioricompany.com, 最終閲覧日2021年6月28日.
(24) United States Bureau of Engraving and Printing, 'US Currency: How Money is Made - Paper and Ink', www.bep.gov, 最終閲覧日2021年7月2日.
(25) Mihm, 前掲; David E. Kaplan, 'The Wiseguy Regime', *US News & World Report*, 1999年2月15日, www.scaryreality.com, 最終閲覧日2021年7月2日.
(26) Mihm, 前掲. 著者の問い合わせにSICPAはアメリカ政府に納入したことは認めたが, それ以上については顧客の機密保護を理由にコメントはしなかった.
(27) *BBC Panorama*, 前掲.
(28) 同上.
(29) 同条.
(30) *United States of America* v *Seán Garland*, 訴状提出日は2005年9月19日.
(31) *BBC Panorama*, 前掲.
(32) Bobbie Hanvey, 'The Ramblin' Man: Interview with Seán Garland', Downtown Radio, 5 August 2007年8月5日配信, www.workerspartyireland.net, 最終閲覧日2021年7月5日 (リンク切れ).
(33) *The Attorney General v Seán Garland* : Judgment of Mr Justice Edwards, 2012年1月27日.
(34) 同上.

2017年9月20日.
(31) Martin, 前掲, pp. 200-201.
(32) 同上, p. 321.
(33) Don Oberdorfer, *The Two Koreas: A Contemporary History* (Addison Wesley, 1998), p. 347.〔ドン・オーバードーファー『二つのコリア——国際政治の中の朝鮮半島』菱木一美訳, 共同通信社, 2002年〕
(34) Worden, 前掲, p. 141.
(35) Martin, 前掲, p. 244.
(36) Worden, 前掲, p. 66.
(37) Fifield, 前掲, p. 124.
(38) 'World Food Programme and North Korea: WFP has Fed Millions', www.reliefweb.int, 2000年10月25日配信 .
(39) Worden, 前掲, p. xxxii.

第3章 スーパーノート
(1) Te-Ping Chen, 'Smoking Dragon, Royal Charm', The Center for Public Integrity, https://publicintegrity.org/health/smoking-dragon-royal-charm/, 2008年10月20日配信.
(2) アメリカ合衆国シークレットサービス捜査局参事官で, 元上院国土安全保障・政府問題委員会連邦財務管理小委員会のマイケル・メリットの声明による. 2006年4月25日.
(3) Sheena E. Chestnut, 'The "*Sopranos State*"? North Korean Involvement in Criminal Activity and Implications for International Security', Honors Program for International Security Studies,
Center for International Security and Co-Operation, Stanford University, 2005年5月20日, p. 83.
(4) Philip H. Melanson and Peter F. Stevens, *The Secret Service: The Hidden History of an Enigmatic Agency* (Basic Books, 2005).
(5) Stephen Mihm, 'No Ordinary Counterfeit', *New York Times*, 2006年7月23日.
(6) 'Fake Dollars Found in Japan', UPI Archive, 1996年4月8日.
(7) 引用元は合衆国会計検査院「イラン, シリアと偽ドル札の足跡」, 下院共和党調査委員会「国外における米国通貨の偽造：偽造の米国の抑止努力に関する考察」. 国際関係・貿易問題に関する副参事ジェイ・エッタ・Z・ヘッカーの声明, 1996年2月27日.
(8) John K. Cooley, 'Ask North Korean Defector about Those Counterfeit Dollars', *New York Times*, 1997年5月10日.
(9) Glenn Schloss, 'North Korea's Macau-based Trading Venture Opens Its Doors to Deny Reports of Espionage and Shady Deals', *South China Morning Post*, 2000年9月3日.

(11) Worden, 前掲, p. 63.
(12) Eric Croddy, 'Vinalon, the DPRK, and Chemical Weapons Precursors', www.nti.org, 2003年2月1日.
(13) Martin, 前掲, p. 126.
(14) Korean Institute for National Unification, 'White Paper on Human Rights in North Korea', 2012年8月.
(15) Martin, op. 前掲, p. 326.
(16) それが変わりつつある兆しがある. Lindsey Miller は彼女の著書『North Korea: Like Nowhere Else』(2021年9月刊：未邦訳) で, 外交官のパートナーとして過ごした2年間について述べている. 親しくなった北朝鮮の知人にスマートフォンで香港の写真を見せたところ, 何分もまじまじと見ていたと回想している (19頁). もちろん, 外国人であるミラーは, 北朝鮮社会のごくかぎられた一面にしか接していなかった点は彼女自身が認めている.
(17) Worden, 前掲, p. 79.
(18) 同上, p. 77.
(19) 同上, p. 32.
(20) Anna Fifield, *The Great Successor: The Secret Rise and Rule of Kim Jong Un* (John Murray, 2020), p. 192.
(21) Worden, 前掲, p. 48.
(22) 同上, p. 141.
(23) Clyde Haberman, 'North Korea Delivers Flood Aid Supplies to the South', *New York Times*, 1984年9月30日.
(24) Filip Kovacevic, 'Sport and Politics on the Korean Peninsula: North Korea and the 1988 Seoul Olympics', The Wilson Centre, 2021年6月9日. オリンピックに際して北朝鮮は, 競技の半分を北で開催することを提案した. しかし, 提案が失敗に終わると, 北朝鮮はオリンピックそのものをボイコットし, ほかの共産主義国にもならうように呼びかけた. 中国やソビエト連邦のような大国は応じず, したがったのはごくわずかな国にとどまった.
(25) Pavel P. Em and Peter Ward, 'City Profile: Is Pyongyang a Postsocialist City?', *Cities*, 108, 1, (2021年1月).
(26) Martin, 前掲, p. 432.
(27) Worden, 前掲, p. 56.
(28) 文字通り, ほぼ軍隊に等しいものだった. 彼女たちには身辺警護を担当する中尉の階級が与えられていたという報告もある (Paul Fischer, *A Kim Jong Il Production: The Extraordinary True Story of a Kidnapped Filmmaker, His Star Actress, and a Young Dictator's Rise to Power* [Flatiron Books, 2015], p. 97).
(29) Martin, 前掲, p. 315.
(30) Chris Hughes, 'Perverted North Korea Leader Kim Jong Un Plucks Teenage Girls from Schools "With Straight Legs" to be His Sex Slaves', *Daily Mirror*, 20

(16) Sushant Kulkarni, 'Cosmos Malware Attack: SIT Arrests Two "Who Withdrew Money with Cloned Cards", Search on for Others', *Indian Express*, 2018年11月12日.

(17) このような状況は, 2016年11月にインド政府が行った高額紙幣の通貨切り替えによって大きく変わり始めていた.

(18) Cosmos Bank, 'Cosmos Bank: Message from the Directors – English', YouTube, 2018年10月1日.

(19) Cosmos Co-Operative Bank Ltd, '113th Annual Report', 前掲, p. 27.

(20) 同上, p. 3.

(21) コスモ協同銀行に情報提供やインタビューを申し込んだが回答は得られなかった.

(22) 'Accused in Cosmos Case Involved in Union Bank Cyber Scam: Pune Police', NDTV, 2018年9月19日.

(23) Geetha Nandikotkur, 'Cosmos Bank Heist: No Evidence Major Hacking Group Involved', Bank Info Security, www.bankinfosecurity.com, 2018年8月28日.

(24) United States Cybersecurity and Infrastructure Security Agency, 'Cybersecurity and Infrastructure Security Agency Alert (TA18-275A) HIDDEN COBRA – FASTCash Campaign', 2018年10月2日.

第2章　破産国家

(1) 朴志賢(パク・ジヒョン)の脱北と生存を懸けた驚きの物語はそれだけで1冊の本になるものだ. 苦痛に満ちた記憶を辛抱強く話してくれた彼女に心からの感謝を申し上げたい.

(2) Robert L. Worden (編), 'North Korea, A Country Study' (Federal Research Division, Library of Congress, 2008), p. 38; Shannon McCune, 'The Thirty-eighth Parallel in Korea', *World Politics*, 1, 2 (January 1949), pp. 223–32.

(3) Bradley Martin, *Under the Loving Care of the Fatherly Leader: North Korea and the Kim Dynasty* (Saint Martin's Griffin, 2006), p. 51.

(4) Worden, 前掲, p. 72.

(5) Martin, 前掲, p. 56.

(6) Worden, 前掲, p. 46.

(7) 同上, p. 45.

(8) Steven Casey, 'Selling NSC-68: The Truman Administration, Public Opinion, and the Politics of Mobilization, 1950–51', *Diplomatic History*, 29, 4 (September 2005), pp. 655–90.

(9) Kim Il Sung, 'On Eliminating Dogmatism and Formalism and Establishing *Juche* in Ideological Work', *Kim Il Sung Works. Volume 9: July 1954–December 1955* (Foreign Languages Publishing House, 1982).

(10) Martin, 前掲, p. 157.

原　註

プロローグ

（１）National Crime Agency and the Strategic Cyber Industry Group, 'Cyber Crime Assessment 2016', 2016年６月７日, pp. 6, 7.

第１章　ジャックポット

（１）Asseem Shaikh, 'Cosmos Bank Case: Two More Held, Got Rs 35,000 for ATM Withdrawals', *Times of India*, 2018年９月15日; 'One More Arrest in Cosmos Bank Heist', *Times of India*, 2019年１月５日.

（２）同上.

（３）'Pune Police Eye More Arrests for Cosmos Online Heist', *Times of India*, 2018年９月13日.

（４）Government of India, Ministry of Statistics and Programme Implementation, 'Real GDP and Per Capita Income Over the Years', www.mospi.nic.in, 最終閲覧日2021年７月29日.［リンク切れ］

（５）Cosmos Co-Operative Bank Ltd, '113th Annual Report: 2018–19', p. 27.

（６）Asseem Shaikh, 'Cosmos Bank Cloned Card Heist Planned in Thane', *Times of India*, 2018年12月12日.

（７）ANI News Official, 'Cosmos Bank Chairman Calls Cyber-hack "International Attack on Banking System" ', YouTube, 2018年８月14日.

（８）J. Crespo Cuaresma, O. Danylo, S. Fritz ほか, 'What Do We Know about Poverty in North Korea?', *Palgrave Communications*, 6, 40（2020年３月17日）.

（９）United Nations Security Council, 'Report of the Panel of Experts Established Pursuant to Resolution 1874（2009）', 2019年８月30日.

（10）Cosmos Bank, 'About Us', www.cosmosbank.com, 最終閲覧日2021年10月４日.

（11）Cosmos Co-Operative Bank Ltd, '114th Annual Report: 2019–20'.

（12）Oleg Kolesnikov, 'Cosmos Bank SWIFT/ATM US$13.5 Million Cyber-attack Detection Using Security Analytics', Securonix Threat Research Team［日付なし.］; ANI News Official, 'Cosmos Bank Chairman Calls Cyber-hack "International Attack on Banking System" ', 前掲.

（13）Brian Krebs, 'FBI Warns of "Unlimited" ATM Cash-out Blitz', Krebs on Security, 2018年８月12日.

（14）'Woman Held in Cosmos Bank Online Heist Case', *Times of India*, 2019年４月２日.

（15）Cosmos Co-Operative Bank Ltd, '113th Annual Report', 前掲, p. 27.

著者略歴――――
ジェフ・ホワイト(Geoff White)

イギリスを代表するテクノロジージャーナリスト。20年以上におよぶ調査報道の経歴を通じて選挙のハッキング、マネーロンダリング、個人情報の売買、サイバー犯罪の実態について報道してきた。「スノーデン事件」やイギリス最大のインターネットサービスプロバイダ「TalkTalk」のハッキング事件に関する記事でいくつもの賞を受賞。本書にもあるＢＢＣのポッドキャスト「ラザルス・ハイスト」はイギリスのアップルポッドキャストのランキングで１位、アメリカでも上位にランクインしている。

訳者略歴――――
秋山勝(あきやま・まさる)

立教大学卒。日本文藝家協会会員。出版社勤務を経て翻訳の仕事に。訳書に、ケイシー・ミシェル『クレプトクラシー 資金洗浄の巨大な闇』、マイク・アイザック『ウーバー戦記』、サイラグル・サウトバイ『重要証人』、パンカジ・ミシュラ『怒りの時代』、リチャード・ローズ『エネルギー400年史』、ジャレド・ダイアモンド『若い読者のための第三のチンパンジー』、ジェイミー・バートレット『操られる民主主義』(以上、草思社)、ティム・ウー『巨大企業の呪い』、ジェニファー・ウェルシュ『歴史の逆襲』(以上、朝日新聞出版)など。

ラザルス

世界最強の北朝鮮ハッカー・グループ

2023年3月6日　第1刷発行

著　者　ジェフ・ホワイト
訳　者　秋山　勝
装幀者　Malpu Design(清水良洋)
発行者　藤田　博
発行所　株式会社 草思社
〒160-0022　東京都新宿区新宿1-10-1
電話　営業 03(4580)7676　編集 03(4580)7680

本文組版　株式会社 キャップス
本文印刷　株式会社 三陽社
付物印刷　株式会社 暁印刷
製本所　加藤製本 株式会社

ISBN978-4-7942-2627-3　Printed in Japan　検印省略